天 之 图

TIAN ZHI TU

李德生　编著

广东省地图出版社
GUANGDONG MAP PUBLISHING HOUSE

· 广 州 ·

图书在版编目（CIP）数据

天之图/ 李德生编著. —广州: 广东省地图出版社, 2017.10（2022.4重印）
ISBN 978-7-80721-689-6

Ⅰ. ①天⋯　Ⅱ. ①李⋯　Ⅲ. ①天文学－青少年读物　Ⅳ. ①P1-49

中国版本图书馆 CIP 数据核字（2017）第226547号

责任编辑：张超荣
责任校对：钟迪燊
封面设计：古若琪
版式设计：付娟娟　李　拉

天之图
李德生　编著

出 版 人：李希希
出版发行：广东省地图出版社　　　　　　　　　　　电　　话：020-87768354（发行部）
地　　址：广州市环市东路468号　　　　　　　　　　　　　　　020-87768880
开　　本：880毫米×1230毫米　1/32　　　　　　　印　　刷：广州市岭美文化科技有限公司
印　　张：12.25　　　　　　　　　　　　　　　　印　　字：453千
版　　次：2017年10月第1版　　　　　　　　　　　印　　次：2022年4月第6次印刷
书　　号：ISBN 978-7-80721-689-6　　　　　　　　定　　价：88.00元

网　　址：http://www.gdmappress.com　http://www.gdmappress.cn
本书如有印装质量问题，请与我社发行部联系调换。

序

　　几年前，听广东天文学会的同事说，广州有一位业余天文爱好者出版了一张全开《全天星图》，那是我第一次听到本书的作者李德生先生。后来，李德生先生通过广东天文学会老前辈——原广州人造卫星观测站高级工程师何乐老师联系到了我，为他的天文科普新作《天之图》指导并作序。

　　在此之前，我所了解的天文科普书类型，有的以图片为主，文字解说，把浩瀚的宇宙和奇妙的天文学图示给读者；有的以文字为主，辅以插图，把天文知识和系统理论讲述给读者；而有的则以图释义，图中有意，意有图示，然而这种形式的天文科普书籍少之又少。直到阅读了李先生这本《天之图》书稿，我发现这正是一本以图释义类型的科普书。作者通过搭配精美合适的图片来示意深奥的天文知识点，通过编绘简明的示意图来释义抽象的天文概念。这比以图片为主的科普图册来得深入，比以文字为主的科普图书来得直观，可以说，这本书图文并茂，通俗易懂，符合这个读图时代广大读者的需求，是令人耳目一新的天文科普书籍，非常适合天文爱好者和青少年阅读，同时，在一定程度上弥补了天文教学与天文科普活动中天文图片不足的缺憾，对天文教学一线的老师也很有参考价值。

　　作者是一位业余天文爱好者，但他对天文科普事业的执著和专注是令人敬佩的。本书篇幅巨大，内容广泛，看得出作者对天文科普事业付出的大量心血。特别是了解到作者是在与病痛做斗争的情况下坚持创作的，更觉难能可贵，令我深受感动。鉴于此，本人欣然为本书的出版尽点微薄之力，组织了几位天文专业人士协助审校本书，对书中存在的不少问题进行了修正，但由于时间紧迫，也为了维持作者原稿的完整性，审校仓促并有所保留，书中一定还有一些值得商榷甚至错漏的地方，希望作者在今后的再版中加以完善。

　　特此作序！

广东天文学会副理事长　　王洪光

2017年4月于广州

前　　言

　　本书采用示意图形式，配以文字说明，将天文知识用简单直观的方式呈现给广大读者。全书共制图一千多幅，内容广泛，深浅适中，涵盖了地月系、太阳系、银河系、宇宙、天文学、天文观测、星图星表等内容，其中的数据主要参考了英文维基百科J2000.0历元的数据。与传统的天文书籍不同，本书不是系统的天文知识教材，而是汇集了读者关注率较高的天文知识图片，是一本新颖独特的天文科普读物，让读者足不出户便可"看"到宇宙天体及其运行，本书主要供小学、中学、大学的学生课外阅读，同时也适合天文爱好者学习，对天文专业人士也有一定的参考价值。本书图片新颖，内容简练，顺应了当前读图时代广大读者的需求；科普特点显著，　是2017年度"国家出版基金资助项目"。

　　全书的示意图多数为作者的原创，也有部分是根据以往科普图片加以完善的。示意图中采用的一些天体等"背景"图，是下载并修改"NASA""JPL""ESA""Hubble"的图片及一些佚名图片，已在本书相关页面加了"编者注"。兹向这些背景图片的原创者表示感谢！

　　特别感谢广东天文学会副理事长、广州大学天体物理中心的王洪光教授，在百忙中对书中的图片、数据和文字的科学性进行了基础修正，极大地提高了本书的科普质量。

李德生

2017年3月于广州

目　录

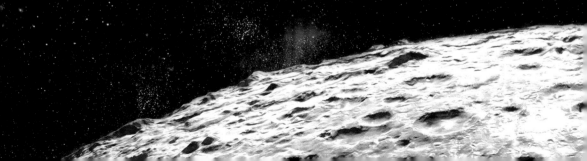

地 月 系
DIYUE XI

地球的位置

本超星系团: 星系群和星系团集聚在一起构成的更高一级的天体系统。本星系群同附近至少300个星系群和星系团构成本超星系团，叫拉尼亚凯亚超星系团，室女座超星系团是其中的一部分。

本星系群: 位于本超星系团中由超过54个星系组成的星系群，其中仙女座大星系、银河系、三角星系是质量最大的几个成员。

可观测宇宙: 是指人类观测所及的宇宙部分，目前可观测宇宙的直径约930亿光年，年龄约137亿年。可观测宇宙中的物质密度和运动的分布在大尺度上是各向均匀同性的。

其他星系群

本星系群

本超星系团

其他超星系团

河外星系（其他恒星系统）

银河系

月球

地球

其他行星系统

太阳系

地月系

其他卫星系统

银河系: 是太阳系所在的星系，由1,000亿~4,000亿颗恒星、星际气体、星际尘埃和暗物质等构成。

太阳系: 是地球所在的以太阳为中心的行星系，包括所有受到太阳引力约束并绕太阳运动的天体。

地月系: 由地球与月球构成的卫星系统，地球为中心天体，月球围绕着地球运动，并共同围绕着太阳运转。

地球

地球，英文为Earth，源自古英语"大地"，天文符号为带有赤道和一条经线的球体。

地球的天文符号：

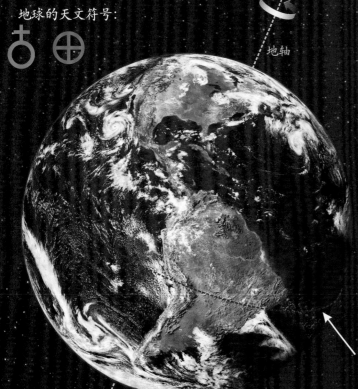

编者注：图片采自NASA。

地轴

赤道

地球：围绕太阳公转的八大行星之一，是人类居住的星球，大约在46亿年前形成。地球外观近似为椭球体，内部由地壳、地幔和地核组成。地表由海洋和陆地组成，海洋面积约占71%，陆地面积约占29%。陆地上主要有山地、丘陵、高原、盆地、平原及河流、湖泊等众多的地貌形态；海底主要包括陆地附近的大陆架、海岭、海沟、海盆等多种地貌形态。地球周围有大气圈及环绕地球的辐射带和地球磁层的地冕。

地球的自转和公转：地球绕假想的轴做整体旋转叫自转，自转会产生昼夜交替现象。地球绕太阳做轨道运动叫公转，公转轨道面与赤道面交角23°26′04″，故产生四季寒暑和昼夜长短现象。

地球的数据：

日地均距：149,597,870千米

平均半径：6,371(赤道6,378，极6,357)千米

地表面积：510,072,000平方千米

地球体积：1.083×10^{12} 立方千米

地球质量：5.97×10^{24} 千克

平均密度：5.5 克/立方厘米

地表温度：平均15℃(最高56.7℃，最低-89.2℃

自转周期：23时56分

公转周期：365.256天

地轴倾角：23°26′04″

轨道倾角：0°

轨道偏心率：0.0167

地球的结构

地壳: 是地表以下莫霍面以上的固体外壳,平均厚度为17千米,主要由沉积岩、花岗岩和玄武岩等组成。

地幔: 指介于地壳和地核之间的中间层,厚度大约 2,900 千米,主要由致密的造岩物质构成。分为上地幔和下地幔两层。

外核: 地核主要由铁和镍成分组成,分为内核和外核。外核的顶界面距地表约2,900千米,一般推测其由液态铁组成。

内核: 内核的顶界面距地表约5,100千米,约占地核直径的1/3。内核温度高,可达6,000℃以上。

莫霍面: 地壳同地幔间的分界面,以克罗地亚地震学家莫霍的名字命名。

地轴

北极

莫霍面

地壳

陆地

赤道

自转方向

海洋

大气层

地幔

内核

外核

地幔

南极

地球上的水

地球上的水： 地球表面积约 5.1 亿平方千米，由海洋和陆地组成，其中海洋面积约占71%，陆地面积约占29%。

地球上水的组成： 地球上的水分布于地表之上和地表之下。其中，地表水主要分布在海洋、陆地上的江河湖泊及地球的大气中，它们以气态水、液态水或固态冰形式存在。

地球上水的来源： 地球上的水约有138.6亿亿立方米，97%是海水，3%是淡水。淡水中地下水占1/3，地表水占2/3，绝大多数地表水为冰川和积雪，地表水仅占淡水的0.3%。水孕育了地球上的生命，但水的来源说法不同，主要有氢和氧化合说、地球诞生自带说、地壳地幔脱气说、彗星撞击说、碳质流星体说等。

地壳地幔脱气说： 认为地球是随着太阳系的诞生而逐渐形成的，地壳地幔中本身含有水，地球形成初期地表水极少，但随着地心核聚变和地壳放射性元素衰变而产生热能，水被地热的脱气作用"挤"到了地表层积聚，有些被蒸发到大气中。目前在其他行星甚至卫星地表上发现了水的遗迹，似乎佐证了这一观点。

彗星撞击说： 认为水是由彗星撞击地球带来的。但研究发现，彗星水的重氢含量与地球的水不相同，因此，该说法受到了质疑。

碳质流星体说： 目前多认为水是由碳质流星体带来的。这类碳质流星体含有水和碳，形成于太阳系冷冻线之外，且水的重氢含量与地球类似。

地球

抽干水后的地球

编者注：右图改编自NASA。

占地球表面2/3以上的水积成一个水球，其直径只有1,384千米。

地球的形状

地球的形状：指地球的外貌，近似为一个旋转椭球体，赤道部分略微鼓出，赤道半径比极半径长21千米。通常所说的地球形状，并不是指它的固体表面，而是指大地水准面，亦称平均海平面。而大地水准面相对旋转椭球面而言，北极突出来10多米，南极凹进去20多米，北纬45°地区凹陷，南纬45°地区隆起，但这些几十米的凸凹与庞大的地球相比是微不足道的，如果把凸凹部分夸张地表现出来，则地球的外形酷似一只扁鸭梨。

地球的扁率：地球的赤道半径约为6,378.140千米，极半径约为6,356.755千米。地球的扁率为：(6,378.140-6,356.755)/6,378.140 ≈ 1/298.253

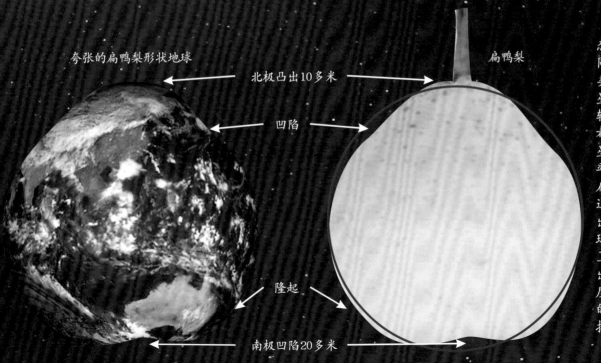

夸张的扁鸭梨形状地球

北极凸出10多米

凹陷

隆起

南极凹陷20多米

扁鸭梨

类地行星为固态行星，均存在不同程度的扁率。而类木行星是气态行星，由于自转速度较快，它们的扁率都较大，特别是木星，为太阳系中扁率最大的行星，其扁球体形状通过普通观测就可以看得出来。而我们的地球的扁率，是通过卫星观测计算才得出来的，其凸凹程度即便是在太空站的宇航员也不能直接看出来的。

昼夜的成因

23°26′

晨线

赤道

地球自转轴

地球昼夜交替成因： 人类生活在地球上，每天太阳从东方升起，白昼开始；太阳从西方落下，黑夜开始。白天黑夜周而复始地交替，这是由于地球本身不发光，也不透明，朝向太阳的半球是地球上的白天，而背向太阳的半球则是黑夜，同时地球在不停地自转，便产生了白天黑夜交替的现象。

地球自转： 地球绕自转轴自西向东的转动，从北极点上空看呈逆时针旋转，从南极点上空看则呈顺时针旋转。

地轴： 地球自转所绕的假想轴，北端与地表的交点是北极，南端与地表的交点是南极。地轴在地球中心的位置并不固定，存在微小的极移。地轴倾角为23°26′，而相对于黄道面的倾角为66°34′。地轴北端空间延长线在一定时间内始终指向北极星附近。

地球自转周期： 地球自转是地球的一种重要运动形式，在赤道上的自转线速度为每秒465米，自转一周耗时23时56分。一般而言，地球的自转是均匀的，但存在如下三种不同的变化：一是长期减慢；二是周期性变化；三是不规则变化。

晨昏线： 昼夜半球的分界线，包括晨线和昏线。晨昏线的判读：自转法，顺地球自转方向，由夜进入昼为晨线，由昼进入夜为昏线；时间法，赤道上地方时6点对应的为晨线，赤道上地方时18点对应的为昏线；方位法，夜半球东侧为晨线、西侧为昏线，昼半球东侧为昏线、西侧为晨线。

昼夜的长短

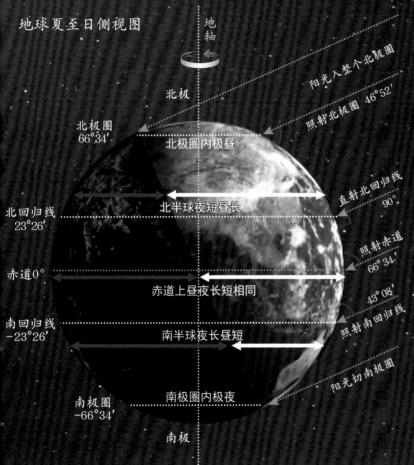

地球夏至日侧视图

地轴

阳光入整个北极圈

照射北极圈 46°52′

北极

北极圈 66°34′

北极圈内极昼

直射北回归线 90°

北半球夜短昼长

北回归线 23°26′

照射赤道 66°34′

赤道0°

赤道上昼夜长短相同

43°08′

南回归线 -23°26′

南半球夜长昼短

照射南回归线

南极圈 -66°34′

南极圈内极夜

阳光切南极圈

南极

昼夜长短变化: 春分(每年3月21日前后)太阳直射赤道,全球昼夜长短相同;之后直射点北移,北半球昼变长夜变短,且纬度越高昼长夜短变化越大;到夏至(每年6月22日前后)太阳直射北回归线,北半球昼最长夜最短,北极圈内极昼;随后太阳直射点南移,到秋分(每年9月23日前后)太阳又直射赤道,全球昼夜长短相同;之后直射点继续南移,南半球昼变长夜变短,到冬至(每年12月22日前后)太阳直射南回归线,南半球昼最长夜最短,南极圈内极昼。

昼夜长短变化的原因: 黄赤交角使得太阳直射点在南北回归线之间移动,春分和秋分,地球的晨昏圈与经线重合,全球昼夜长短相同;冬至,地球晨昏圈与极圈相切,北半球昼线短于夜线,昼短夜长,北极圈内极夜;夏至,地球晨昏圈与极圈相切,北半球昼线长于夜线,昼长夜短,北极圈内极昼。

极昼极夜: 每年夏至日,在北极圈内太阳终日照射,出现极昼;同时南极圈内则太阳终日照射不到,出现极夜。在冬至日南北极圈的极昼极夜变化则相反。从极圈的一天极昼或极夜,到极点的半年极昼或极夜,越靠近极点,极昼或极夜的时间越长。

回归线: 地球上赤道以北和以南各23°26′的两个纬线圈,是太阳能够垂直照射的最北和最南纬线。最北纬线为北回归线,最南纬线为南回归线。

极圈: 地球上距离南北极各23°26′的纬线圈,在南半球的为南极圈,即南纬66°34′的纬线;在北半球的为北极圈,即北纬66°34′的纬线。

地球的经纬线

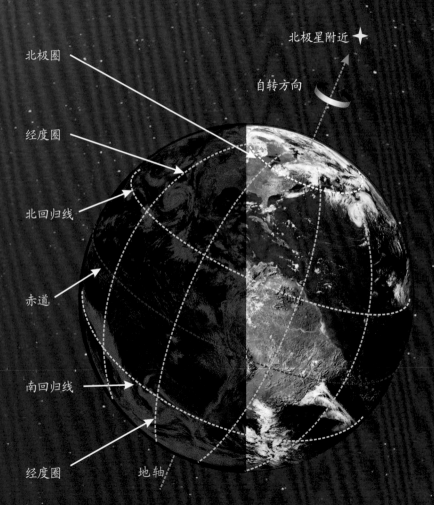

北极星附近 ✦

自转方向

北极圈

经度圈

北回归线

赤道

南回归线

经度圈

地轴

经线： 一切通过地轴的平面同地面相割而成的圆称为经度圈，所有经度圈都是地球大圆，它们在南北两极相交并被等分为两个半圆，这样的半圆称为经线。在同一经线上的各个地点，都有相同的经度，因此，经线亦称等经度线。

经度： 指某地子午面与本初子午面的夹角，在本初子午面以东的被称为东经，以西的称为西经。各由0°起而相遇于180°，通常用度、分、秒表示，有时也用时、分、秒表示。

本初子午线： 经线的方向表示当地的南北方向，因此称子午线。1884年国际经度会议决定以通过英国伦敦格林尼治天文台（现该台旧址）的经线为全球本初子午线，即0°经线。

纬线： 亦称纬度圈，指一切垂直于地轴的平面同地面相割而成的圆。纬线相互平行，大小不等，其中垂直于地轴且通过地心的平面同地面相割而成的圆，是纬线中唯一的大圆，称为赤道。纬线的方向表示当地的东西方向，在同一纬线上的各个地点，都有相同的纬度，因此纬线亦称等纬度线。经纬线用于地理定位。

纬度： 地理纬度一般采用天文纬度，即某地铅垂线与赤道面的夹角，从赤道向南北两极量度，0°～90°不等，赤道以北的称为北纬，赤道以南的称为南纬。

地球的时区

时区： 将地球表面按经线等分为24个区域，由1884年国际经度会议制定。以本初子午线为基准，东西经度各7.5°的范围称为零时区，然后向东或西每隔15°经度为一时区，共分为东十二个区和西十二个区，其中东十二区与西十二区为同一个时区。在每一个区内中央子午线上的时间，被称为该区的标准时，每越过一区的界线，时间便相差1小时。时区的界线在实用上常参考子午线附近的行政区界来划分。

标准时： 以某一子午线的时间为邻近地区的共同时间。北京时间就是中国的标准时间。

日界线： 即国际日期变更线，是日期变更的地理界线。该线与经度180°的子午线基本相合，是由1884年国际经度会议制定的。向东跨过这条线需减去1天，向西跨过这条线需增加1天。

地方时： 是以观测地子午线为基准确定的时刻，分为地方真太阳时、地方平太阳时和地方恒星时。在同一时间计量系统中，两地地方时之差等于两地的经度差。

时差与时区差： 地球分为24个时区，每跨越一个时区，时间会减少或增加1小时，如果跨越10个时区则时间相差10个小时，这就是常说的时区差。而时差是指平太阳时与真太阳时的差。

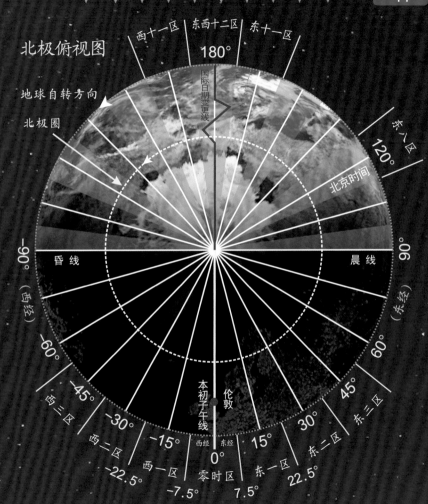

阳　光

北极俯视图

西十一区　东西十二区　东十一区
180°
地球自转方向
北极圈
国际日期变更线
东八区
120°
北京时间
90°（东经）
昏线　　　晨线
-90°（西经）
-60°　　60°
西三区
-45°　　45°　东三区
-30°　　30°　东二区
西二区
-15°　　15°　东一区
-22.5°　-7.5°　　7.5°　22.5°
西一区　　　东一区
本初子午线　伦敦
西经 0° 东经
零时区

地球的四季

地球四季交替成因： 在地球上，每年春夏秋冬周而复始地交替出现，这主要是由于地球绕太阳公转，且地轴以一定的倾角自转，使得太阳在地球上的直射点在一年内以赤道为中心在南北回归线之间移动，造成地球表面接受太阳能量的变化而形成四季。此外，季节变化还受大气、海洋、地热、磁场等多种因素的影响。

地球公转： 地球按椭圆轨道围绕太阳运动，是由于太阳作为太阳系中心天体的引力场导致的。地球的公转使得太阳直射点南北移动，造成太阳高度的变化而形成了地球上的四季变化，也使得地球产生昼夜长短变化、近远日点变化和岁差等。

地球公转轨道： 地球在公转轨道上运行，形成一个椭圆形的封闭轨迹，且地球运行的每一点都在相同的平面上，这个平面就是地球轨道面，在天球上的投影称为黄道面。

地球公转周期： 地球公转一周所用的时间为一个恒星年，约365.25636天（约365天6小时9分10秒）。

太阳直射点： 是地球表面太阳光射入角度（太阳高度角）为90°的地点，是地心与日心连线和地球球面的交点。

冷热变化的原因： 在南北回归线之间的低纬度区域，太阳直射点来回移动，全年太阳的高度角大，单位地面积接收太阳的辐射较多，同时热能向大气失散的面积小，散失慢，因此气温较高。在两极高纬度地区，太阳斜射地面，全年太阳高度角小，单位地面积接收太阳的辐射较少，同时热能向大气失散的面积大，散失快，因此气温较低。在回归线与极圈之间的中纬度区域，全年太阳高度角介于高低纬度之间，夏季太阳高度角偏大，气温升高；冬季太阳高度角偏小，气温降低；春秋两季的太阳高度角适中，气温适度。中纬度区域全年气温冷热变化明显。

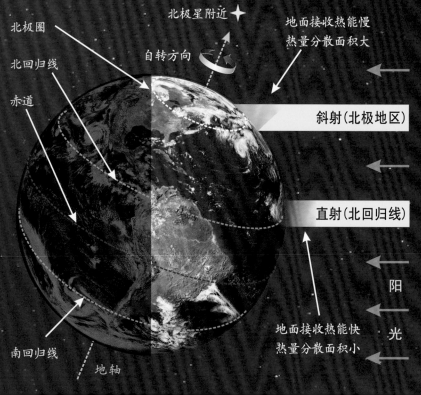

北极星附近

北极圈

北回归线

赤道

自转方向

地面接收热能慢
热量分散面积大

斜射(北极地区)

直射(北回归线)

阳

光

地面接收热能快
热量分散面积小

南回归线

地轴

四季的划分

四季的划分：中国古代及北半球欧美等国以二十四节气中的立春、立夏、立秋、立冬为四季的开始；也有以夏历一至三月为春季，四至六月为夏季，七至九月为秋季，十至十二月为冬季的。在近代一般常以阳历三至五月为春季，六至八月为夏季，九至十一月为秋季，十二月至翌年二月为冬季。中国在气候上常以平均气温10℃和22℃作为划分四季的标准。

黄赤交角：地球绕太阳公转，其自转轴倾角在短时间内是不变的，因此，黄赤交角也相应不变，为23°26′。

四季的长短：由于地理位置差异大，不同纬度的地方实际四季的长短不一，一般高纬度地区冬季较长，低纬度地区夏季较长，而中纬度地区四季比较分明。

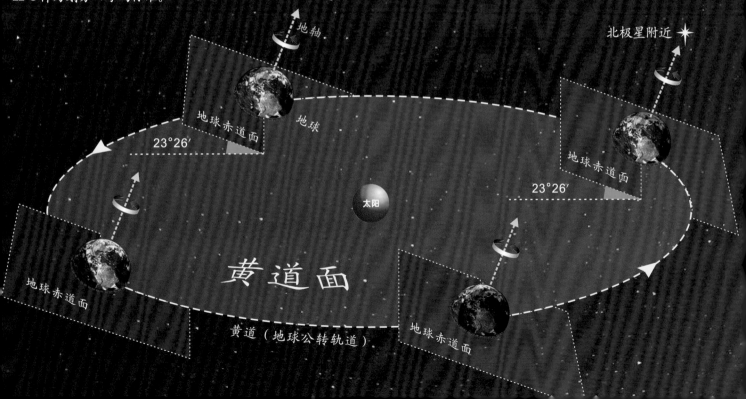

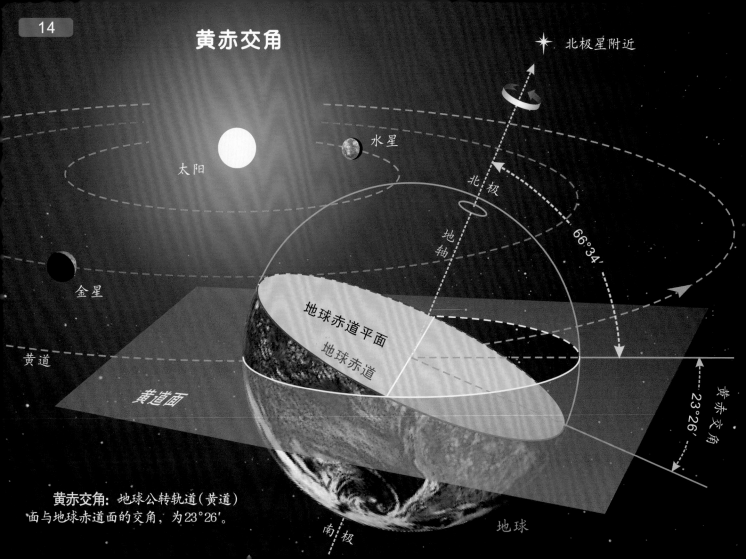

黄赤交角

14

北极星附近

太阳

水星

金星

黄道

北极

地轴

66°34′

地球赤道平面

地球赤道

黄道面

23°26′

黄赤交角

南极

地球

黄赤交角： 地球公转轨道（黄道）面与地球赤道面的交角，为23°26′。

大气与晨昏线

地球大气层

太阳光线

白昼

黑夜

大气折射后的晨昏线

晨昏线

地球

晨昏线: 即晨昏圈,指地球上昼半球和夜半球之间的分界线。春分和秋分,它同经线圈相重合,全球昼夜等长;冬至和夏至,它同经线交角最大,全球昼夜长短差值最大。由于大气折光作用和太阳视半径的存在,晨昏圈实际上比经线圈略小一些,这种现象称为"晨昏蒙影",也叫"薄明"。

大气折射: 指原本直线前进的光或其他电磁波在穿越大气层时,因空气密度随着高度变化而产生偏折的现象。

由于大气折射指数分布不同,射线在空间各处弯曲的方向和程度也不相同,其主要考虑天顶距、气温、气压、湿度等因素的影响。

地球大气层垂直分布

16千米

48千米

80千米

483千米

对流层

平流层

中间层

暖层

臭氧层

散逸层

天空的颜色

蓝色的天空：蓝色的天空是由于地球大气对阳光的散射造成的。阳光是由红橙黄绿青蓝紫七种光组成的，但这七种颜色的光波波长不同，大气散射蓝光的能力大于散射其他颜色光的能力。因此在白天我们看到天空呈现出蓝色的散射光。

大气对光线的散射主要有米氏散射和瑞利散射两种。米氏散射的散射光强度与光波波长几乎无关，因此白光散射后仍是白光，在地平线附近看到的白蒙蒙一片就是米氏散射现象。而瑞利散射的散射光强度与光波波长的四次方成反比，蓝色光和紫色光散射强度约是红色光散射强度的十倍，加之人眼对紫光不太敏感，因此我们看到的天空是蓝色的。

早晚的霞光：是由于地球大气对阳光的散射造成的。早晚大气中的水汽较多，阳光射入大气层遇到水汽和微粒后会发生折射和散射，根据瑞利散射定律，太阳光谱中波长较短的紫、蓝、青颜色光容易被散射出来到高空，而波长较长的红、橙、黄颜色光透射很强，因此地平线上空的光线就只剩下红、橙、黄光了。所以早上和晚上会出现红、橙、黄光较强的霞光。

地球大气层　早晨

白天的蓝色天空　北极圈　黑色夜空

黑色太空　傍晚

黑色的夜空：为什么夜空是黑色的，看似简单的问题，直到20世纪才有了相对合理的答案。最初的答案很简单：因为太阳落山了，所以天空是黑色的。但事实上如果地球上没有大气，即便有太阳照射，天空仍是黑色的。

太空为什么是黑色的：多年来曾出现过多种说法。光线说认为，太阳落山，其他恒星光线太暗；暗墙说认为，我们居住的星际空间周围有一堵暗墙；距离说认为，远处的光尚未到达地球；红移说认为，宇宙膨胀，红移会减弱来自遥远星系星光的能量。最可信的答案是：宇宙还年轻，而且能量不足，处在膨胀中，红移使得星际光越来越暗。

晨昏蒙影

晨昏蒙影：指日出前和日落后的一段时间内天空呈现出微弱的光亮，又称曙暮光。这种现象和这段时间都叫晨昏蒙影。日出前曙光初露的时刻为晨光始，日落后暮色消失的时刻为昏影终。

产生原因：是由大气反射和折射引起的，也与季节、纬度、海拔高度和气象条件等有关。纬度高的地区每年有一段时间整夜出现晨昏蒙影现象，称为"白夜"，纬度越高，白夜持续的时间越长。

晨昏蒙影分级：分为民用晨昏蒙影、航海晨昏蒙影和天文晨昏蒙影，其晨光始和昏影终的太阳中心分别在地平线以下6°、12°、18°。

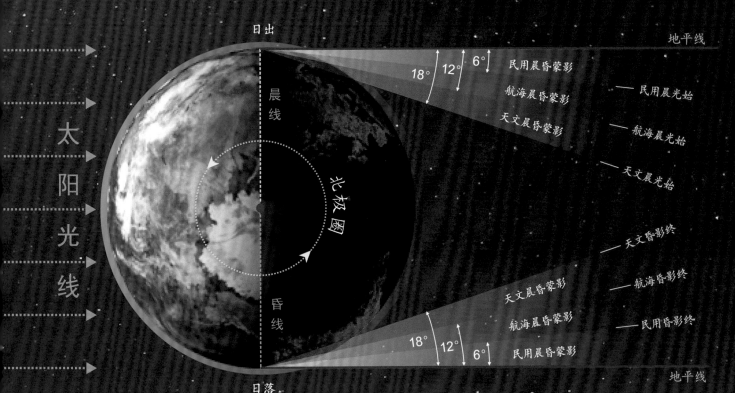

日出

晨线

北极圈

昏线

日落

太阳光线

地平线

18° 12° 6°

民用晨昏蒙影

航海晨昏蒙影

天文晨昏蒙影

—— 民用晨光始

—— 航海晨光始

—— 天文晨光始

—— 天文昏影终

—— 航海昏影终

—— 民用昏影终

天文晨昏蒙影

航海晨昏蒙影

民用晨昏蒙影

18° 12° 6°

地平线

极移

极移： 指地球瞬时自转轴在地球体内周期性的摆动而引起的地极的运动。主要由两个运动合成：一种运动的周期为1年，振幅约0.1″(相当于地面上直线距离3米)；另一种运动的周期为14个月，振幅0.1″～0.3″。此外，还有长期极移。因极的移动，使地球各处的纬度、经度和方位角都在不停地变化。

长期极移： 指地极在地球表面上位置的长期变化。瞬时地极在消除周期变化后，剩余的部分还有一种非周期的长期变化现象。平均每年沿西经65°～80°的方向移动约0.003″。

国际习用原点： 为统一全球地面坐标系和便于研究极移，而统一采用的固定地极坐标原点，英文缩写为CIO。现已通过卫星设备提供该数据。

编者注：数据由生态专家陆玲提供。

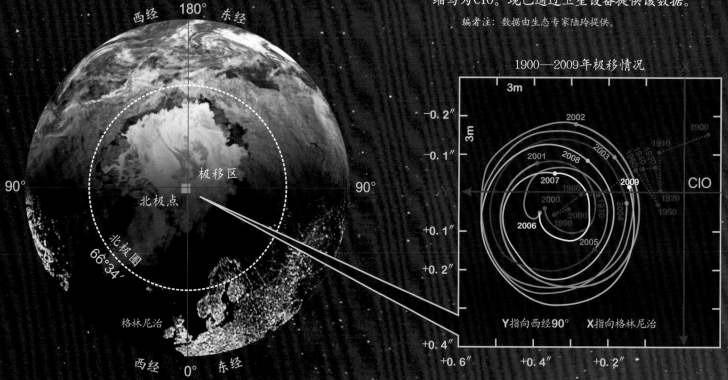

1900—2009年极移情况

地球极光

太阳

太阳风磁场线

磁力线交接

磁轴 地轴

激波锋面

太阳风

磁顶

磁力线

冷空气

范艾伦带

极光区

热云彩　热云彩

磁赤道

范艾伦带

地球极光：地球磁层和太阳发出的高速带电粒子流（太阳风），在地球磁场的作用下折向南北两极附近，使高层大气分子或原子激发或电离而产生的发光现象。

极光产生条件：有大气、磁场和太阳风（太阳发出的高能带电粒子流），三者缺一不可。

极光的分布：由于地球磁场的作用，高能粒子转向极区。因此，极光常见于高磁纬地区。离磁极25°～30°的范围叫极光区，地磁纬度45°～60°之间为弱极光区，低于45°的区域称微极光区。

极光的形状：极光区形状不是以地磁极为中心的圆环状，而是卵形的，一般呈带状、弧状、幕状、放射状，这些形状有时稳定有时作连续性变化，亮度相当于满月，带红和绿等色彩。极光下边界离地面不到100千米，上边界约300千米，最高达到1,000千米。

朔望大潮

大潮成因：太阳、月球、地球三个天体的位置成一直线时（朔或望），引潮力较大，可发生大潮。有朔大潮和望潮。

太阳

⇨ 太阳引力方向

⇨ 月球引力方向

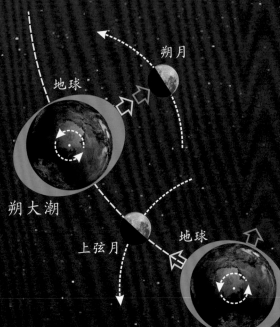

地球

朔月

朔大潮

上弦月

地球

上弦小潮

地球

望潮

下弦月

地球

下弦小潮

黄道

白道

望月

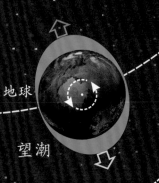

小潮成因：太阳、月球、地球三个天体的位置成直角时（上弦或下弦），引潮力最小，便发生上弦小潮或下弦小潮。

引潮力：是指月球和太阳对地球上单位质量的物体的引力，以及地球绕地月公共质心旋转时所产生的惯性离心力，这两种力的合力是引潮力的原动力。月球引潮力约是太阳引潮力的2.25倍。

引潮力

潮汐因素: 太阳对地球的引力比月球对地球的引力要强大得多,但引起海水涨落的引潮力不是太阳和月球的绝对引力,而是被吸引物体所受到的引力的合力。

引潮力和引潮天体的质量成正比,和该天体到地球的距离的立方成反比,因此月球引潮力约是太阳引潮力的2.25倍。举例来说,如果潮水高10米,其中约7米是月球造成的,太阳的贡献只有3米,其他行星不足0.6毫米。

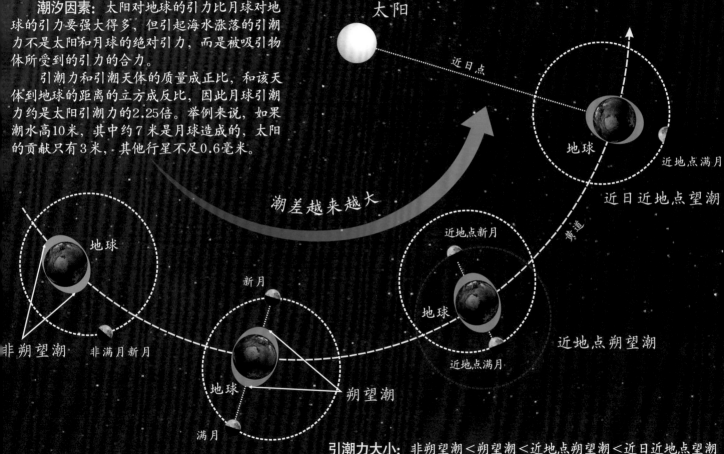

太阳

近日点

地球

近地点满月

近日近地点望潮

潮差越来越大

近地点新月

地球

近地点满月

近地点朔望潮

新月

地球

非朔望潮　非满月新月

朔望潮

满月

引潮力大小: 非朔望潮<朔望潮<近地点朔望潮<近日近地点望潮

月球与海潮

海潮: 海水在太阳和月球引潮力作用下所产生的周期运动。海水垂直涨落称为潮汐,白天的为潮,晚上的为汐;而水平流动称为潮流。

潮汐: 在天体(主要是日、月)引潮力的作用下,地球的岩石圈、水圈和大气圈分别产生周期性的运动和变化现象,分别形成地潮(固体潮)海潮和气潮,总称潮汐。其中海潮现象最为明显。

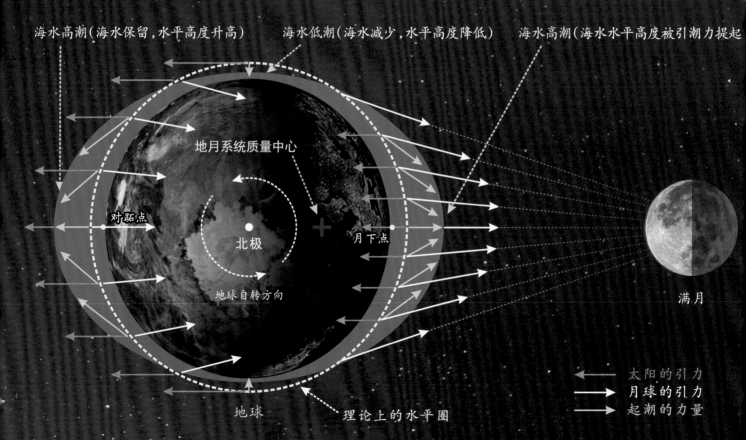

海水高潮(海水保留,水平高度升高)

海水低潮(海水减少,水平高度降低)

海水高潮(海水水平高度被引潮力提起)

地月系统质量中心

对踵点

北极

月下点

地球自转方向

满月

地球

理论上的水平圈

← 太阳的引力
→ 月球的引力
⇒ 起潮的力量

离地球最近的天体

月球是距离地球最近的天体，两者的平均距离为384,401千米。按照这一距离，在地球上发出一束光，只需1.28秒就可以到达月球。如果分别按下列速度用步行、骑自行车、驾驶汽车、乘飞机、搭火箭的方式前往月球，其大约花费的时间如下：

月球

步行速度5千米/小时　自行车速度30千米/小时　汽车速度80千米/小时
　约走九年　　　　　约骑一年半　　　　　　约开200天

只需1.28秒　　　　　　约飞20天　　　　　约用10小时
光速约为30万千米/秒　飞机速度800千米/小时　火箭速度4万千米/小时

地球

距离地球最近的天体是月球，月球是地球的一颗卫星；
距离地球最近的行星是金星，金星是太阳系的行星之一；
距离地球最近的恒星是太阳，太阳是太阳系的中心天体。

月球

月球：是围绕地球公转的一颗自然固态卫星，也是距离地球最近的天体，本身不发光，月光是反射的阳光。月球的直径约为地球的1/4，质量约为地球的1/81，年龄与地球接近，约为46亿年。自转周期与公转周期相同，因此月球永远以同一面对着地球。月球表面由月坑、低地和高地组成，没有大气，昼夜温差很大。月球没有统一的磁场和磁极，一般地说，高地的磁场较强，月海的磁场弱，月坑的磁场最弱。

月球的天文符号：

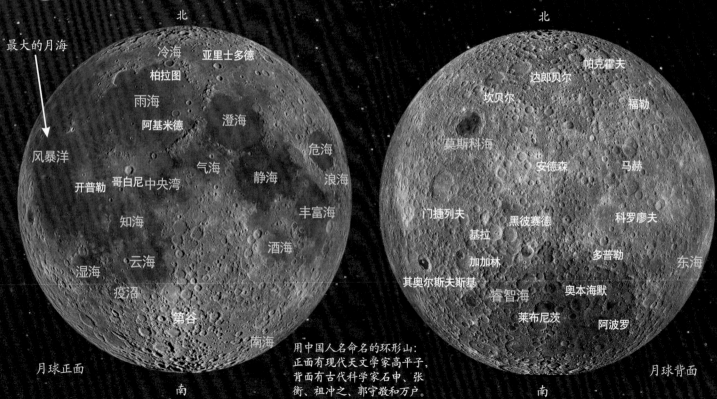

月球正面（左图）

北

最大的月海

冷海
亚里士多德
柏拉图
雨海
阿基米德
澄海
风暴洋
危海
气海
开普勒 哥白尼中央湾
静海 浪海
知海
丰富海
酒海
云海
湿海
疫沼
第谷
南海

南

月球背面（右图）

北

帕克霍夫
达郎贝尔
坎贝尔
福勒
莫斯科海
安德森 马赫
门捷列夫 黑彼赛德 科罗廖夫
基拉
加加林 多普勒
东海
其奥尔斯夫斯基
睿智海 奥本海默
莱布尼茨 阿波罗

南

用中国人名命名的环形山：
正面有现代天文学家高平子，
背面有古代科学家石申、张
衡、祖冲之、郭守敬和万户。

月球的结构

月球表面：由陨击形成的月坑、低地、高地等地貌组成的月海、月陆、环形山、月面辐射纹和山系等凹凸不平的结构。岩石碎块表层，颗粒小的为月土，颗粒大的为月壤。月面基本没有大气，昼夜温差极大。

月球背面：月球背面与月球正面的地貌有很大的不同，由高地组成，地形高低悬殊，环形山更多，月壳厚约75千米，而正面月壳厚约50千米。

月球内部结构：与地球一样由月壳、月幔和月核等分层结构组成。月球也属于岩质天体。

月球的数据：

地月均距：384,401千米

月球直径：3476千米

月球面积：3.79×10^7 平方千米

月球体积：为地球的1/49

月球质量：为地球的1/81.3

平均密度：3.35克/立方厘米

月球重力：约为地球的1/6

月面温度：赤道处中午最高为127℃，
夜晚最低为-183℃

自转周期：27.32天

公转周期：27.32天

月轴倾角：1.54°

轨道倾角：5.14°

轨道偏心率：0.0549

满月视星等：最大-12.74

反照率：约0.12

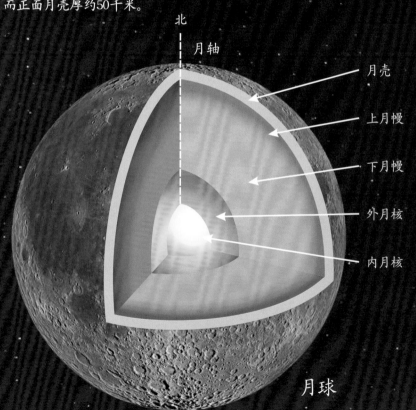

北

月轴

月壳

上月幔

下月幔

外月核

内月核

月球

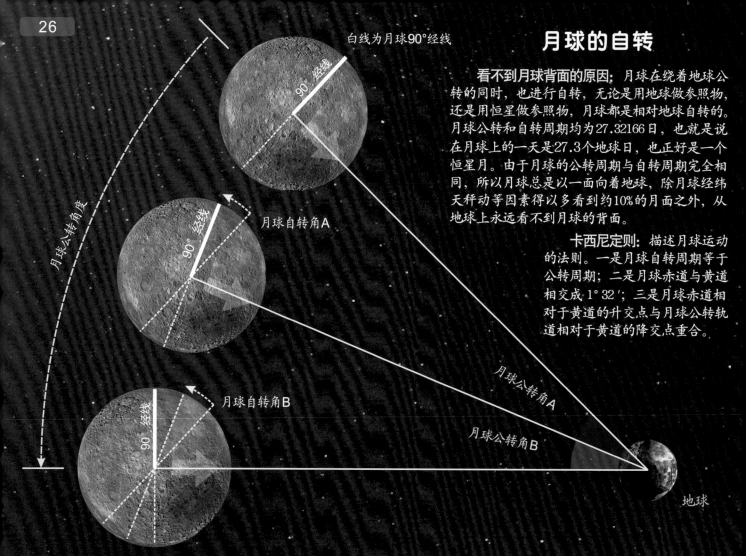

白线为月球90°经线

90° 经线

月球公转角度

月球自转角A

90° 经线

月球自转角B

90° 经线

月球公转角A

月球公转角B

地球

月球的自转

　　看不到月球背面的原因：月球在绕着地球公转的同时，也进行自转，无论是用地球做参照物，还是用恒星做参照物，月球都是相对地球自转的。月球公转和自转周期均为27.32166日，也就是说在月球上的一天是27.3个地球日，也正好是一个恒星月。由于月球的公转周期与自转周期完全相同，所以月球总是以一面向着地球，除月球经纬天秤动等因素得以多看到约10%的月面之外，从地球上永远看不到月球的背面。

　　卡西尼定则：描述月球运动的法则。一是月球自转周期等于公转周期；二是月球赤道与黄道相交成1° 32′；三是月球赤道相对于黄道的升交点与月球公转轨道相对于黄道的降交点重合。

月球的公转

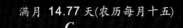

满月 14.77 天(农历每月十五)
C

下弦月 22.15 天*D*   *B* 上弦月 7.38 天

新月 29.53 天   *A* 新月 0 天(农历每月初一)

满月点

月食(地在日月之间)   太阳

日食(月在日地之间)   新月点

地球

月球   黄道
          白道

月球公转在黄道面上的轨迹
约 250 交点月退行一周天

满月
C
月球运动轨迹
下弦月   地球公转轨道
D

上弦月
B   地球
地球   月球
月球
黄道
新月   月球运动方向
A

月球   新月
A

太   阳   光   线

月球的坐标系

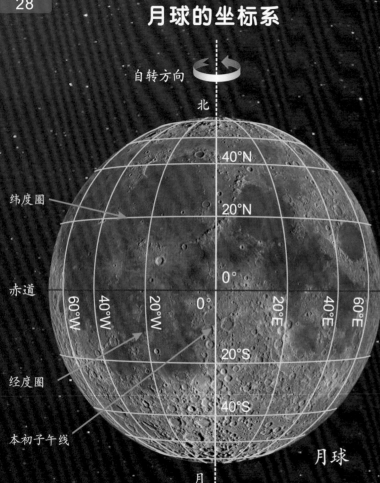

自转方向

北

40°N

20°N

纬度圈

20°N

0°

赤道

60°W 40°W 20°W 0° 20°E 40°E 60°E

经度圈

20°S

40°S

本初子午线

月轴

月球

月球的坐标系：月球面向地球一面的中间点的经线为本初子午线，与地球一样，上北下南，左西右东。经度分为东经和西经各180°。纬度分为南纬和北纬各90°，垂直于经线的最大的纬圈为赤道。

月球的公转和自转：月球绕地球公转的轨道称为白道，月球的公转周期与自转周期完全相等，均为27.32个地球日。月球的公转速度1.022千米/秒，是地球绕太阳公转速度的1/30；而月球的自转速度4.627米/秒，是地球自转速度的1/100。

月坑：月面由陨石撞击而成的坑。有直径小到几米、无隆起外缘的月坑，也有直径大到数百千米、外缘隆起的月坑。月球最深的坑约8,000米。

环形山：月面的地貌结构，呈环状，四周高起，高度约七八千米，中间平地上常有小山，有的只是凹坑。月球正面直径上千米的环形山就有30万座以上。月球上最高的山近10,000米。

月海：月面上比较平坦暗黑的区域，比高地反照率低，地球上看像大海，无水。已知有22个月海。

月陆：月面上高出月海比较明亮的区域，反照率高。月陆上有山脉、峭壁、环形山、辐射纹、月谷等。月球正面月陆的面积和月海的面积大致相等，而背面月陆的面积比月海大得多。

默冬章：即默冬周期、太阴周期或章岁，指古希腊天文学家默冬发现的一个天文周期，即19个回归年的时间长度和235个朔望月的长度几乎相同。

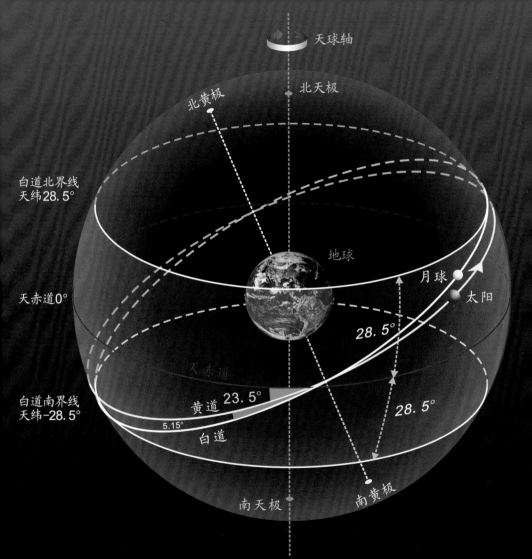

白道区

白道： 是月球围绕地球运行的轨道。白道与黄道的交角在4°57′～5°19′之间变化，平均值约为5°09′，变化周期约为173天。

交点退行： 由于太阳对月球的引力，两个黄白交点的连线沿黄道与月球运行的相反方向向西移动，这种现象称为交点退行。交点每年移动19°21′，大约18.6年完成一个周期。这一现象对地球的章动和潮汐有重要影响。

白道区： 由于月球轨道倾角在18.3°～28.5°之间变化，因此，在天球上南北两边天纬各28.5°宽的环形区域，是月球围绕地球公转并随地球围绕太阳公转所经过的区域，称为白道区。月球在白道区运行轨迹的重复周期为18.6年。

日食或月食只能发生在黄道面上，并于白道面的一定限角范围内。

天球轴

北黄极

北天极

白道北界线
天纬28.5°

地球

月球

太阳

天赤道0°

28.5°

天赤道

黄道 23.5°

5.15°

28.5°

白道南界线
天纬-28.5°

白道

南天极

南黄极

地月的直径和周长

地球与月球的直径
地球约12,756千米
月球约 3,476千米

地球与月球的周长
地球约40,075千米
月球约10,917千米

月球

地球

地球

地球的直径约是月球的4倍

地球的周长约是月球的4倍

地月的质量

地球与月球的质量

地球约　5,965,000,000,000,000,000,000,000千克

月球约　　　73,490,000,000,000,000,000,000千克

地球

月球

1个地球

81个月球

支点

地月的体积和形状

地球与月球的体积
地球约1,083,207,300,000立方千米
月球约21,990,000,000立方千米

    月球的形状： 月球形状为椭球体，但由于背面月壳比正面月壳厚约25千米，且月球的背面中部隆起，所以夸张的月球形状为蛋形椭球体，蛋的大头对着地球。

鸡蛋大头对着地球　　夸张的月球形状

地球

地球可容纳49个月球

地月的引力

地表与月表的引力： 由于质量和半径等因素，决定了地球表面的引力大，月球表面的引力小。月球的引力约为地球引力的1/6。

重力加速度： 月球的重力加速度相应地约为地球的1/6。

月球为什么没有大气： 尽管可从月球地幔释放出气体，或由陨石溅射出气体，但由于月球质量小，引力小，不足以把气体吸附在月表，气体会脱离月球逃进太空，因此月球没有大气，也就不存在风云雨雪。

地球上的弹跳高度　　　　　　　　　　　　月球上的弹跳高度

地平线

月球

地球

在地球上弹跳1米，在月球上可跳起6米

月相

月相： 是在地球上看到的月球被太阳照明部分的称呼。随着月球每天在星空中自西向东移动一大段距离，它的形状也在不断地变化着，这就是月球位相变化，叫做月相。

月相成因： 月球本身不发光，我们看到发光的月球是月球被太阳照射而反光的部分，这就是月相的来源。月球绕地球运动，使太阳、地球、月球三者的相对位置在一个月中有规律地变动，因此我们看到周期性的月相变化，一个周期叫朔望月。各地区对月相的习惯称呼不尽相同。

月相的名称和别称：

新月的别称：朔月、朔。
蛾眉月别称：新月、眉月、上蛾眉月、月牙儿、弯月。
上弦月别称：半月。
上凸月别称：凸月、渐盈凸月、盈凸月。
满月的别称：望月、望。
下凸月别称：凸月、渐亏凸月、亏凸月、残月。
下弦月别称：半月。
残月的别称：蛾眉月、亏月、亏眉月、下蛾眉月、晦。

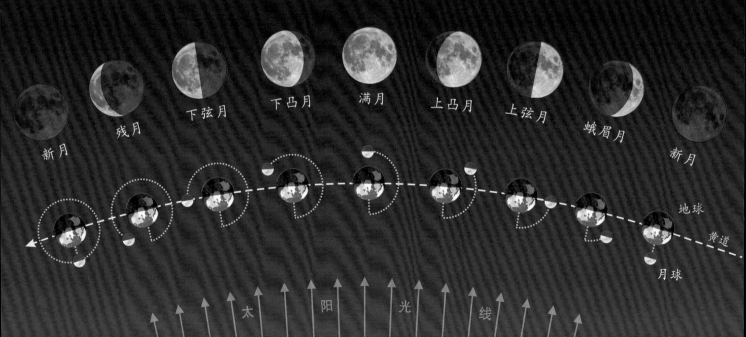

新月　残月　下弦月　下凸月　满月　上凸月　上弦月　蛾眉月　新月

地球　黄道　月球

太　阳　光　线

月相的黄经度

月相的黄经度：是以日月的黄经差值来划分的，共有八种月相。

新　月　0°
农历初一

蛾眉月　0°～90°
农历初二至初六

上弦月　90°
农历初七至初八

上凸月　90°～180°
农历初九至十四

满　月　180°
农历十五至十六

下凸月　180°～270°
农历十七至二十一

下弦月　270°
农历二十二至二十三

残　月　270°～360°
农历二十四至三十

太阳光线

月相与月龄

北半球的月相盈亏:
上半月,由缺到圆,亮面在右侧;
下半月,由圆到缺,亮面在左侧。

月龄: 从新月起算至各月相所经历的时间。以天为单位,从新月至下一个新月的时间为29.5天。月相与月龄的对应关系为:

上弦的月龄为 7.4天,
满月的月龄为14.8天,
下弦的月龄为22.1天。

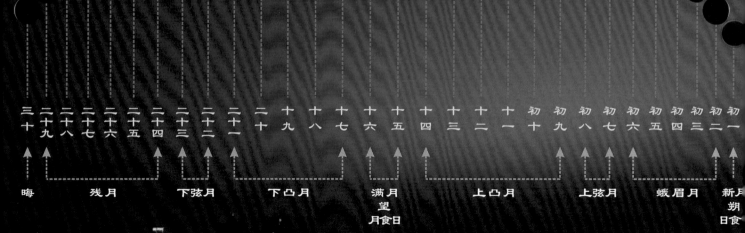

| 三十 | 二十九 | 二十八 | 二十七 | 二十六 | 二十五 | 二十四 | 二十三 | 二十二 | 二十一 | 二十 | 十九 | 十八 | 十七 | 十六 | 十五 | 十四 | 十三 | 十二 | 十一 | 初十 | 初九 | 初八 | 初七 | 初六 | 初五 | 初四 | 初三 | 初二 | 初一 |

| 晦 | 残月 | 下弦月 | 下凸月 | 满月
望
月食日 | 上凸月 | 上弦月 | 蛾眉月 | 新月
朔
日食 |

超级月亮

远地点
（月球距离地球
最远的那一点）

月球

超级月亮： 非天文学词汇，指满月或新月位于其椭圆形绕地球公转轨道上距离地球最近的那一点(近地点)时为超级月亮。从地球上观看，近地点满月的视直径比远地点满月增大14%，其面积和亮度均增加30%。

视直径增大14%　　　　　　　　面积增大30%

视直径
最小约0.49°
最大约0.55°

月球

近地点
（月球距离地球
最近的那一点）

远地点405,500千米

近地点356,700千米

周期和影响： 近地点的周期为8.85年。而每次近地点月并不一定是新月或满月，因此超级月亮的发生周期短则八九年，长则几十年不等。然而一旦发生超级月亮，则会在近地点日期的前后两新月或满月发生两次超级月亮。近地点月会导致地球的引潮力增强42%。

月球远地轨道

月球近地轨道

地球

月亮的颜色

月球本身并不发光，我们看到的月光来源于月球反射的太阳光，但由于反射的月光到达地球经过地球大气时，受大气折射、月亮视位置及大气不同成分的影响，特别是在满月，除了有常见的银白色月亮外，还有微弱的黄色月亮、橙色月亮、草莓月亮，甚至出现蓝色月亮和红色月亮等。

银白色月亮： 发生在晴朗的夜晚，月亮位置比较高时。
金黄色月亮： 发生在多云或水汽大，或悬浮颗粒多时。
橙褐色月亮： 发生在月亮刚出地平线，偶或水汽大时。
蓝灰色月亮： 发生在雾霾、火山灰或火灾污染大气时。

红月亮： 是指出现在月全食过程中，受地球大气折射形成的红色月亮。由于每次月全食的条件不同，使得月亮颜色的变化相对复杂，以红月亮居多，还有黑、灰、黄、橙、红、棕多种颜色，甚至还有红中带蓝，这不是大气污染所致，而是阳光透过平流层上层，那里的臭氧会散射红光而透过蓝光到达月球造成的。

草莓月： 指六月出现的满月，其时草莓成熟且夏至水汽大，月面呈粉红色。

蓝月亮： 不是指蓝色月亮，而是指按年划分中多出来的满月，即一个季度中出现的第三或第四个满月，或一个月中出现的第二次满月。

黑月亮： 是指一个月或一个季度中多出来一个新月，也指一个月中少出来一个满月或新月。

月球

地球

月球灰光

月球灰光：叫灰月或地球照，俗称新月抱旧月。新月前后月球被太阳光照亮部分呈狭窄的蛾眉形，但月轮其余部分并非完全黑暗，而是有淡灰色的微光，称为月球灰光，是地球反射的太阳光照到月面的缘故。

月球灰光成因：是地球把太阳光反射或散射到月球形成的。通常在新月前后几天的蛾眉月或残月时段出现，理论上新月时地球照光度最强，但新月或接近新月的蛾眉月受阳光影响而观测不到灰光。距离新月较远的蛾眉月或残月，因受月牙光亮影响也观测不到。月球灰光的球径略小于月牙的球径，感觉是新月抱旧月。

月球灰光，相当于地球夜晚的大地月光现象，即我们俗称的"月亮地儿"，就是地球灰光。月亮地儿发生在满月前后几天，这段时间内月球的反射光最强，又因为地球比月球大，地球表面的反射率比月球高得多，如果站在月球上看地球灰光，比在地球上看到的月球灰光明亮数十倍。

月球的纬度天秤动

　　由于月球自转周期与公转周期相同，因此月球总是以一个面面向地球，换句话说就是在地球上永远看不到月球的背面。但从地球上看月球表面并不是月球面积的50%，而是60%左右，原因是包括月球在内的卫星存在天秤动。

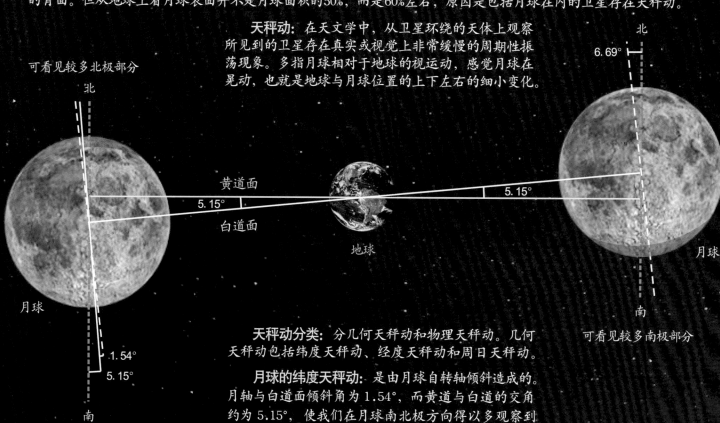

天秤动： 在天文学中，从卫星环绕的天体上观察所见到的卫星存在真实或视觉上非常缓慢的周期性振荡现象。多指月球相对于地球的视运动，感觉月球在晃动，也就是地球与月球位置的上下左右的细小变化。

可看见较多北极部分

北

6.69°

黄道面

白道面

5.15°

5.15°

地球

月球

月球

1.54°

5.15°

南

南

可看见较多南极部分

天秤动分类： 分几何天秤动和物理天秤动。几何天秤动包括纬度天秤动、经度天秤动和周日天秤动。

月球的纬度天秤动： 是由月球自转轴倾斜造成的。月轴与白道面倾斜角为1.54°，而黄道与白道的交角约为5.15°，使我们在月球南北极方向得以多观察到±6.69°的区间，约为200千米距离的月面。

月球的经度天秤动

　　月球的经度天秤动：是由月球的公转偏心率造成的。当月球由近地点向远地点移动时公转速度逐渐减慢，而由远地点向近地点移动时公转速度逐渐加快，但月球的自转速度始终不变，所以月球在公转轨道上的位置相对于自转的角度有时超前，有时落后，这使我们在月球的东西两侧得以多观察到±7.75°的区间，约为235千米距离的月面。

北

月球

西

东

南

可看见较多月球西侧部分

可看见较多月球东侧部分

北

西

东

地球

白道

月球

南

　　周日天秤动：是由地球自转造成的，可多观察月球东西±1°的区间，约为30千米距离的月面。

　　物理天秤动：多观察的区间小于±0.04°，可忽略不计。

地球摇摆与摄动

太阳

地球摇摆： 由于月球的公转，在地球与月球之间的相互引力作用下，地球在公转轨道上发生左右摇摆。在黄道外向远太阳方向摇摆，在黄道内向近太阳方向摇摆。地球摇摆还受到摄动、太阳风、多体问题等因素的影响。此外，由于地球重心与中心的偏差，地轴在自转中也会产生摇摆。

地球摄动： 一个天体绕着另一个天体按二体问题的规律运行时，因受别的天体吸引或其他因素的影响，其轨道产生的偏离现象。因此，地球公转轨道并不是严格的平面，而是有连续变化的。

地球

地球运行轨迹

地球摇摆

黄道（地球轨道平均方向）

白道

月球

太阳

地球摄动

地球

月影与地影

太阳到地球的平均距离 14,960万千米　　太阳平均直径 139.2万千米　　地球到月球的平均距离 38.44万千米

太阳到水星的平均距离　5,791万千米　　地球平均直径 1.27万千米　　近地点 35.7万千米

太阳到金星的平均距离 10,821万千米　　月球平均直径 0.3474万千米　　远地点 40.6万千米

地球

月球本影和半影：太阳为非点光源，太阳光在传播中遇到月球时，在月球后方光线完全不能照到的区域，叫月球本影。只有部分光线到达的区域，叫月球半影。

月球

阳光

月球本影长度最短为 367,229千米，最长为 379,871千米

日食

地月位置

金星轨道　　　　　　　水星轨道

太阳

月食

地球本影和半影：太阳为非点光源，太阳光在传播中遇到地球时，在地球后方光线完全不能照到的区域，叫地球本影。只有部分光线到达的区域，叫地球半影。

地球

阳光

月球

地球本影长度最短为 1,360,463千米，最长为 1,406,705千米

日食、月食规律

见食规律： 日食、月食发生的周期称沙罗周期。每年见食平均有4次，最少有2次，这2次都是日食；最多有7次，其中日食5次，月食2次（或日食4次，月食3次）。

同一地点再发生日全食平均需375年。日食和月食成对出现，日食发生在月食前后两周。日食持续时间短则几秒，长则十几分钟，其中日全食最长不超过八分钟，而日环食最长有十几分钟。

黄白交角： 月球绕地球公转的轨道为白道，白道形成的面为白道面，白道面与黄道面的交角为5°09′。

周期名称	定义方式	时间长度	一沙罗周期包含的月数
近点月	连续两次过近地点	27.55455天	239
交点月	连续两次过升交点	27.21222天	242
朔望月	连续两次日月合朔	29.53059天	223

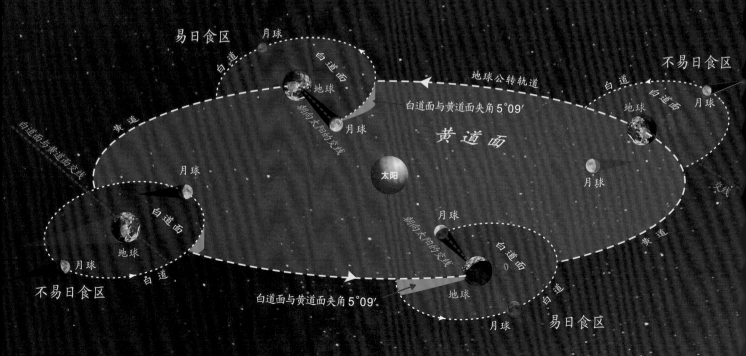

易日食区　月球　白道面　白道　地球　朔向太阳的交线　月球　黄道　白道面与黄道面夹角5°09′　地球公转轨道　黄道面　太阳　不易日食区　白道　白道面　地球　月球　月球　白道面　地球　白道　不易日食区　月球　白道面　地球　白道　朔向太阳的交线　白道面与黄道面夹角5°09′　月球　地球　易日食区　白道面　月球

日食、月食周期

某个地区发生日食或月食之后，再过54年零33天，会再次发生类似的日食或月食，这段时间等于三个沙罗周期的长度。日食或月食这样重现是由月球轨道的三种不同周期之间的关系决定的。

日食只能在地球上一个狭窄带内看见，月食则可在地球整个夜半球上看见。因此，就整个地球而言，日食多于月食；就一个地方而言，月食多于日食。

沙罗周期：日食、月食发生的周期，即每次交食后经过6,585.32天（18年11日或10日），太阳、月球和白道与黄道的交点差不多又回到原来相对的位置，前一周期的日月食重新出现。一周期内平均有71次交食，其中日食43次，月食28次。

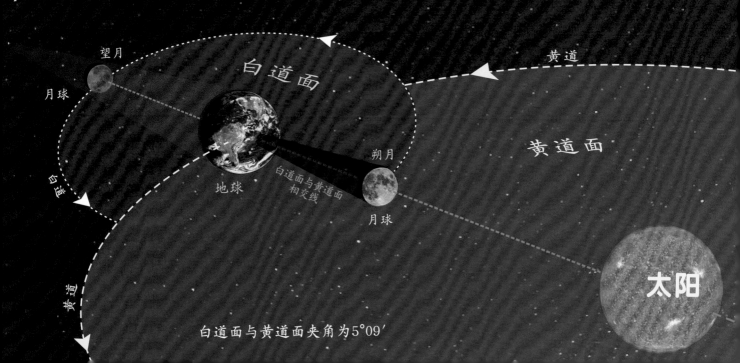

望月

月球

白道面

黄道

黄道面

白道

地球

白道面与黄道面相交线

朔月

月球

黄道

太阳

白道面与黄道面夹角为5°09′

月全食过程

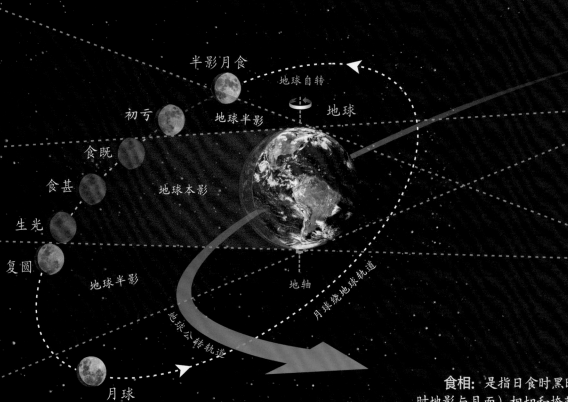

半影月食

初亏

食既

食甚

生光

复圆

地球半影

月球

地球自转

地球半影

地球

地球本影

太阳

地轴

地球公转轨道

月球绕地球轨道

食相：是指日食时黑暗的月面与日面（或月食时地影与月面）相切和掩蔽的现象或时刻。

全食有五相：初亏、食既、食甚、生光、复圆。

偏食有三相：初亏、食甚、复圆。

月食限角

月食限： 在望日，使月食成为可能的地影中心在天球上的投影点与白道和黄道的交点之间的角距极限称为月食限。月全食的最大限角为6°0′，最小限角为4°6′；月偏食的最大限角为11°54′，最小限角为10°0′。

望日： 指农历十五或十六月圆日，亦称月食日，即月食发生日。

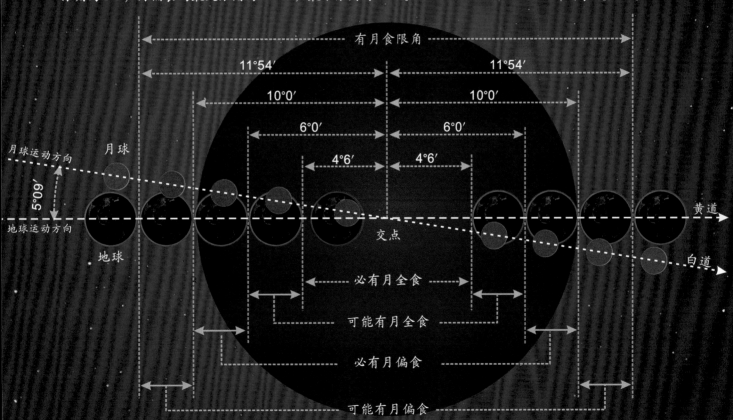

月食的种类及其轨道

月食的种类： 分为月全食、月偏食和半影月食。

月全食： 在望日，月球完全进入了地球本影区叫月全食。
月偏食： 在望日，月球一部分进入地球本影区叫月偏食。
半影月食： 在望日，月球只进入地球半影区叫半影月食。

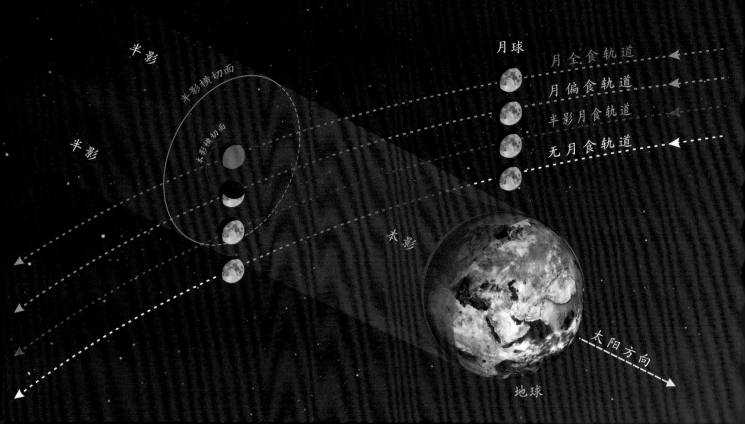

半影

半影

半影横切面

本影横切面

月球

月全食轨道

月偏食轨道

半影月食轨道

无月食轨道

本影

太阳方向

地球

本影食与半影食

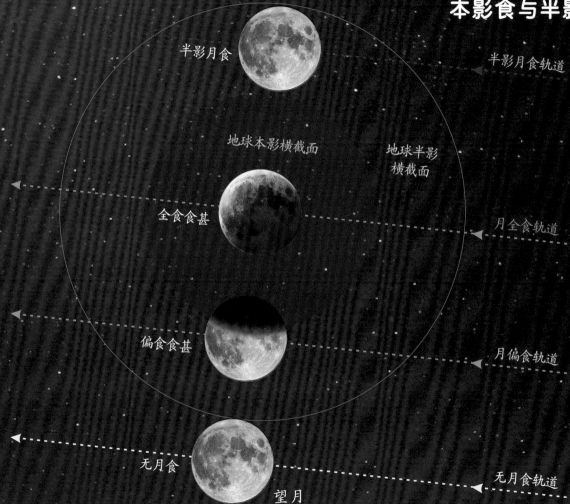

本影食： 月球被地球的本影全部或部分掩蔽，其视面明显变暗的现象。包括月全食和月偏食。

当月球被地球本影全部掩蔽时，即月全食时刻，月面多呈红色。当月球被地球本影部分掩蔽时，即月偏食或月全食过程中部分掩蔽阶段，由于月面其余部分仍暴露在太阳光下，月球被掩蔽部分反差为黑色，而不是红色。

半影食： 月球被地球的半影全部或部分掩蔽，月球视面微弱变暗的现象。由于受太阳直射光的影响，肉眼难以分辨月面光度有所减暗。

月全食食相

复圆

生光

食甚

食既

初亏

白道

望月

月球运动方向

地球本影

初亏: 月食开始的时刻，月面东边缘与地影西边缘外切。

食既: 月全食开始时刻，月面西边缘与地影西边缘内切。

食甚: 月全食最甚时刻，月面中心与地影中心最近时刻。

生光: 月全食结束时刻，月面东边缘与地影东边缘内切。

复圆: 月食终了的时刻，月面西边缘与地影东边缘外切。

月全食的光度

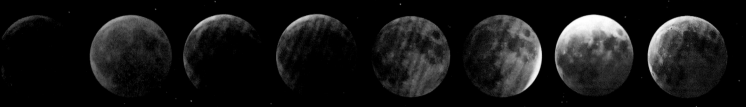

=0 极黑的月食　L=1 暗灰色月食　L=1 暗褐色月食　L=2 深红色月食　L=2 铁锈色月食　L=3 砖红色月食　L=4 亮铜红色月食　L=4 橘红色月食

月全食光度: 是指月全食过程中月球全部进入地球本影时的光度, 其参量叫丹戎数, 用 L 表示。由于受月球离地球远近、地球大气情况、黄白轨道交角等多项因素影响, 造成月全食的光度不同, 因此月全食并不都是红色的, 会出现其他颜色。

地球

编者注: 本页图片的创意是由贾振琴老师提供的。

丹戎数	月食的颜色	月面描述
L=0	极黑的月食	月面几乎不可见, 尤其在食甚时刻
L=1	暗灰色月食 暗褐色月食	月面细节难分辨
L=2	深红色月食 铁锈色月食	本影中心很黑暗, 外边缘相对较亮
L=3	砖红色月食	月边亮白或黄色, 细节可见但模糊
L=4	亮铜红色月食 橘红色月食	月面略带蓝绿边, 可见大月面细节

影锥横截面

半影

本影

月全食轨道

月球

红月亮

　　红月亮: 月全食过程中，月亮基本不会消失不见，而是呈现包括红色在内的多种颜色月面，这是因为地球大气把阳光折射和散射的结果。被折射和散射的阳光中红色光的波长最长，偏折最小，因此透射的红光能够到达地球本影范围内的月球，使月全食时的月亮多为红色。

地球

地球大气
折射阳光

太阳方向

影响月亮"红"的因素:

- 月球与地球的远近距离不同;
- 月食限不同而在本影的位置不同;
- 地球大气折射和散射阳光的情况不同;
- 月光进入地球大气发生再折射情况不同。

日食限和月食限

月食一定发生在月食限内，也就是
月球一定是部分或全部进入地球本影锥。

日食一定发生在日食限内，也就是
月球半影区和本影锥一定进入地球表面。

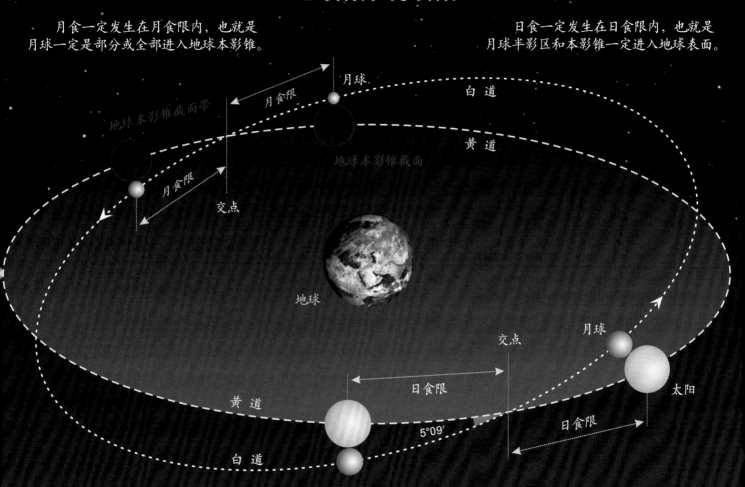

日月食成因

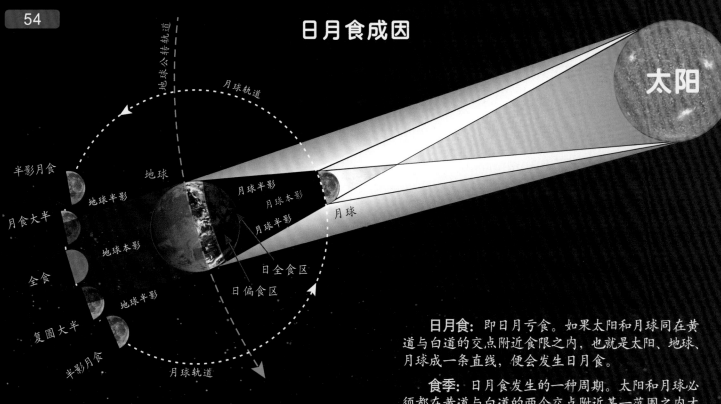

半影月食

地球半影

月食大半

地球本影

全食

地球半影

复圆大半

半影月食

地球公转轨道

月球轨道

地球

月球半影

月球本影

月球半影

日全食区

日偏食区

月球

太阳

月球轨道

日食： 在朔日，月球运行到太阳与地球之间，月球掩蔽太阳的现象。日食有日全食、日偏食、日环食三种。

月食： 在望日，地球运行到太阳与月球之间，地影掩蔽月球的现象。分为月全食、月偏食、半影月食三种。

日月食： 即日月亏食。如果太阳和月球同在黄道与白道的交点附近食限之内，也就是太阳、地球、月球成一条直线，便会发生日月食。

食季： 日月食发生的一种周期。太阳和月球必须都在黄道与白道的两个交点附近某一范围之内才能发生日食或月食。两者在同一交点附近时发生日食，而两者在不同交点附近时发生月食。因为月球在白道上从一个交点运行到另一交点需时约13.6天，太阳在黄道上做同样的运行则需约173.3天（半个交点年或食年），可知每隔半个食年后日月食又发生，也就是说，新的食季来临。

日食限角

日食限： 在朔日，使日食成为可能的月球中心在天球上的投影点与白道和黄道的交点之间的角距极限称为日食限。日全食的最大限角为11°30′，最小限角为10°6′；日偏食的最大限角为17°54′，最小限角为15°54′。

朔日： 指农历初一新月日，亦称日食日，即日食发生日。

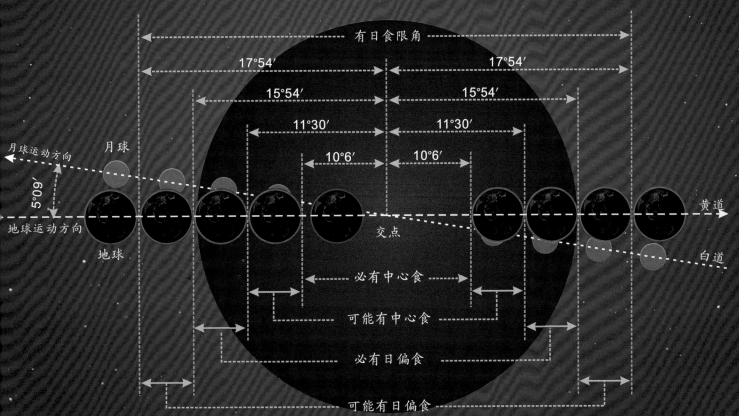

本影和半影

远地点月食　　地球本影　　地球半影

白道

地球　　　　　半影　本影到达地球地表

近地点日食（最近为357,000千米）

月球　　　日全食

地球大气折射本影锥结构

聚交本影锥　有光侵本影锥　无光侵本影锥

月球本影最短为367,000千米，最长为379,700千米

太阳方向

大气食

地球本影最短为1,358,900千米，最长为1,404,800千米

半影　本影到达地球大气

地球半影结构

锥筒

近地点月食

折射光本影　　白道

远地点日食（最远为406,000千米）

日环食

伪本影到达地球　本影未达地球

黄道

日食的种类及其轨道

伪本影

伪本影锥与本影锥交点

半影

本影

无日食轨道

月球

日偏食轨道

日全食/日环食轨道

黄道

地球

太阳方向

日食的种类：分为日全食、日环食和日偏食三种。

日全食成因

地球自转

偏食区

月球本影

全食区

月球绕地球公转轨道

地球

地轴

地球公转轨道

月球

月球半影

太阳

日全食：是日食的一种。即在地球上的部分地点，太阳光被月球全部遮住的天文现象。日全食时的月球角直径一定大于等于太阳的角直径，月球本影到达地球，由于月球比地球小，月球在地球上的本影也小，只有在月球本影中的人们才能看到日全食。民间称此现象为"天狗食日"。

大气食：在朔日，如果月球本影接触不到地面，而只在地球的大气层中掠过，则在地面一狭窄地带看见阴黑天空的日食。

中心食：日全食和日环食的总称。日全食分为初亏、食既、食甚、生光和复圆五个阶段。

日环食成因

地球自转

月球半影

月球本影

偏食区

月球绕地球公转轨道

地球

环食区

地轴

月球伪本影

月球半影

月球

太阳

地球公转轨道

日环食：是日食的一种。发生时太阳的中心部分黑暗，边缘明亮，形成光环。发生日环食时，物体的投影有时会交错重叠。

日环食成因：由于月球离地球较远，月球的本影不能到达地面而它的延长线经过了地面，则位于月球本影延长线区域（伪本影区）的人们看到的日食是日环食。日环食时的月球角直径一定小于太阳的角直径。如果月球距离地球较近，月球本影能到达地面，则发生日全食。

伪本影：是发生在障碍物比光点小，光线从它的边缘过去，光线相交后的延长光线形成的影区。障碍物到光线交点前的影区叫本影，光线交点后的影区叫伪本影。

日食带

日食带： 发生日食时，细长的月球本影和半影锥落到地球表面，形成一个圆形月球本影区和围绕本影区的半影区。当月球绕地球转动时，影锥就在地面上自西向东扫过一段比较长的地带，在月影扫过的地带可以看见日食，所以称为日食带。

日食带内能看见日全食的叫全食带，能看见日环食的叫环食带。半影区扫过的地带可以看到日偏食，日偏食的范围是一条宽阔带，扫过地球表面很大的一片地区。

日食带在地球上是从西向东运动的。当日食带西部地区已经处在月影区域看到日食时，日食带东部地区要等待月影东移后才能看到日食。

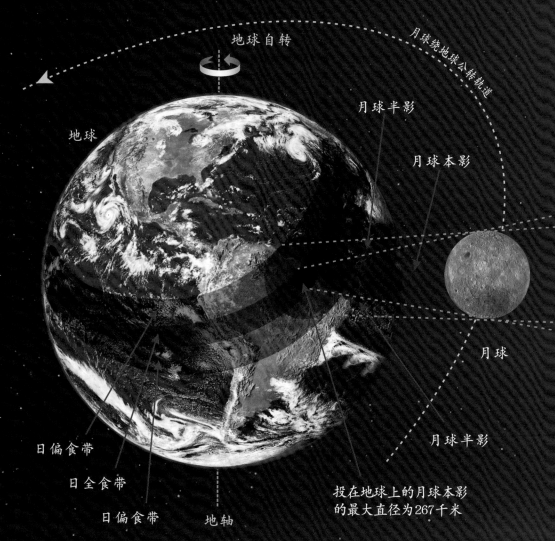

地球自转

月球绕地球公转轨道

地球

月球半影

月球本影

月球

月球半影

日偏食带

日全食带

日偏食带

地轴

投在地球上的月球本影的最大直径为267千米

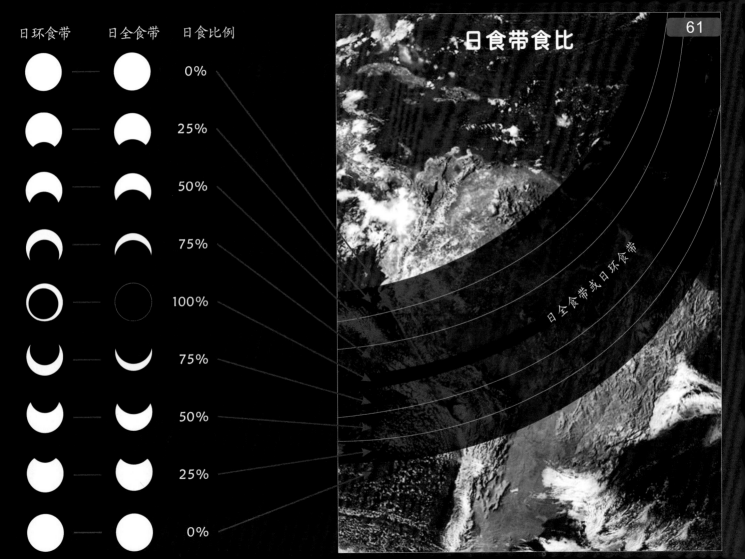

日环食带　日全食带　日食比例

0%
25%
50%
75%
100%
75%
50%
25%
0%

日食带食比

61

日全食带或日环食带

太 阳 光 线

环食轨道

白道

本影

半影

本影锥与
伪本影锥
交点

伪本影

环食

环食

环食

全环食轨道

全食

全食

环食

环食

地球自转

混合日食

除了日全食、日环食、日偏食外，还有大气食和混合日食等特殊情况。大气食即月球本影锥尖恰好到达大气的现象。混合日食是指同一次日食，日食带上先后看到全食和环食的现象，也叫全环食，其原因是本影锥尖长于地球的向日弧面而未达地心。

全食轨道

全食

全食

全食

地球自转

地球自转

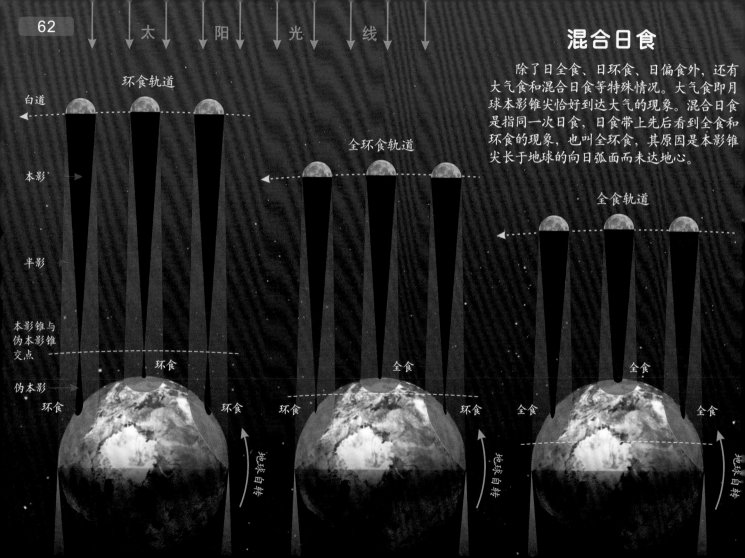

日食食分和月食食分

食分：表示日月被食程度的量，但不是指被遮挡的面积大小，而是指被食的直径长短。食分越大，被食的程度越大。

日食食分：以太阳角直径为单位(作为1)计算被食部分，如食分为 0.5，即太阳角直径被月球遮去一半(非面积的一半)。日全食的食分用月球角直径和太阳角直径比表示，所以食分大于等于1。日环食和日偏食的食分小于1。

日偏食食分＜1

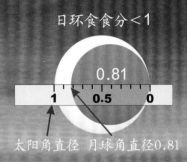

0.3

1 0.5 0

太阳角直径 被月球遮挡0.3

日环食食分＜1

0.81

1 0.5 0

太阳角直径 月球角直径0.81

日全食食分≥1

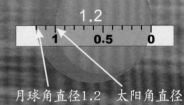

1.2

1 0.5 0

月球角直径1.2 太阳角直径

月偏食食分
0.5：1 = 0.5

月全食食分
1.3：1 = 1.3

地球本影

月轮进入本影最大深度 0.5 0
月球角直径 1 0.5 0

月球

入影深度 1 0.5 0
月球角直径 1 0.5 0

月食食分：食甚时月轮进入地球本影的最大深度与月轮角直径之比。食分越大，月轮被食的程度就越大。月偏食的食分小于1，月全食的食分大于1。

日全食和日环食食相

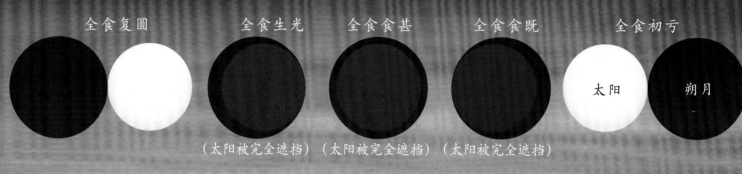

全食复圆　全食生光　全食食甚　全食食既　全食初亏

太阳　朔月

（太阳被完全遮挡）（太阳被完全遮挡）（太阳被完全遮挡）

环食复圆　环食食终　环食食甚　环食食既　环食初亏

太阳　朔月

初亏： 日食开始的时刻，月面东边缘与日面西边缘外切。
食既： 日全食开始时刻，月面东边缘与日面东边缘内切（日环食食既，月面西边缘与日面西边缘内切）。
食甚： 日全食最甚时刻，月面中心与日面中心最近时刻。
生光： 日全食结束时刻，月面西边缘与日面西边缘内切（日环食食终，月面东边缘与日面东边缘内切）。
复圆： 日食终了的时刻，月面西边缘与日面东边缘外切。

日偏食和月偏食食相

日偏食

朔月

太阳

复圆　　　食甚　　　初亏

初亏：日偏食开始的时刻，日面西边缘与月面东边缘外切。
食甚：日偏食最甚的时刻，太阳中心与月球中心最近时刻。
复圆：日偏食终了的时刻，日面东边缘与月面西边缘外切。

初亏：月偏食开始的时刻，月面东边缘与地影西边缘外切。
食甚：月偏食最甚的时刻，月球中心与地影中心最近时刻。
复圆：月偏食终了的时刻，月面西边缘与地影东边缘外切。

地球本影

望月

复圆　　　食甚　　　初亏

月偏食

月球上看"日全食"

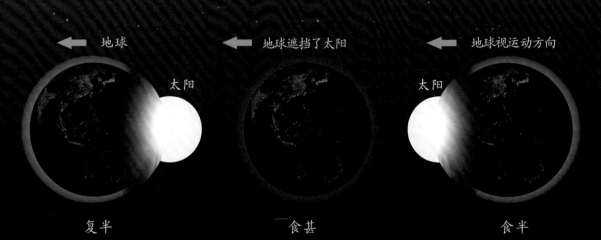

复半　　　　　　　　　　食甚　　　　　　　　　　食半

地球　　　　地球遮挡了太阳　　　　地球视运动方向

太阳　　　　　　　　　　　　　　　　太阳

　　在地球上出现月全食时，站在月球上看到的则是日全食，也就是太阳被地球遮挡了。但由于地球大气层散射了太阳光线，散射的光线中红色光的折射小，波长最长，能达到月球表面，因此在地球上看月球多是红月亮，而在月球上看地球则是红色光环包裹的地球。

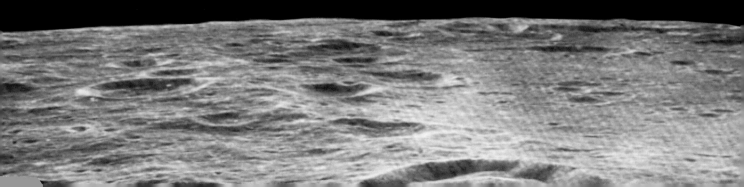

太阳系

TAIYANG XI

太阳系

太阳系：以太阳为中心，和所有受太阳引力约束的天体所构成的行星系统。包括水星、金星、地球、火星、木星、土星、天王星、海王星这八大行星，大量的卫星、小行星和矮行星，数以亿兆的各类小天体及其他行星际物质和尘埃，其中已知的卫星有173颗，著名的矮行星有5颗。多数的小行星和彗星位于小行星带、柯伊伯带和奥尔特云中。太阳距离海王星约50亿千米；太阳系的日球层半径约150亿千米，希尔半径(引力半径)约15,000亿千米。

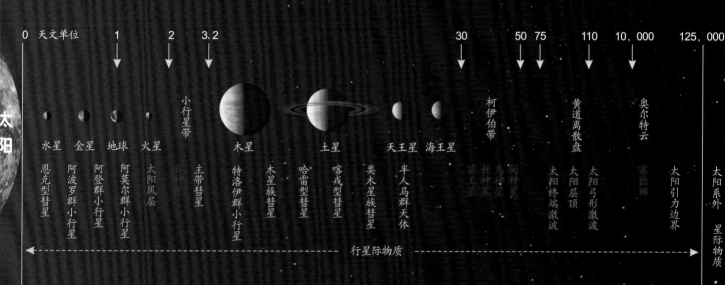

太阳系的位置：太阳系是银河系的成员之一，离银河系中心大约2.5万～2.8万光年，是银河系1,000亿～4,000亿颗恒星中较典型的行星系统，太阳系的移动速度约220千米/秒，绕银河系中心的公转周期约2.6亿年。

太阳系的范围：包括太阳、4颗类地行星、近地小行星、小行星带、4颗类木行星、柯伊伯带、黄道离散盘面、奥尔特云和太阳圈。奥尔特云距离太阳约50,000～100,000天文单位，估计太阳的引力控制的范围可达2光年之遥(125,000天文单位)。

黄道离散天体：指内缘与柯伊伯带重合、外缘远超柯伊伯带外围间运行、轨道上下偏离黄道面的海王星外天体，主要是由冰组成的小行星。

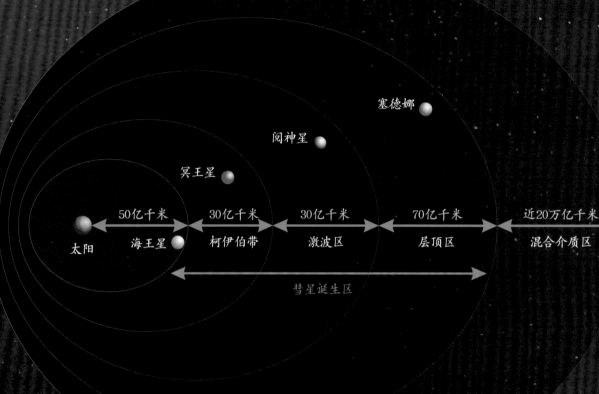

太阳系分区

太阳系按半径长度
分为五大区:

八大行星区
0~50亿千米

柯伊伯带
50亿~80亿千米

激波区
80亿~110亿千米

层顶区
110亿~180亿千米

混合介质区
180亿千米~
20万亿千米

彗星诞生区
50亿~180亿千米

太阳系外

日球层

日球层：即太阳圈，是太阳风吹入星际介质（银河系中弥漫的气体和尘埃）在空间中形成的气泡状区域。虽然来自星际空间的中性原子也渗入到这个气泡，但实际上太阳圈中的主要物质都是来自太阳本身的。太阳风扩散开的速度约400千米/秒，到达离太阳120亿千米处时，太阳风与星际介质发生碰撞且速度降至亚音速。之后，太阳风继续扩散，速度进一步降低，一直过渡到星际空间。

终端激波：太阳风的速度降为亚音速之处，称为终端激波。

太阳层顶：太阳风与星际物质达到平衡之处，为太阳层顶。

弓形激波：是星际物质以相反的方向运动，与日球层碰撞使得速度降至亚音速之处。

太阳风层

终端激波

太阳层顶

弓形激波

星际物质

金星 水星

木星 地球

火星 土星

冥王星

海王星 天王星

柯伊伯带

太阳系的运行

太阳系运行轨道

太阳系的运行：有每秒19.5千米的太阳系的本动和每秒220千米的太阳系绕银河系中心的公转。此外，太阳系相对于宇宙微波背景的速度约为每秒370千米。有研究显示，近十亿年来太阳系的公转速度越来越快，因此公转周期也越来越短，或许数十亿年后，太阳系就会离开银河系的猎户支臂而靠近银河系中心区域。

太阳系公转速度：太阳系随着附近的其他天体，围绕银心顺时针运转，轨道近圆形，速度为220千米/秒，公转周期为2.6亿年，现朝仙王座内某一个方向。而黄道面与银道面的交角约62.5°，黄道轴指向的北黄极在天龙座内某一个方向。

太阳向点和背点

太阳向点： 太阳相对本地静止标准以19.5千米/秒朝着向点运动，称为太阳的本动。太阳向点在武仙座附近，织女一的西南处，赤经18^h，赤纬+30°。太阳的本动和太阳绕银心的公转与太阳的周年视运动不同。

太阳背点： 太阳向点的反向点，位于大犬座ζ星附近。因太阳奔往向点，天球上的恒星都相对远离向点，向背点移动会聚。

织女一

武仙座

向点

武仙座
向点
织女一
北天极

太阳

天球
南天极
背点
大犬座

地球　月球

太阳向点运行速度19.5千米/秒

太阳系的诞生

太阳系的诞生：比较流行的为星云说，即太阳系是46亿年前在一个巨大的原始分子云在自引力作用下塌缩中形成的。稠密的核心区形成了原始太阳，外部区域慢慢演化成了盘状。盘状物密度较高的部分形成引力吸积中心成长为星子。由于外太阳系距离原始太阳较远，温度低，蒸发少，富含冰的星子首先形成了木系星团的巨行星，并使这一区域的其他天体或被俘获成卫星，或被撞碎弹射到远方；

而内太阳系温度高，蒸发了星子中较轻的化合物，剩余的硅和金属构成的固体逐渐集合成类地行星。之后太阳的热核反应产生的太阳风吹走了剩余的星云残余，也带走了太阳的角动量，慢慢形成了现在的太阳系。

星云坍缩
（46亿年前）

婴幼期

木系星团形成

童年期 2

青年期 3

壮年期 4

现在的太阳

2

地系星团形成

2   2

3   3

海系   木系

火系   地系

3   3   3   3   4   4   4   4   3   4

海王星 天王星 土星 木星   小行星 火星   地球 月球   金星   水星

行星的形成

行星的形成： 行星伴随着太阳，是在46亿年前一个星云塌缩中诞生和发展而来的。原始太阳形成后，周边的盘状物逐步成长为星子。太阳系初期约有几十亿星子围绕着太阳运动，如果两个星子体积大小悬殊，碰撞后小星子就会受大星子吸引而被"吃"掉，大的星子则越来越大，如果两个星子大小相近，碰撞后会破裂成许多小块，又陆续被其他大星子"吃"掉。如此循环往复，星子会变得越来越少。越吃越大的原行星诞生了，其中距原始太阳较远的原行星形成了类木行星，较近的原行星形成了类地行星。而无数的小行星则是星子互相吞并而没有被"吃"掉的幸运儿。

有人认为，行星是太阳系诞生之时就自然存在的。

也有人认为，行星是从银河系中心的黑洞中超速"喷射"出来的。

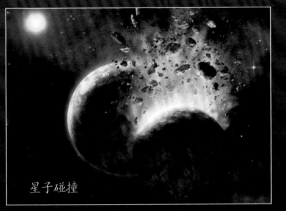

星子碰撞

黑洞喷射

太阳系初期

行星形成

现在的太阳系

行星发现史

1609年，伽利略将望远镜指向天空，开启了现代天文学的时代。到底是什么人发现了金星、木星、水星、火星和土星这五颗行星，已无从考证。

中国古人把日月金木水火土称"七政"或"七曜"，其中的金木水火土又被合称为"五纬"，其别称如下：
金星叫"明星"或"太白"，晨叫"启明"，昏叫"长庚"；
木星叫"岁星"或"岁"；
水星叫"辰星"或"昏星"；
火星叫"荧惑"；
土星叫"镇星"或"填星"。

海王星

天王星

土星

木星

火星

地球

金星

水星

太阳

冥王星之争： 从19世纪末开始，天文学家就猜测海王星外还存在着一颗未知的行星。1930年2月18日，美国天文学家汤博终于发现了一颗暗小的行星，其被赋予地狱之神普卢托的名字，中文称冥王星。从此太阳系九大行星的格局持续了70多年。然而冥王星不符合新版行星的定义，与近年发现的许多柯伊伯带天体类似，因此在2006年被划为矮行星，从大行星中除名。然而根据计算，天文学家对第九大行星的探寻并没有结束。

海王星的发现： 天王星被发现不久，科学家发现它的轨道观测数据与理论预测的总有差异，判断还有一颗未知的行星，它的引力导致天王星轨道出现偏差。1846年9月23日，德国天文学家伽勒在预测的位置上找到了一颗颜色蔚蓝的新行星，其被赋予海洋之神尼普顿的名字，中文为海王星。

冥王星

天王星的发现： 1781年3月13日，英国天文学家赫歇尔注意到了双子座中的一个天体，最终确认它是一颗行星，并以希腊神话中天空之神乌拉诺斯命名，中文称天王星。此前的天文学家曾经看到并记录了它，但没有意识到这颗位置变化不明显且暗淡的星会是一颗行星。目前太阳系有八颗行星，分别为水星、金星、地球、火星、木星、土星、天王星和海王星。

轨道根数

轨道根数: 即轨道要素——描述天体圆锥曲线轨道的基本参数，表示轨道的大小和形状、面在空间的位置、轨道在轨道面上的方位和该天体在轨道上的初始位置。包括轨道半长径(或周期)、轨道偏心率、轨道倾角、升交点经度、近点幅角和历元(过近日点或轨道上某确定点的时刻)等。

轨道半长径: 是指行星公转的椭圆形轨道长轴的一半长度。

轨道偏心率: 天体轨道椭圆的两个焦点间距离与长轴之比。

轨道倾角: 表示天体的轨道面在空间的位置。指轨道面与基本坐标平面之间的夹角。

升交点经度: 天体轨道的升交点与经度(如黄经或赤经)起算点之间的角距。从经度起算点起沿经度增加方向度量。

近点幅角: 天体轨道的近点与升交点间的角距。从升交点起沿运动方向度量。

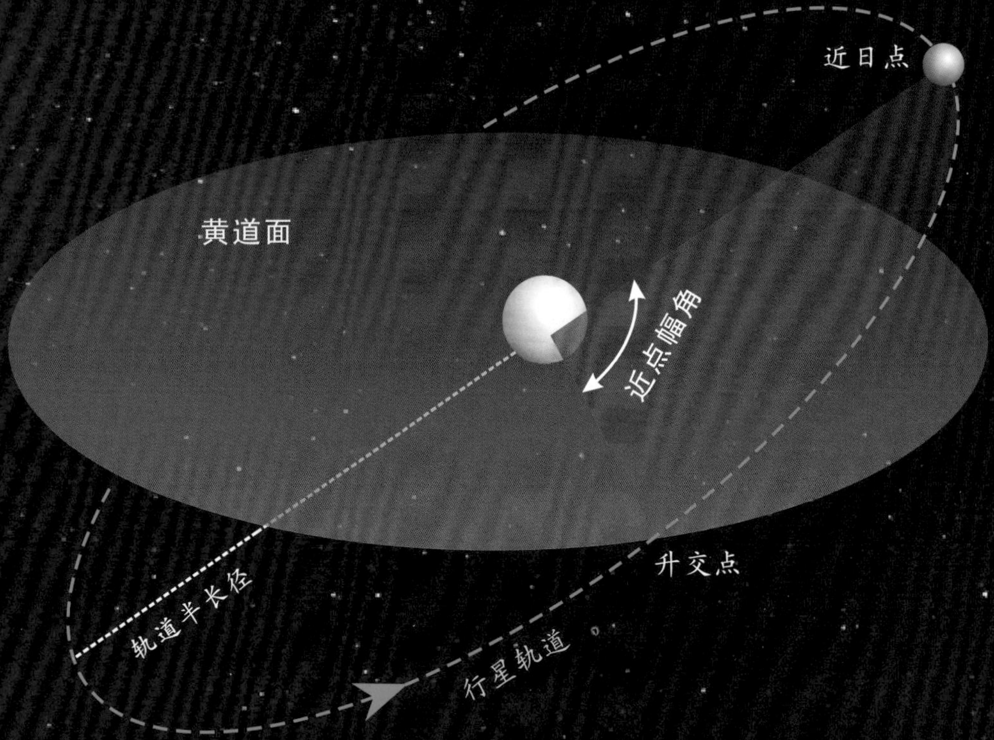

历元: 在天文学中，与所列数据、图表相对应的时刻。按用途不同划分的几个历元含义如下: 一、中国古代历法推算的起算点; 二、时间计量的起算点; 三、轨道根数之一，天体在其轨道上运动到某一确定位置的时刻，以此作为起始时刻来推算天体在任意时刻的位置; 四、星表或星图所列天体的位置都是对应某一特定时刻给出的，即星表历元或星图历元; 五、天文观测资料对应的观测时刻，即观测历元。本页内容中专指作为轨道根数之一的历元。

图中标注: 近日点、黄道面、近点幅角、升交点、轨道半长径、行星轨道

行星的自转轴和赤道面

假定八大行星的赤道面
相交在同一条直线上

水星赤道面　黄道面

金星赤道面

木星赤道面

天王星赤道面

地球赤道面

海王星赤道面

火星赤道面

土星赤道面

行星的自转轴：是行星自转所围绕的假想轴，垂直于行星赤道面。八大行星的自转方向多数和公转方向一致，只有金星和天王星两个例外。金星自转方向与公转方向相反，而天王星是在轨道上横滚的。

行星自转轴倾角：是行星自转轴与轨道面的倾角。行星赤道面与黄道面夹角与行星自转轴倾角值相同。地球自转轴与轨道面的倾角为23.5°。其他行星自转轴倾角分别是：水星约0°，金星177°，火星25°，木星3°，土星27°，天王星98°，海王星28.3°。其中，金星倾角接近180°，造成自转方向与公转方向相反；天王星倾角接近90°，造成自转横滚现象。

太阳

水星	金星	地球	火星	木星	土星	天王星	海王星
0°	177°	23.5°	25°	3°	27°	98°	28.3°

行星的轨道倾角和升交点黄经

太阳

水星

7.005°

3.395°

金星

0°

1.850°

地球

火星

1.303°

2.489°

木星

0.773°

土星

1.770°

天王星

海王星

轨道倾角：行星公转轨道面与地球公转轨道面的夹角。八大行星的轨道倾角分别为：

水星7.005°

金星3.395°

地球0°

火星1.850°

木星1.303°

土星2.489°

天王星0.773°

海王星1.770°

升交点黄经：行星沿轨道从南向北运动时与参考平面的交点。黄道参考平面八大行星升交点黄经度数为：

水星48.331°

金星76.680°

地球——

火星49.558°

木星100.464°

土星113.665°

天王星74.006°

海王星131.784°

水星

金星

土星

火星

海王星

木星

天王星

地球

太阳

轨道倾角 (假设八大行星轨道面相交在同一条直线上)

行星的公转速度和周期

公转： 行星围绕太阳运行叫公转，其运行的路线叫公转轨道。地球公转轨道扩大到与天球相交的大圆圈，即在地球上看太阳在天球上做周年视运动的轨迹叫黄道。八大行星均按逆时针方向（从北黄极俯视）绕太阳公转。

公转速度： 行星绕太阳公转的速度。八大行星的公转速度分别为：

水星47.362千米/秒

金星35.02千米/秒

地球29.78千米/秒

火星24.007千米/秒

木星13.07千米/秒

土星9.69千米/秒

天王星6.80千米/秒

海王星5.43千米/秒

公转周期： 行星围绕太阳公转一圈的时间。八大行星的公转周期分别为：

水星87天23时

金星224天16时

地球1年

火星1年320天18时

木星11年315天1时

土星29年167天6时

天王星84年3天15时

海王星164年288天13时

行星会合周期：

水星115.88天

金星583.92天

火星779.96天

木星398.88天

土星378.09天

天王星369.66天

海王星367.49天

47 35 29 24 13 9 6 5

行星公转速度（千米/秒）

水星88天

金星224天

地球1年

木星11年315天

土星29年167天

天王星84年3天

海王星164年288天

行星公转周期

行星的自转速度和周期

水星自转周期59天15时30分
自转速度3.026米/秒

金星自转周期243天26分
自转速度1.81米/秒

地球自转周期23时56分
自转速度465.11米/秒

火星自转周期24时37分
自转速度241.17米/秒

行星的自转周期： 行星自转一圈的时间为自转周期，地球的自转周期为24时，其他行星的自转周期分别是：水星为59个地球日，金星为243个地球日；火星为24时37分、木星为9时50分、土星为10时14分、天王星为17时14分、海王星为16时06分。

木星的自转速度超过了第二宇宙速度，是太阳系自转速度最快的行星。土星的自转速度也很快。木星和土星在一个地球日至少可以见到两次日出。天王星和海王星的自转速度接近。

行星的自转速度： 行星赤道处的自转速度最快，且向两极逐渐减少，极点为零。八大行星赤道处的自转速度分别为：

水星3.026米/秒
金星1.81米/秒
地球465.11米/秒
火星241.17米/秒
木星12.6千米/秒
土星9.87千米/秒
天王星2.59千米/秒
海王星2.68千米/秒

木星自转周期9时50分
自转速度12.6千米/秒

土星自转周期10时14分
自转速度9.87千米/秒

水星的自转速度相当于自行车速度，金星的自转速度相当于步行速度，因此在水星上骑自行车或在金星上步行都可以追上太阳。金星是太阳系自转速度最慢的行星。水星大约两个月自转一周，而金星则需要大半年才自转一周。

在地球上若想追上太阳，需要驾驶超音速飞机。而在火星上乘坐大型客机就可以追上太阳了。

天王星自转周期17时14分
自转速度2.59千米/秒

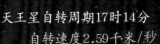

海王星自转周期16时06分
自转速度2.68千米/秒

行星与太阳的体积

假设地球的体积为1，则太阳的体积为1,300,000，即太阳能够装下130万颗地球，即便是太阳系里最大的行星——木星，也需要近千个才能填满太阳。其他七大行星的体积分别是：

水星0.056
金星0.866
火星0.151
木星1,321
土星763.59
天王星63.09
海王星57.74

太阳
1,300,000

水星	金星	地球	火星	木星	土星	天王星	海王星
0.056	0.866	1	0.151	1,321	763.59	63.09	57.74

八大行星与太阳大小等比例图

八大行星体积等比例图

木星

土星

水星
金星
地球
火星

天王星　海王星

行星的直径

地球

八大行星赤道直径之和约等于地球到月球的距离

月球

地球到月球的最远距离为406,700千米

地球到月球的最近距离为356,400千米

八大行星平均直径之和为400,697千米

行星赤道直径（千米）	水星	金星	地球	火星	木星	土星直径	天王星	海王星
	4,878	12,103	12,756	6,794	142,984	120,536	51,118	49,528

行星与太阳的质量

八大行星与太阳的质量比： 假设地球的质量为1，则太阳的质量达到333,000，而八大行星的质量之和约为447，约是太阳的1/745。因此如想利用图中的杠杆撬动太阳，至少需要上百个行星串儿；如果让行星串与太阳在天平上获得平衡，则需要745个行星串儿。

八大行星的质量（千克）：
水星3.3011×10^{23}，金星4.8675×10^{24}，地球5.9723×10^{24}，火星6.4171×10^{23}，木星1.8986×10^{27}，土星5.6836×10^{26}，天王星8.6810×10^{25}，海王星1.0243×10^{26}。

太阳的质量（千克）： 1.98855×10^{30}。

太阳质量 333,000

太阳

支点

八大行星的质量之和
不到太阳质量的0.2%

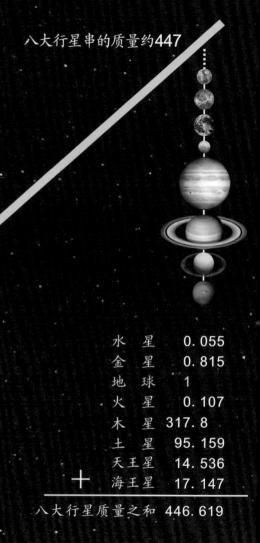

八大行星串的质量约447

水　星		0.055
金　星		0.815
地　球		1
火　星		0.107
木　星		317.8
土　星		95.159
天王星		14.536
＋ 海王星		17.147
八大行星质量之和		446.619

行星与太阳的比重

八大行星的比重： 八大行星由于构成物质不同，其比重即平均密度也不尽相同。地球的平均密度为5.52克/立方厘米，是太阳系中平均密度最大的行星，4倍于主要由气体构成的太阳的平均密度，太阳的平均密度为1.41克/立方厘米。总体而言，类地行星是由密度较大的物质构成的，其平均密度都较大；而类木行星的气体液体成分较大，其平均密度都较小。下列图形是分别从太阳和八大行星上"切"下来的立方块，这些立方块的体积有大有小，但它们的质量相同，表明比重越大的行星，方块体积越小。

太阳 1.41　　水星 5.43　　金星 5.24　　地球 5.52　　火星 3.93

木星 1.33　　土星 0.69　　天王星 1.27　　海王星 1.64

行星的反照率和扁率

天体的反照率: 天体表面反射的光量与它接受的光量之比。行星的反照率是描述行星表面物理性质（反射本领）的一个重要物理量。以百分率或小数表示。

行星的反照率: 水星6.8%, 金星90%, 地球30.6%, 火星25%, 木星34.3%, 土星34.2%, 天王星30%, 海王星29%。

行星的目视星等: 水星-2.6～+5.7, 金星-4.9～-3.8, 火星-3.0～+1.6, 木星-2.94～-1.6, 土星-0.24～+1.47, 天王星+5.32～+5.9, 海王星+7.78～+8.02。

扁率: 自转的天体, 一般均为赤道部分凸起的扁球体, 这种扁球体的扁度为扁率, 反映了椭球体的扁平程度。扁率的计算方法为: 赤道半径和极半径之差与赤道半径之比值。其值介于0和1之间。

行星的扁率: 水星0.0, 金星0.0, 地球0.0033, 火星0.0059, 木星0.0648, 土星0.0979, 天王星0.0229, 海王星0.0171。

太阳

	水星	金星	地球	火星	木星	土星	天王星	海王星
反照率	6.8%	90%	30.6%	25%	34.3%	34.2%	30%	29%
目视星等	-2.6～+5.7	-4.9～-3.8	—	-3.0～+1.6	-2.94～-1.6	-0.24～+1.47	+5.32～+5.9	+7.78～+8.02
扁率	0.0	0.0	0.0033	0.0059	0.0648	0.0979	0.0229	0.0171

行星的偏心率和近点幅角

偏心率： 行星椭圆轨道与理想圆环的偏离。焦点间距离除以长轴的长度即得出偏心率。八大行星的偏心率分别为：

水星 0.2056
金星 0.0068
地球 0.0167
火星 0.0934
木星 0.0483
土星 0.0556
天王星 0.0464
海王星 0.0095

近点幅角： 行星轨道近点和升交点间的角距离，从升交点起沿运动方向度量。八大行星的近点幅角分别为：

水星 29.124°
金星 54.884°
地球 —
火星 286.502°
木星 273.876°
土星 339.392°
天王星 96.9988°
海王星 276.336°

太阳

水星 0.2056

金星 0.0068

地球 0.0167

火星 0.0934

木星 0.0483

土星 0.0556

天王星 0.0464

海王星 0.0095

编者注：行星轨道视图基本接近同心圆，为了表达其偏心率差别，把视图夸张为不同偏心率的椭圆。

行星的位置

太阳

水星　金星　地球　火星　小行星带　木星　土星　天王星　海王星

地内行星：地球轨道以内的行星。

地外行星：轨道位于地球轨道之外的行星。

带内行星：轨道位于小行星带以内的行星。

带外行星：轨道位于小行星带之外的行星。

类地行星：与地球类似以硅酸盐石作为主要成分的行星。

类木行星：与木星类似以氢、氦等气体作为主要成分的行星。

无环行星：无环的岩质行星，卫星少甚至没有卫星。

有环行星：有环的气体行星，均有卫星甚至卫星众多。

近日行星：距离太阳较近的行星。

近地行星：距离地球较近的行星。

巨行星：体积巨大的行星。

远日行星：距离太阳较远的行星。

内太阳系行星：太阳系小行星带以内的行星。

外太阳系行星：太阳系小行星带以外的行星。

行星的轨道半径

行星轨道半径： 行星围绕太阳公转的轨道均呈椭圆形，但八大行星的轨道偏心率都很小，接近圆形。我们把地球的轨道半径设定为 1 天文单位（固定值为 149,597,870,700 米），则其他行星轨道半径的天文单位分别是：

水星 0.3871，金星 0.7233，火星 1.5237，木星 5.2026，土星 9.5549，天王星 19.2184，海王星 30.1104。

提丢斯-波得定则： 18 世纪，提丢斯和波得发现太阳系中行星轨道半径大致符合一个简单的数学规律，称提丢斯-波得定则。根据这个定则推测而发现了新的行星。然而该定则不适用于水星，对海王星轨道半径的推测值与实测值误差也较大。

行星的重力、重力加速度和逃逸速度

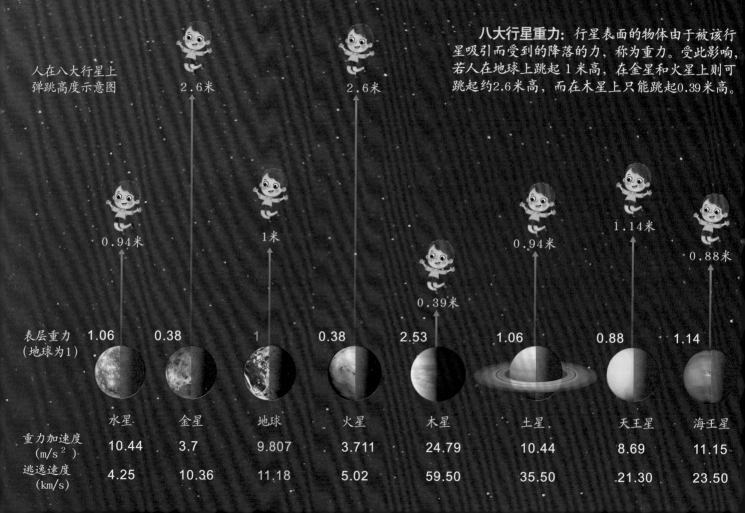

人在八大行星上
弹跳高度示意图

八大行星重力： 行星表面的物体由于被该行星吸引而受到的降落的力，称为重力。受此影响，若人在地球上跳起1米高，在金星和火星上则可跳起约2.6米高，而在木星上只能跳起0.39米高。

2.6米

2.6米

0.94米

1米

0.39米

0.94米

1.14米

0.88米

表层重力(地球为1)	1.06	0.38	1	0.38	2.53	1.06	0.88	1.14
	水星	金星	地球	火星	木星	土星	天王星	海王星
重力加速度 (m/s²)	10.44	3.7	9.807	3.711	24.79	10.44	8.69	11.15
逃逸速度 (km/s)	4.25	10.36	11.18	5.02	59.50	35.50	21.30	23.50

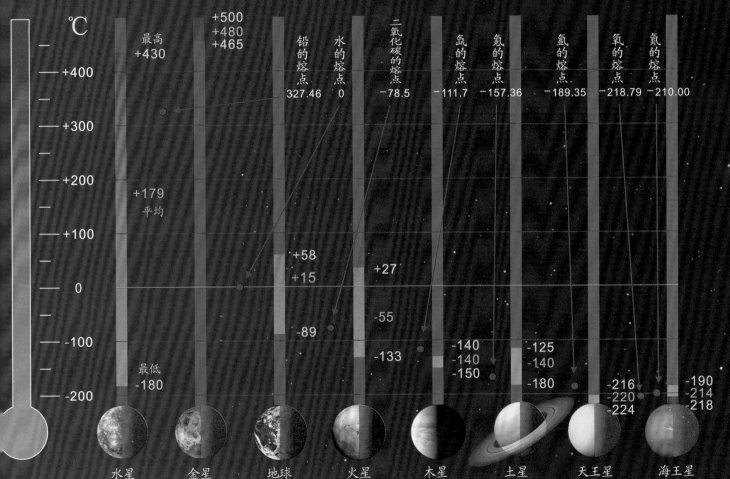

行星的表面温度

行星的表面温度：指行星赤道附近表面的温度，包括
白天的最高温度和夜间的最低温度，及其一天的平均温度。

℃

+400
+300
+200
+100
0
-100
-200

最高
+430

+500
+480
+465

铅的熔点
327.46

水的熔点
0

二氧化碳的熔点
-78.5

氙的熔点
-111.7

氪的熔点
-157.36

氩的熔点
-189.35

氧的熔点
-218.79

氮的熔点
-210.00

+179
平均

+58
+15

+27

-89

-55

-133

-140
-140
-150

-125
-140

-180

-216
-220
-224

-190
-214
-218

最低
-180

水星　金星　地球　火星　木星　土星　天王星　海王星

行星的大气成分

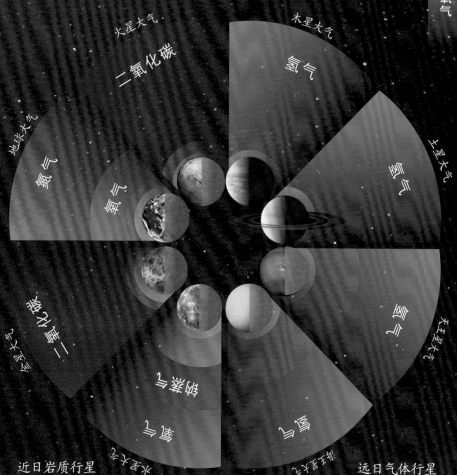

O₂	Na	H₂	CO₂	N₂	Ar	He	CH₄	Others
氧气	钠蒸气	氢气	二氧化碳	氮气	氩气	氦气	甲烷	其他气体

火星大气 二氧化碳
木星大气 氢气
地球大气 氮气 氧气
土星大气 氢气
二氧化碳 金星大气
水星大气
天王星大气
海王星大气

近日岩质行星
远日气体行星

行星大气成分: 太阳系有四颗近日岩质行星和四颗远日气体行星。近日岩质行星的大气主要有二氧化碳、氮气和氧气;而远日气体行星的大气主要有氢气和氦气。其中水星和金星的大气十分稀薄。

水星: 氧气占42%,钠蒸气占29%,氢气占22%,其他(氦气、钾蒸气、氩气、二氧化碳、水蒸气、氮气、氙气和氪气)占7%。

金星: 二氧化碳占96%,氮气占3%,而其他(氩气、水蒸气、氦气、氖气、硫酸云等)占1%。

地球: 氮气占78%,氧气占21%,氩气近1%,还有少量二氧化碳、氦氖等稀有气体和水蒸气。

火星: 二氧化碳占96%,氩气占1.93%,氮气占1.89%,而其他(氧气、水蒸气、二氧化氮、氖气、氪气、氙气等)占0.18%。

木星: 氢气占89%,氦气近10%,其他(甲烷、氨气、乙烷、二氧化碳、高压固态氢等)不足1%。

土星: 氢气占96%,氦气占3%,其他(甲烷、乙烷、硫、水蒸气等)占1%。其中硫使云呈黄色。

天王星: 氢气约占83%,氦气约占15%,甲烷占2.3%,氘化氢占0.009%。甲烷使该行星呈蓝色。

海王星: 氢气约占80%,氦气约占19%,甲烷占1.5%,还有微量氘化氢和乙烷等气体。

系内外行星的温度和大小

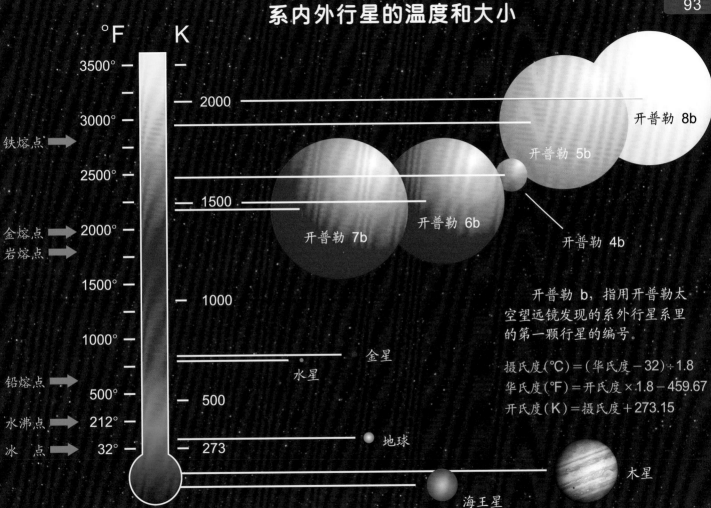

°F

3500°
3000°

铁熔点 ➡ 2500°

金熔点 ➡ 2000°
岩熔点 ➡

1500°

1000°

铅熔点 ➡ 500°

水沸点 ➡ 212°
冰 点 ➡ 32°

K

2000
1500

1000

500

273

开普勒 8b

开普勒 5b

开普勒 7b

开普勒 6b

开普勒 4b

金星
水星

地球

木星

海王星

　　开普勒 b，指用开普勒太空望远镜发现的系外行星系里的第一颗行星的编号。

摄氏度（℃）＝（华氏度－32）÷1.8
华氏度（°F）＝开氏度×1.8－459.67
开氏度（K）＝摄氏度＋273.15

类地行星

类地行星：指物理性质和天体特点与地球类似的行星。主要由硅酸盐和金属组成，内部结构由壳层、慢层和核心构成。

类地行星体积小、质量小而密度大，距离太阳较近，大小与地球接近，自转较慢，卫星少或没有卫星，表面温度较高，地表一般有峡谷、陨石坑、山和火山。太阳系中类似地球的行星有水星、金星和火星。

水星

金星

地球

火星

水星：太阳系中距离太阳最近的一颗类地行星，体积小，质量小而密度接近地球，大气稀薄。

水星内部是由70%的金属和30%的硅酸盐组成的。水星巨大的铁镍内核的直径超过水星直径的2/3，内核之大竟占了水星体积的55%。

金星：太阳系中距离太阳第二近、距离地球最近的类地行星，其质量与地球相近。

内部也有一个较大的铁镍核，中间一层主要是由硅、氧、铁、镁等的化合物组成的慢。最外层的壳主要是由很薄的硅化物组成。

火星：太阳系中距太阳第四远的地外类地行星，其橘红色外表是因为地表被赤铁矿覆盖。核心由半径为1,700千米的高密度物质组成，外层为熔岩，比地球地慢稠些，最外层较薄。

类木行星

类木行星：指物理性质和天体特点与木星类似的行星，是由氢、氦、冰、甲烷、氨等构成的气体行星，内部的石质和铁质只占极小的比例。

类木行星体积大、质量大而密度小，自转较快，卫星多且都有行星环，表面温度低。太阳系中类木行星有木星、土星、天王星和海王星，其中天王星和海王星主要是由冰、甲烷、氨等构成的冰质行星。

大气云层

气态幔

液态幔

固态核

木星

木星：木星是气体行星，没有实体的表面，主要是由占大气质量89%的氢和10%的氦组成的，氢和氦占木星总质量的99%。气态物质密度随深度的变大而不断加大，表面为大气云层的顶端。

土星

类木行星组成成分示意图：

⬜ 云气	金属氢
氢分子	幔(水、氨、甲烷冰)
氢、氦、甲烷气	核(岩石、冰)

天王星

海王星

行星的环

行星环: 围绕行星运转,由众多小物体组成,靠反射太阳光而发亮的物质环。目前已知木星、土星、天王星和海王星都有行星环。

行星环形成的原因: 1.卫星被行星的引潮力所瓦解;
2.太阳系演化初期残留的原始物质不能凝聚成卫星;
3.位于洛希极限内的较大天体被其他天体撞击成碎块。

洛希极限: 行星与其卫星之间的最小可能距离。卫星近于这一距离时,在行星潮汐作用下将被解体而不能形成卫星。

木星环: 沿木星赤道面围绕木星运行的环状物,于1979年由美国发现。由主环、薄纱环和内晕组成。

主环,也叫亮环,离木星中心约12.2万千米,向外延伸,环宽约7,000千米,厚约30~300千米,亮而偏红,由微小粒子组成。

薄纱环,也叫暗环,从主环外缘向外延伸至离木星中心22万千米处,亮度约为主环的5%,厚度约2,000~8,400千米,由木卫或木星本体的粒子组成。

内晕,位于木星主环之内,离木星中心9万~12万千米,晕厚约12万千米,组成的粒子比主环的要大。

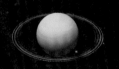

土星环: 沿土星赤道面围绕土星运行的环状物,于1610年由伽利略发现。初期发现七环,后来陆续发现更多的环,分外环、中环和内环及卡西尼环缝和恩克环缝。

环厚10~1,000米,总质量约为土星质量的千万分之一。土星环酷似唱片上的纹路,环中有环,有的不对称和扭结。环中的微粒99%是纯水冰,其余为岩质物质。直径从几微米至几米,微粒的疏密和颜色不一。

天王星环: 沿天王星赤道面围绕天王星运行的环状物,于1977年由美国发现。天王星环几乎垂直于公转轨道面,由初期发现的九环到目前发现有十几个环。环总宽约7,000千米,最外边的环宽不足100千米,距离中心约有51,300千米。其余的环宽约10米,环厚约150米,环的粒子以米级大小为主。最里两环离中心3.88万千米,其粒子为微米级。

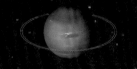

海王星环: 环绕海王星旋转的物质盘,于1984年被发现。有五个完整的环带,外边两个较亮的窄环,内侧两个较暗的弥漫环,最内环离中心约4.2万千米。位于这五个环外侧的是宽1万米、厚2万多千米的尘埃盘,被包围在稀薄的尘埃晕中。

太阳系的岩质天体

太阳

太阳，在中国古代别称众多，主要有白驹、金虎、赤乌、金马、金轮、火轮等。太阳与太阴相对，太为大。英文为 Sun，天文符号为太阳黑子。

太阳的天文符号：

编者注：图片采自NASA。

太阳：太阳系的中心天体，是一个炽热的气体星球，是距地球最近的恒星。其巨大的质量产生的引力，主宰着包括地球在内的行星绕其公转。

太阳的能量：太阳由氢核聚变成氦核的热核反应而产生巨大的能量，以辐射和对流的方式由内部转移到表面，再发射到宇宙空间。

太阳自转：太阳的自转方向与地球的自转方向相同，自转角速度因日面纬度不同而异。纬度越高自转越慢，赤道自转最快，两极自转最慢。

太阳自转周期：一般把日面纬度16°处的自转周期25.38天作为太阳自转周期。

太阳自转会合周期：地球上观测到的太阳自转一周的时间27.275天是太阳自转会合周期。

太阳的数据：

日地均距：14,959.78万千米

太阳直径：139万千米

太阳体积：1.41×10^{18} 立方千米（地球的130万倍）

太阳质量：1.988×10^{30} 千克（地球的33.3万倍）

平均密度：1.41 克/立方厘米

太阳温度：表面5,777开，中心1.57×10^{7} 开

自转周期：赤道25.38天～两极34.4天

公转周期：绕银心2.25亿～2.5亿年

日轴倾角：7.25°

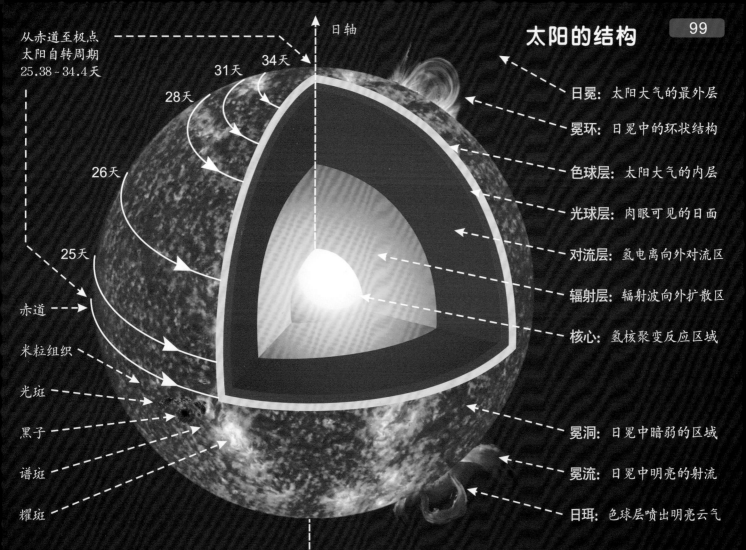

太阳的结构

从赤道至极点
太阳自转周期
25.38~34.4天

34天
31天
28天
26天
25天

日轴

赤道

米粒组织

光斑

黑子

谱斑

耀斑

日冕：太阳大气的最外层

冕环：日冕中的环状结构

色球层：太阳大气的内层

光球层：肉眼可见的日面

对流层：氢电离向外对流区

辐射层：辐射波向外扩散区

核心：氢核聚变反应区域

冕洞：日冕中暗弱的区域

冕流：日冕中明亮的射流

日珥：色球层喷出明亮云气

日冕和太阳风

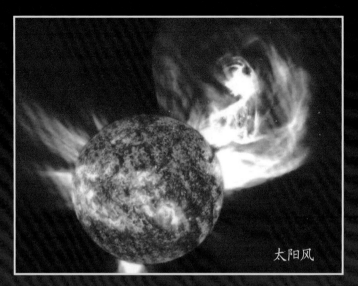

太阳风

太阳风： 源自日冕因高温膨胀而不断向行星际空间抛出的粒子流。由电子、质子和少量重离子所组成。日冕物质抛射时所喷射的粒子也是重要的太阳风源。太阳通过太阳风每年约损失太阳质量的33.3万亿分之一。

质子数量和温度： 太阳风的物理参数随太阳活动位相而变化，在地球附近的行星际空间平均每立方厘米所含质子数5～10个，质子温度约100,000℃。

太阳风的速度： 慢风的典型速度为300千米/秒～500千米/秒，来自冕洞的快风典型速度约750千米/秒。

日冕： 太阳大气的最外层，延伸到几个太阳半径甚至更远。主要由质子、高度电离的离子和自由电子组成。日冕极不均匀，具有冕环、冕洞等结构。此外还有冕流、极羽、盔状物和日冕物质抛射等。

密度、温度和亮度： 日冕的密度极其稀薄，温度超过 1,000,000开，亮度为光球的百万分之一，几乎与满月的亮度相同。

日冕形状： 在太阳活动极小期，日冕出现在赤道地区，高纬度变小，两极出现冕洞，呈椭圆形；在太阳活动极大期，无论是赤道还是两极都很明显，呈圆形。

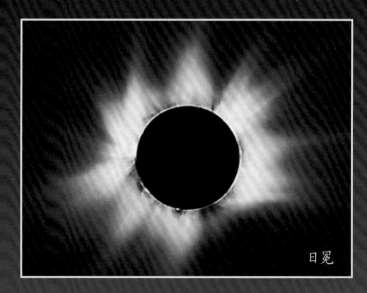

日冕

太阳黑子和米粒组织

太阳黑子: 太阳光球层上的暗黑斑点。温度比光球低1,000℃~2,000℃，与光球相比就成为暗淡的黑斑。发展完全的黑子中心有一个暗黑的核，称为本影；核的周围是比较亮的半影。黑子内常有一些动力学现象，如本影点、本影闪耀和半影米粒等。大黑子群出现常预示耀斑和日冕物质抛射等剧烈活动，导致地球上发生磁暴和电离层扰动。

磁场和寿命: 黑子常成对出现，具有相反的磁极，其磁场强度可达零点几特；大黑子周围还有一些小黑子，形成复杂的黑子群，接着慢慢地消逝。黑子的寿命一般为数天到数周，少数大黑子可存在数月之久。

黑子周期: 黑子数量的变化平均以11年为周期，若考虑黑子磁场性的变化，则黑子周期为22年。还发现有80年甚至更长的周期。

米粒组织: 太阳光球层上的一种日面特征，呈米粒状的明亮斑点，直径大约150千米~1,800千米。米粒组织是光球下面气体对流所造成的现象，太阳表面的冷气流是从米粒组织之间的暗带下沉的，热气流是从米粒中心的亮区向上流动的。

米粒的温度、亮度和寿命: 米粒的温度比米粒际温度高出300℃~400℃，亮度约强30%，寿命约10分钟。

超米粒组织: 太阳光球下的大型对流单元，往上逐渐分裂，到表面时成为我们观测到的超米粒组织。超米粒组织的典型尺寸约30,000千米，寿命约1天或更长，可见太阳半球球面上约有2,500个超米粒。超米粒组织与米粒组织之间的层次结构模型还没有被证实。

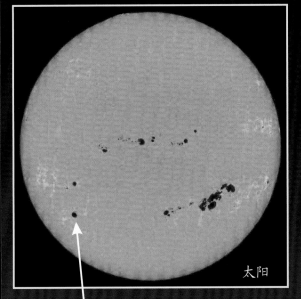

太阳

太阳黑子与周围的米粒组织

黑子半影

黑子本影

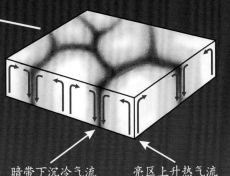

暗带下沉冷气流　　亮区上升热气流

太阳耀斑和日珥

日珥: 由色球喷出的明亮云气,貌似太阳边缘的突出物,呈多种形状。日珥投影在日面上时表现为暗条。

日珥的类型、寿命和强度: 根据运动和形态特征,日珥分为宁静日珥、活动日珥和爆发日珥等类型。宁静日珥的寿命从几周到几个月不等,活动日珥和爆发日珥只有几分钟至十几小时。宁静日珥的磁场强度约为10高斯,活动日珥的磁场强度可达200高斯。

日珥的周期: 日珥总是出现在相反极性的大尺度磁场的交界线附近,日珥的多少与太阳活动强弱有关,周期约为11周年。

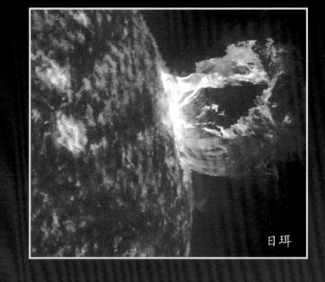

日珥

耀斑

耀斑: 太阳大气中局部区域亮度突增的活动现象,多用氢单色光和X射线观测到,极少数用白光也能观测到的称为白光耀斑。多数耀斑可能发生于低日冕区,大多由活动区磁场相互作用或由耀斑下面上浮的磁环与原先存在的磁环相互作用等所引起。

耀斑的寿命、强弱和周期: 耀斑的寿命从几分钟到数小时甚至到十几小时,耀斑的面积和强度按观测方式不同分为五级,太阳黑子多时耀斑出现也多,也有11年的周期性。

耀斑的辐射: 耀斑出现时常抛射出大量的高能电子和质子,发射出很强的紫外线、X射线和射电爆发,有时伴随有日冕物质抛射,会引发地球上的磁暴、极光和短波电信中断等现象,有时甚至会使γ射线和宇宙线的强度增加。耀斑产生的高能粒子辐射和短波辐射对载人宇宙航行有一定的危害。

水星

水星，中国古称辰星。英语和拉丁语为Mercury，源自罗马神话中的信史——墨丘利。天文符号为墨丘利插有双翅的头盔和神杖。

水星的天文符号：

水星：太阳系八大行星之一，距离太阳最近的类地行星，每公转3周同时自转2圈，有着太阳系行星中最大的轨道偏心率和最小的轨道倾角，赤道面与轨道面的交角近于0°。水星体积小，质量小，内部是一个巨大的铁镍内核，内核直径超过水星直径的2/3。表面有稀薄的大气，多环形山。有较强的磁场，表面磁场的强度为地球磁场的1%。外壳是一个良好的绝热体，由多孔土壤或类似月球表土的岩石粉末组成。

水星的数据：

与日均距：57,909,050千米（0.38天文单位）

水星直径：4,878千米（地球的38%）

水星体积：6.083×10^{10} 立方千米（地球的5.6%）

水星质量：3.3011×10^{23} 千克（地球的5.5%）

水星密度：5.43克/立方厘米

水星温度：向阳面430℃，背阳面-180℃

自转周期：59天

公转周期：88天

转轴倾角：0°

轨道倾角：7°

轨道偏心率：0.2056

与日角距：小于28°

卫星数目：没有

编者注：图片采自NASA。

金星

金星，中国古称太白、明星或大器，晨称启明，晚称长庚。英语和拉丁语为 Venus，源自罗马神话的爱与美的女神——维纳斯（古希腊人称为阿佛洛狄忒）。天文符号为维纳斯的梳妆镜。

金星的天文符号：♀

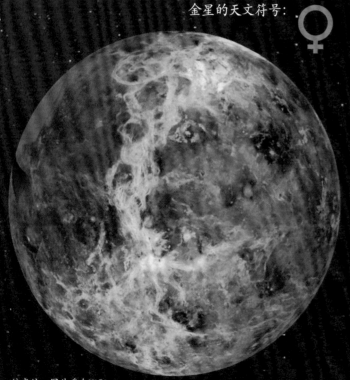

编者注：图片采自NASA。

金星：太阳系八大行星之一，距离太阳第二近的类地行星，距离地球最近的大行星，也是唯一没有磁场的行星；轨道比其他大行星更接近圆形。自转比公转更为缓慢，自转方向与其他行星相反，自东向西逆转。目视亮度全天第三，位列太阳和月球之后。地表有山脉、峡谷和一条2,000多千米的大裂缝。大气比地球大气厚，厚云覆盖，其中最多的是二氧化碳，氧和水汽都很少。表面温度高，大气压为地球的92倍。金星表面磁场强度小于地球的万分之三，约1.6×10^{-8}特。大气中有一个电离层，上空闪电频繁，每分钟多达20多次。

金星的数据：

与日均距：108,208,000千米（0.72天文单位）

金星直径：12,102千米（比地球小5%）

金星体积：9.2843×10^{11}立方千米（地球的86.6%）

金星质量：4.8675×10^{24}千克（地球的82%）

金星密度：5.24 克/立方厘米

金星温度：表面462℃

自转周期：243天

公转周期：225天

转轴倾角：117°

轨道倾角：3.3°

轨道偏心率：0.0068

卫星数目：没有

最亮星等：-4.9

火星

火星，中国古称荧惑，有"荧荧火光，离离乱惑"之意。英语和拉丁语为Mars，源自希腊神话的战神——玛尔斯。天文符号为玛尔斯的盾牌和长矛。

火星的天文符号：♂

编者注：图片采自NASA。

火星： 太阳系八大行星之一，距太阳第四远、距地球很近的类地行星。赤道面与轨道面的交角为25°19′，与黄赤交角相近，所以火星上也有四季，因轨道偏心率较大，季节长短不一。火星大气相当稀薄，大气压为地球的0.6%，主要成分是二氧化碳，后来人类又发现了氘，并利用它测算出过去火星丢失的水的体积。从地球上看火星表面为红色，其白色的极冠主要成分是水冰及少量的干冰，极冠的大小随季节变化，夏季消逝，冬季增大。表面有岩石、陨坑、火山和沙漠等区域，还有河床、沟渠、水道和山谷流域地形等。地表下有大量的水资源。

火星的数据：

与日均距：2,279.392亿米(1.52天文单位)

赤道直径：6,761千米（地球的53%）

火星体积：1.6318×10^{11}立方千米(地球的15.1%)

火星质量：6.4171×10^{23}千克（地球的11%）

平均密度：3.93克/立方厘米

火星温度：表面白昼27℃，夜间-133℃

自转周期：24时37分

公转周期：687天

转轴倾角：25°

轨道倾角：1.85°

轨道偏心率：0.0934

卫星数目：2颗

木星

木星，中国古称岁星，取其绕天一周约12年，与地支相同之故。英语和拉丁语为 Jupiter，源自罗马神话中的众神之王——朱庇特。天文符号为朱庇特的闪电或神鹰。

木星的天文符号：♃

编者注：图片采自NASA。

木星：太阳系八大行星之一，距太阳第五远的一颗行星，属于气体行星。体积和质量比其他七大行星的总和还大。自转速度是八大行星中最快的，所以形状很扁。木星大气中有明暗交错平行于赤道的云带，著名的大红斑是镶嵌在云带内的云团，表面风速高达500千米/小时。大气厚度约5,000千米，大气顶端的气压略高于1个大气压，大气深处有水汽，但其总量比氢气少，还有氦、乙炔、乙烷和磷化氢。木星被一个巨大的磁层包围，与地球的磁层类似，但磁层内带电粒子的辐射强度约为地球的100万倍。木星磁场强度比地球强20~40倍，辐射的能量是它接受太阳能量的2.5倍，这表明木星本身有能源。木星的卫星数在八大行星中最多，还有光环和极光。

木星的数据：

与日均距：7,782.99亿米（5.2天文单位）

木星直径：142,984千米（地球的11.209倍）

木星体积：1.4313×10^{15} 立方千米（地球的1,321倍）

木星质量：1.8986×10^{27} 千克（地球的317.89倍）

木星密度：1.326 克/立方厘米

木星温度：表面约-108℃

自转周期：9时55分

公转周期：11.86年

转轴倾角：3°

轨道倾角：1.303°

轨道偏心率：0.0485

卫星数目：67颗

木星极光

表面飓风：木星与其他气态行星一样表面有高速飓风，由于风吹的方向、携带的化学成分、温度变化、大气层等因素的影响，木星外貌形成了明暗多彩的地表带，分为区和带。

北

北极区

北温云区
北温云带
北热云区

北赤道云带

赤道云区

南赤道云带

南热云区

南温云带

南温云区

大红斑

卫影凌木

南极区

南

编者注：图片采自NASA。

木星的飓风

飓风的成因：木星的大气层相当紊乱，表明木星内部的热能使得飓风在急速运动，而不像地球大气从太阳获取热量。木星大气色彩的变化与云层的高度有关，各种颜色的云层呈波浪形状激烈地翻腾，最低处为蓝色，接着是棕色和白色，最高处为红色。由于木星快速自转，所以可以观测到平行于赤道的带纹，亮带是向上的区域，暗纹是较低和较暗的云。

大红斑：位于木星赤道南部的一个旋风，从东到西最长时有4万千米，最短时约2.4万千米；从北到南最长有1.4万千米，最短时1.2万千米。面积约4亿平方千米，能容纳三个地球。大红斑在变小但从未消失过，颜色和形状也基本没有改变。

土星，中国古称镇星或填星，英语为Saturn，源自罗马神话中的农神——萨杜恩。天文符号为萨杜恩的镰刀。

土星：太阳系八大行星之一，距太阳第六远的一颗行星，与木星一样属于气体行星。自转速度较快，所以形状很扁。土星主要由氢组成，还有少量的氦与微量元素；内部的核心包括岩石和冰，外围由数层金属氢和气体包裹着；表面的云雾带比木星的更规则，但很不显著；大气层很厚，主要成分是氢和氦，还有少量的甲烷和氨等。土星上空的闪电频繁，有磁场和辐射带，磁场强度为地球磁场的1,000倍。土星上的风速比木星的快，高达1,800千米/小时。在行星的光环中，土星光环的亮度最强。

土星的天文符号：

编者注：图片采自NASA。

土星

土星大白斑： 土星大气中的一种周期性出现的白斑状物，是土星彩色云带之一，高低纬度均出现过，长度达土星直径的1/5，呈卵形，并不断拉长蔓延，甚至环绕整个土星经圈。大白斑出现周期约30年，与土星公转周期接近。

土星极光： 土星极地的极光强于地球，而且还有呈蓝色六边形的极地旋涡。

土星的数据：

与日均距：14,293.9亿米(9.54天文单位)

赤道直径：120,660千米(地球的9.45倍)

土星体积：8.2713×10^{14} 立方千米
　　　　　（地球的764倍）

土星质量：5.6836×10^{26} 千克
　　　　　（地球的95.2倍）

土星密度：0.69克/立方厘米(水的70%)

土星温度：表面最高约-139℃

自转周期：10时33分

公转周期：29.46年

转轴倾角：27°

轨道倾角：2.485°

轨道偏心率：0.0556

卫星数目：62颗

土星环

土星环： 土星环分为多层，按被发现的先后顺序以字母顺序命名，距离土星最近的为亮度最暗的D环，其次是透明度最高的C环，然后是最亮的B环，最后是A环。在A环和B环之间是卡西尼环缝，缝宽约4,800千米。在A环之外至少有E、F、G等六个环。现代观测发现每一层又可细分为上千条小环，就连环缝中也存在小环。

土星环的颜色： 土星环颜色远看是红棕色，其实每层都稍有不同：C环是蓝色，B环内层为橙色、外层为绿色，A环为紫色，卡西尼环缝为蓝色。

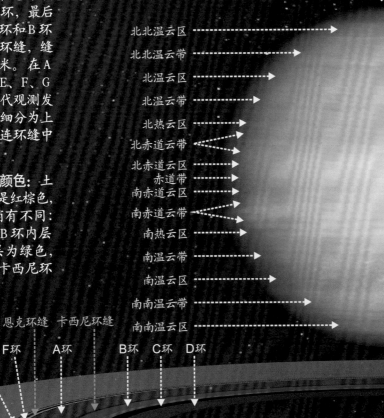

北

北极区

北北温云区
北北温云带
北温云区
北温云带
北热云区
北赤道云带
北赤道云区
赤道带
南赤道云区
南赤道云带
南热云区
南温云带
南温云区
南南温云带
南南温云区

南极区

恩克环缝　卡西尼环缝

E环　G环　F环　　A环　　　B环　C环　D环

土星环的大小： 土星环系的总宽度超过400万千米，而最大厚度为1千米，也因此当光环以侧面对着地球时，会因为光环过薄而难以观测得到。

天王星

天王星，英语和拉丁语为Uranus，源自希腊神话的天神——乌拉诺斯。天文符号为太阳和火星符号的综合，此外还有以发现者的名字缩写的标识。

天王星的天文符号：

天王星：太阳系八大行星之一，距太阳第七远的一颗行星，与木星一样属于气体行星，肉眼勉强可见。赤道倾角较大，因而几乎横躺着围绕太阳公转，逆向自转。大气的主要成分是氢，氦只占约15%，此外还含有甲烷和微量的氨。水在最低云层，甲烷组成最高处的云层。天王星内部由冰和岩石构成。天王星磁场强度为0.23高斯，略低于地球。磁轴偏离自转轴59°之多；有磁层结构、弓形激波区磁尾和类似地球的范艾仑辐射带。有27颗卫星及粗细不等的光环15条。

天王星的数据：

与日均距：28,750.4亿米(19.22天文单位)

赤道直径：51,118千米(为地球的4.007倍)

天王星体积：6.833×10^{13} 立方千米(地球的63倍)

天王星质量：8.681×10^{25} 千克(地球的14.6倍)。

天王星密度：1.27 克/立方厘米

天王星温度：表面约-197℃

自转周期：17时14分

公转周期：84.02年

转轴倾角：98°

轨道倾角：0.773°

轨道偏心率：0.0461

卫星数目：27颗

编者注：图片采自NASA。

天王星的季节

天王星自转轴与轨道的倾角非常大，达到98°，因此，天王星看起来几乎是横躺着绕太阳公转的，公转周期为84.3年，自转周期为17时14分。

天王星有四季变化，在公转周期内太阳轮流照射北极、赤道、南极、赤道，太阳照到哪一极，哪一极就是夏季，另一极则为冬季。

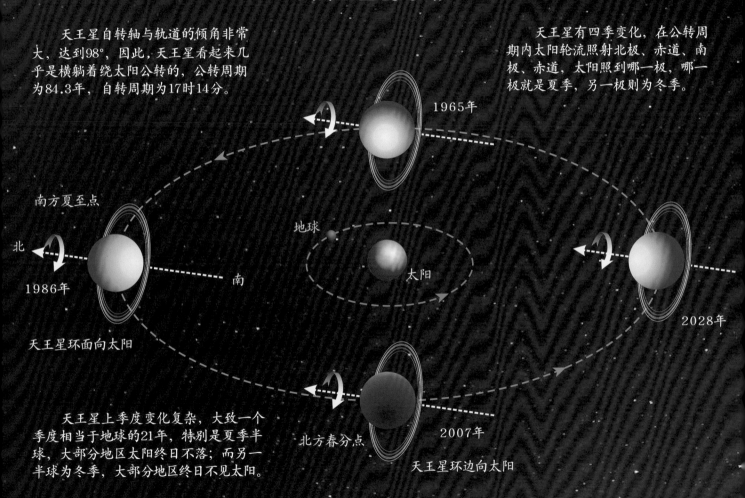

南方夏至点

北

1986年

天王星环面向太阳

地球

太阳

1965年

2028年

北方春分点

2007年

天王星环边向太阳

天王星上季度变化复杂，大致一个季度相当于地球的21年，特别是夏季半球，大部分地区太阳终日不落；而另一半球为冬季，大部分地区终日不见太阳。

海王星

海王星，英语为Neptune，源自罗马神话中的海神——涅普顿。天文符号为涅普顿的三叉戟。

海王星的天文符号：

海王星：太阳系八大行星之一，是距离太阳最远的一颗行星，与木星一样属于气体行星。它是根据天体力学理论计算出来并通过观测证实的行星。亮度很低，公转轨道近似圆形，只能通过天文望远镜才能观测到。大气以氢和氦为主，也含有甲烷、重氢和微量的氨。因为甲烷吸收红光，致使这颗行星呈现为蓝色。海王星表面有太阳系最强烈的风，测得最高风速达2,100千米/小时。海王星有磁场和极光，磁场类似天王星，磁轴相对于行星自转轴至少倾斜47°，并偏离行星核心。有14颗卫星及5条光环，环外侧有尘埃晕。

海王星的数据：

与日均距：45,044.5亿米（30.06天文单位）

赤道直径：49,528千米（地球的3.9倍）

海王星体积：6.254×10^{13} 立方千米（地球的58倍）

海王星质量：1.0243×10^{26} 千克（地球的17.2倍）

海王星密度：1.6 克/立方厘米

海王星温度：表面约-214℃

自转周期：16时06分

公转周期：164.79年

转轴倾角：28.32°

轨道倾角：1.77°

轨道偏心率：0.0097

卫星数目：14颗

编者注：图片采自NASA。

银 河 系

YINHE XI

银河

银河：横跨夜空呈乳白色的光带，就是银河。银河是银河系在天球上的投影。银河由众多恒星、星际介质及看不见的暗物质等构成。银河与天赤道的倾角约为62°。银河的中线称为银道，银道经过31个星座，其中北天11个，南天18个、天赤道2个，有4个也是黄道星座。

恒星云：银河系内亮度微弱的恒星集合群，由于距离较远，观测者看不到单颗恒星，只能看到混成一片像云雾一样的星光。最亮的恒星云在人马座和盾牌座之内。

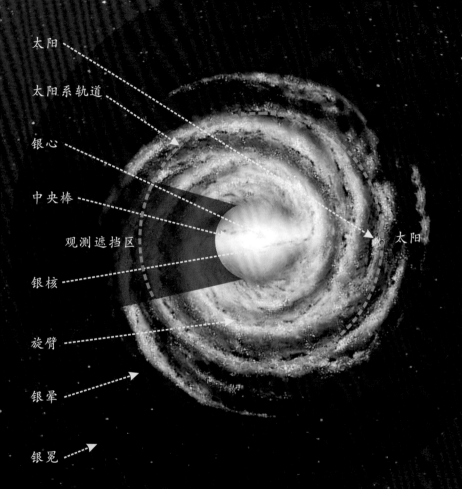

太阳

太阳系轨道

银心

中央棒

观测遮挡区

银核

旋臂

银晕

银冕

太阳

银河系上视图

银心：银河系的中心，银河系的自转轴与银道面的交点。从地球上看，银心在人马座方向。

核球：位于银盘中心的隆起部分，呈椭球状，长轴约长1.6万光年，厚约1.2万光年，质量约占银河系的5%，为恒星密集区域，越接近中心越密集。核心部分有一很小的致密区，为银核。

银核：银河系核球的致密区，直径约为5光年，区内恒星高度密集，有人认为或许是一个黑洞。质量是太阳的百万倍，由银核发出很强的射电辐射、红外辐射和X射线辐射，银心射电源最强。

中央棒：银河系星系盘在演化过程中，在中央位置自发形成的棒状结构，称为中央棒。

旋臂：指星系中螺旋状分布的带状结构，是恒星、星际气体和星际尘埃的集中区域。银河系星系盘中有四条主要旋臂。

观测遮挡区：是指银心集中了大量的恒星和星际介质，人类很难观测到这个方向后面遥远天体的区域。

银河系侧视图

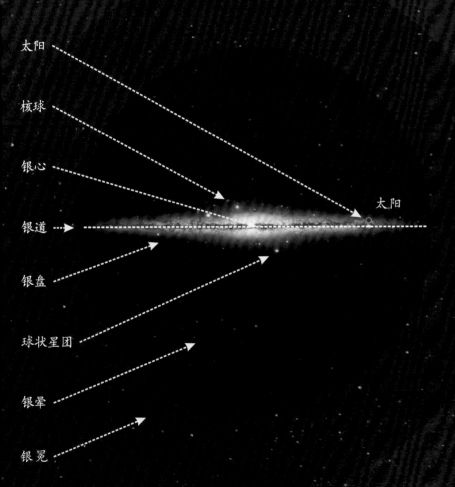

太阳

核球

银心

银道

银盘

球状星团

银晕

银冕

太阳

银盘： 由银河系的恒星和星际介质集中在一个平面上，从中心向边缘逐渐变薄，类似铁饼状，叫银盘。银盘的直径约10万光年，中心凸起厚度约1.2万光年，由四条主要旋臂组成。

银道面： 银盘的中心平面。恒星、疏散星团、星际介质等都集中在银道面附近，尤以在银道面上最多，离银道面越远，星越少。银道面是银道坐标系统的基本平面。

太阳的位置： 太阳位于银道面以北16～98光年的猎户支臂上，距离银心约2.7万光年。太阳附近的银盘厚度大约有3,000光年。

银晕： 银晕轮弥散在银盘周围的一个球形区域内，直径约为10万光年，那里恒星密度低，分布着由老年恒星组成的球状星团，它们是银晕中最亮的成员。

银冕： 是指银晕外面的一层巨大的呈球状的射电辐射区，直径约65万光年，那里的物质密度十分低。

银河系外观

银河系外观： 银河系属于旋涡星系，由包含旋臂的银盘、银心和晕轮三部分组成，是巨大的盘面结构。

旋臂的名称：
三千秒差距旋臂
矩尺旋臂
南十字—盾牌旋臂
船底—人马旋臂（含猎户—天鹅支臂）
英仙旋臂
外部旋臂

银河系北极方向

银河系旋转方向

银心

船底—人马旋臂

英仙旋臂

外部旋臂

三千秒差距旋臂

矩尺旋臂

南十字—盾牌旋臂

新外部旋臂

天鹅座 天鹰座 人马座
仙王座 矩尺座
仙后座 半人马座
御夫座 猎户—天鹅支臂 船帆座
猎户座
大犬座 船尾座

旋臂： 是气体、尘埃和年轻恒星集中的地方。太阳系所在的猎户—天鹅旋臂是船底—人马旋臂的支臂。

编者注：银河系图片改自NASA。

银河系的大小

银河系的大小： 银河系是由恒星、星际介质及暗物质等组成的天体系统，直径约10万光年。位于猎户支臂的太阳系，距银河中心约2.7万光年，而人类居住的地球则是太阳系中的一颗行星。

银心

船底—人马旋臂

英仙旋臂

三千秒差距旋臂

矩尺旋臂

银河系直径约10万光年

南十字—盾牌旋臂

新外部旋臂

距离银河系中心约2.7万光年

太阳系

猎户—天鹅支臂

古德带： 指从猎户支臂一端伸展出去的一条亮星集中带。

银河系的构成物质： 银河系属棒旋星系，包括1,000亿～4,000亿颗恒星和大量的星团、各种类型的星际气体、星际尘埃和暗物质。

银河系的形成：银河系呈旋涡状，属于棒旋星系，总质量约为太阳质量的1万亿倍，其目视绝对星等为−20.5等。银河系在大爆炸之后不久就诞生了，年龄约为120亿岁。银河系的形成原因是有星系核的星系，在追逐、吞并或相互绕转另一个有星系核的星系时，产生更大的高速旋转的星系核，其旋臂的产生比较复杂且说法不一，主要有星系核喷流说、自传播恒星形成理论、密度波理论等。

有核星系相互绕转吞并

星系核喷流

现在的银河系

密度波理论

银河系的形成

星系核喷流说：星系核从两极爆发出强大的粒子流向远方喷射，能量越大，喷射越远。当星系核消耗能量由大变小时，就会由远及近建造出两条粗大的喷流带，由于星系核旋转，喷流带的轨迹就会弯曲，演变成旋涡星系的两条旋臂。

自传播恒星形成理论：气体云的坍缩形成了年轻星团和大质量的恒星，它们的辐射以及超新星爆发产生的激波压缩着周围的气体，从而产生了下一代恒星，如此循环往复，维持着旋臂的模样。

密度波理论：围绕银心旋转的恒星和气体云受扰动势的影响，使得恒星和气体云的轨道变成了同轴椭圆轨道，于是引力势随方位角的变化而变化，又使得轨道变成了非同轴椭圆轨道，引力势极小的地方便形成了旋臂。

银河系的自转：银河系整体做顺时针较差自转，银盘各处的速度随着与银心距离的远近而变化。太阳处自转的速度约为220千米/秒，太阳绕银心运转一周约2.6亿年。

银河系的"波浪"

在银盘的最外侧边缘存在恒星密集分布的团块，这一成团子结构现在被称为麒麟座星环。在麒麟座星环以外发现了另一个类似的子结构，现在被称为三角座—仙女座星流，这个子结构距离银河系中心大约8万光年，远远超出了传统上认为的5万光年银河系银盘的边界。另外又发现两个子结构，恒星密度超出预期，命名为北近结构和南中结构。

南中结构-0.17千秒差距

麒麟座星环

北近结构+0.07千秒差距

三角座—仙女座星流

太阳（2.6万光年）

银心

8万光年

传统银盘边界（5万光年）

研究表明，银河系的银盘并不平滑，存在波浪状的结构，并且银盘的尺寸也可能比传统认为的更大。

千秒差距：一千个秒差距或3260光年。

银河系的结构

银核： 银盘的中心区域，中心凸出，呈亮球状，直径约 2 万光年，厚 1.2 万光年。这个区域是恒星高度密集区域，主要是年龄约在 100 亿年以上的老年红色恒星。有人认为，在中心区域存在着一个巨大的黑洞，星系核的活动十分剧烈。

旋臂相距4,500光年

银轴

银核

银道

核球

银盘中心厚度约 1.2万光年

旋臂

旋臂

旋臂

旋臂

旋臂

旋臂

旋臂

银盘厚度2,000光年

银心： 指银河系的中心，即银河系自转轴与银道面的交点。

银盘： 构成银河系物质的主要部分，外形如一个薄透镜的圆盘，直径约10万光年，平均厚度约2,000光年，离银心越远越薄。银盘由四条旋臂组成，主要以恒星、星际介质和暗物质构成。旋臂间相距平均约4,500光年。

银经和银纬

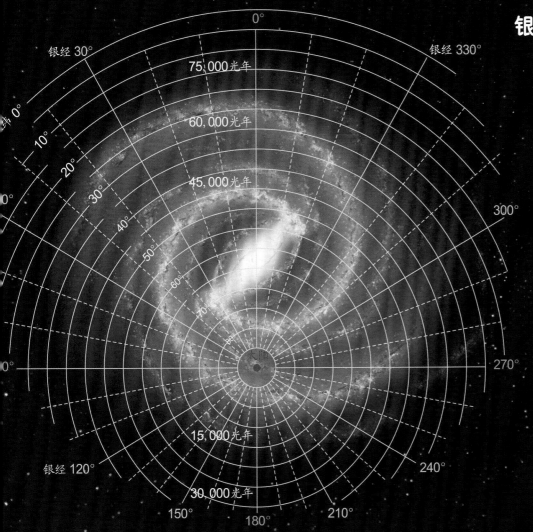

银经 30°　　银经 330°

纬 0°

0°
10°
20°
30°
40°
50°
60°
70°
80°

0°

75,000光年
60,000光年
45,000光年

人马座A

15,000光年
30,000光年

300°

270°

240°

210°

银经 120°

150°　　180°

银道面： 银河系的中心对称平面为银道面。

银道： 银道面与天球相交的大圆圈为银道。

银极： 天球上距离银道90°的两点为银极。北银极在后发座内，南银极在玉夫座内。

银经： 在银道坐标系统中，天体在天球上的位置以银经和银纬两个坐标表示。银心方向（人马座A）的银经圈和通过某一天体的银经圈的夹角，称为该天体的银经。

银经的计量： 从北银极处俯瞰，自银心方向 0° 开始沿逆时针方向一周至360°。

银纬： 在天球上由银道沿银经圈到天体的角距离，称为该天体的银纬。

银纬的计量： 从银道处开始起算，由0°～90°，银道以北为正、以南为负。

银河系的自转

较差自转：是指一个天体在自转时不同部位的角速度互不相同的现象。较差自转在大多数非固体的天体中存在，比如星系、恒星、巨型气体行星等等。

银河系的较差自转：太阳系围绕银河系中心转动为太阳系公转，而整个银河系围绕着银心的运动为银河系自转，自转从银心附近以高速转动，到太阳附近以每秒220千米中速转动，再到银河系边缘以慢速转动。银河系进行较差自转，即远离中心的恒星需要更多的时间才能完成一次公转。按银河系年龄120亿年、太阳年龄50亿年计算，太阳完成一次公转约需2.6亿年，目前已公转了19圈；而外围的恒星运行了25圈，银心附近的恒星运行了100圈。

较差自转的旋臂

慢速区

中速区

高速区

直觉认为旋臂会越缠越密

太阳的较差自转：

包括八大行星在内的整个太阳系也在自转中，而且是较差自转，距离太阳系的主星——太阳越近的天体，公转速度越快，而距离太阳越远的天体，公转周期越长。

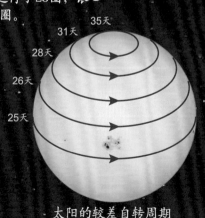

35天
31天
28天
26天
25天

太阳的较差自转周期

较差自转的疑惑：直觉上，较差自转对恒星和气体行星的外观影响不大，而对类似银河系的星系应该影响较大，比如星系的旋臂应该越拉越长、越缠越密，行星被旋臂紧密地缠绕起来，但事实并非如此。因为旋臂是物质密度相对较高的区域，位置基本不会变化，而其中的恒星可以自由出入这些区域，并维持着区域内天体数量的大致稳定，进而恒星的引力维持着星系高密区的旋臂，使得旋臂不会随着恒星的较差自转而越缠越密。

木星的较差自转：木星是太阳系中的巨型气体行星，也在进行较差自转。木星赤道地区自转速度较快，两极地区自转速度相对较慢。

北极区较慢

赤道较快

南极区较慢

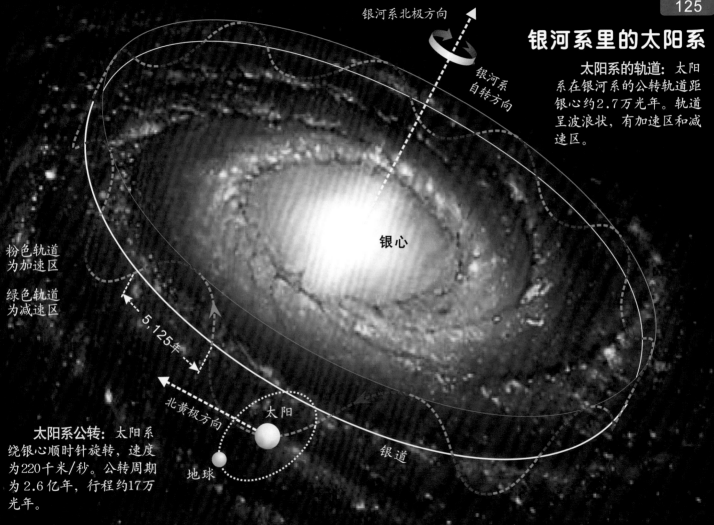

银河系北极方向

银河系
自转方向

银河系里的太阳系

太阳系的轨道: 太阳系在银河系的公转轨道距银心约2.7万光年。轨道呈波浪状,有加速区和减速区。

银心

粉色轨道
为加速区

绿色轨道
为减速区

5,125年

北黄极方向

太阳

太阳系公转: 太阳系绕银心顺时针旋转,速度为220千米/秒。公转周期为2.6亿年,行程约17万光年。

地球

银道

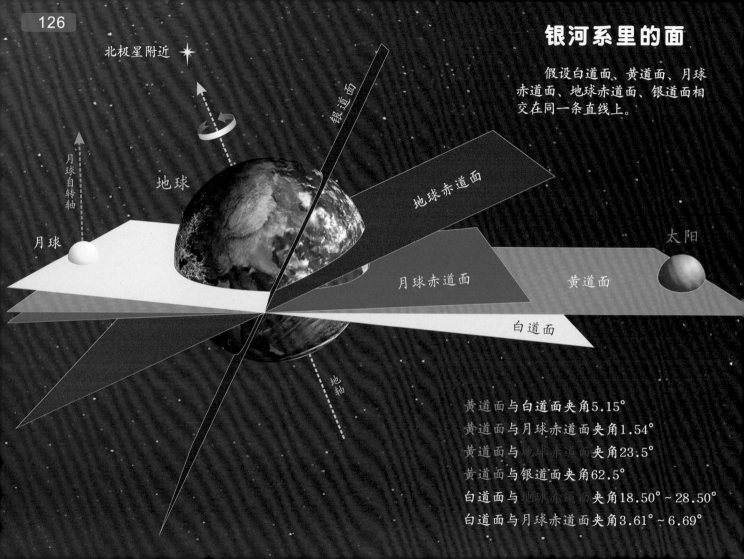

银河系里的面

假设白道面、黄道面、月球赤道面、地球赤道面、银道面相交在同一条直线上。

北极星附近

月球自转轴

地球

月球

银道面

地球赤道面

月球赤道面

黄道面

太阳

白道面

地轴

黄道面与白道面夹角5.15°

黄道面与月球赤道面夹角1.54°

黄道面与地球赤道面夹角23.5°

黄道面与银道面夹角62.5°

白道面与地球赤道面夹角18.50°~28.50°

白道面与月球赤道面夹角3.61°~6.69°

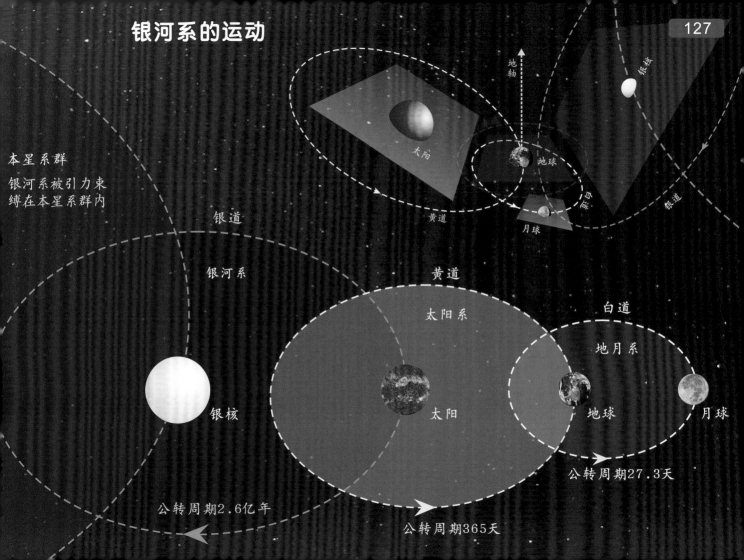

银河系的运动

本星系群
银河系被引力束
缚在本星系群内

银道

银河系

黄道

太阳系

白道

地月系

银核

太阳

地球

月球

公转周期2.6亿年

公转周期365天

公转周期27.3天

地轴

太阳

黄道

地球

月球

银核

月球

太阳系公转与冰期假说

有人认为大冰期的形成与太阳系在银河系的运行周期有关，太阳运行到近银心点区段时的光度最小，使行星变冷而形成地球上的大冰期。也有人认为银河系中物质分布不均是大冰期的形成原因。

太阳系诞生于约46亿年前，如果以最靠近银心点为新银河年开始，太阳已经过了19个银河年。银河年前的阶段也许为地球最冷的银河冬季。太阳系很快又要过新年了，太阳系冬季即将来临，尚需800万年±400万年到达近银心点。

编者注：图中太阳公转轨道是避免线条重合的夸张画法。

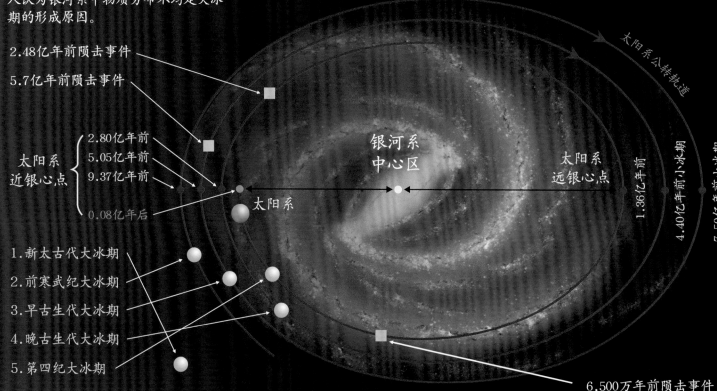

2.48亿年前陨击事件

5.7亿年前陨击事件

太阳系近银心点
- 2.80亿年前
- 5.05亿年前
- 9.37亿年前
- 0.08亿年后

太阳系

银河系中心区

太阳系远银心点

太阳系公转轨道

1.36亿年前

4.40亿年前小冰期

7.50亿年前小冰期

1.新太古代大冰期

2.前寒武纪大冰期

3.早古生代大冰期

4.晚古生代大冰期

5.第四纪大冰期

6,500万年前陨击事件

银河系与仙女座星系

三角座（M33）

仙女座星系（M31）

约40亿年后
银河系将与仙女座星系相撞

仙女座星系：是位于仙女座的一个旋涡星系，视星等为4.3等，是肉眼可见的最遥远的天体之一；是银河系的近邻，距离地球254万光年；是本星系群最大的星系，质量略大于银河系。

星系相撞：科学家预测，约40亿年后，差不多在太阳耗尽最后一丝能量之日，仙女座星系与银河系将会相撞并形成新的更大的星系。

○ 太阳

大麦哲伦星云

小麦哲伦星云

银道与黄道星座

　　银道经过31个星座，黄道经过13个星座，其中银道与黄道共同经过4个星座，与赤道同经2个星座。

银道上的星座：

御夫座、英仙座、仙后座、仙王座、蝎虎座、天鹅座、狐狸座、天箭座、天鹰座、盾牌座、人马座、天蝎座、南冕座、天坛座、矩尺座、豺狼座、南三角、圆规座、苍蝇座、半人马、南十字、船底座、船帆座、船尾座、罗盘座、大犬座、小犬座、麒麟座、猎户座、双子座、金牛座。

黄道上的星座：

摩羯座、宝瓶座、双鱼座、白羊座、金牛座、双子座、巨蟹座、狮子座、室女座、天秤座、天蝎座、蛇夫座、人马座。

银道与黄道同经的星座：

人马座、天蝎座、双子座、金牛座。

银道和赤道同经的星座：天鹰座、麒麟座。

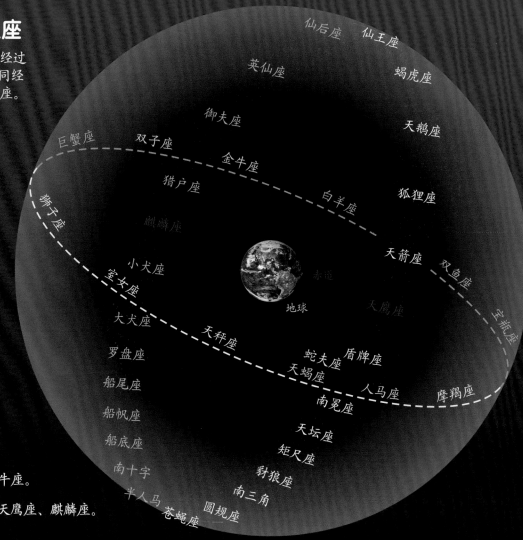

宇 宙
YUZHOU

宇宙背景辐射

宇宙背景辐射：是一种充满整个宇宙的电磁辐射。是宇宙膨胀理论的最有力的证据之一。膨胀速度约为67.15千米/秒，并在持续膨胀中。

随着科技的进步和时间的推移，人类可观测到的宇宙范围将会不断扩大，目前可观测宇宙的直径已经大约达到930亿光年。

编者注：图片采自英文维基百科。

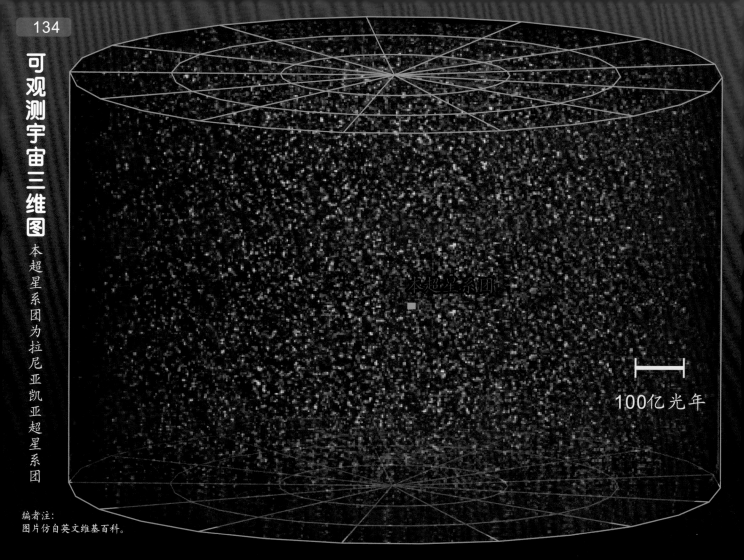

可观测宇宙三维图 本超星系团为拉尼亚凯亚超星系团

本超星系团

100亿光年

编者注:
图片仿自英文维基百科。

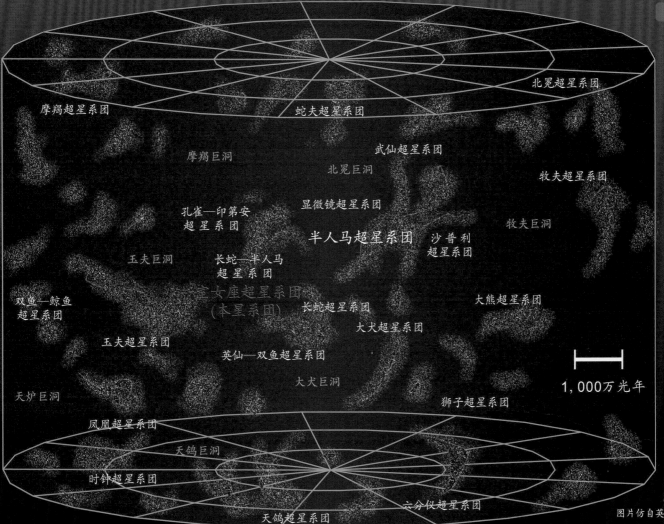

本超星系团三维图

地球所在的室女座超星系团是拉尼亚凯亚超星系团的一部分

摩羯超星系团

北冕超星系团

蛇夫超星系团

摩羯巨洞

武仙超星系团

北冕巨洞

牧夫超星系团

显微镜超星系团

孔雀—印第安
超星系团

半人马超星系团

沙普利
超星系团

牧夫巨洞

玉夫巨洞

长蛇—半人马
超星系团

双鱼—鲸鱼
超星系团

室女座超星系团
（本星系团）

长蛇超星系团

大熊超星系团

大犬超星系团

玉夫超星系团

英仙—双鱼超星系团

大犬巨洞

1,000万光年

天炉巨洞

狮子超星系团

凤凰超星系团

天鸽巨洞

时钟超星系团

六分仪超星系团

天鸽超星系团

编者注：
图片仿自英文维基百科。

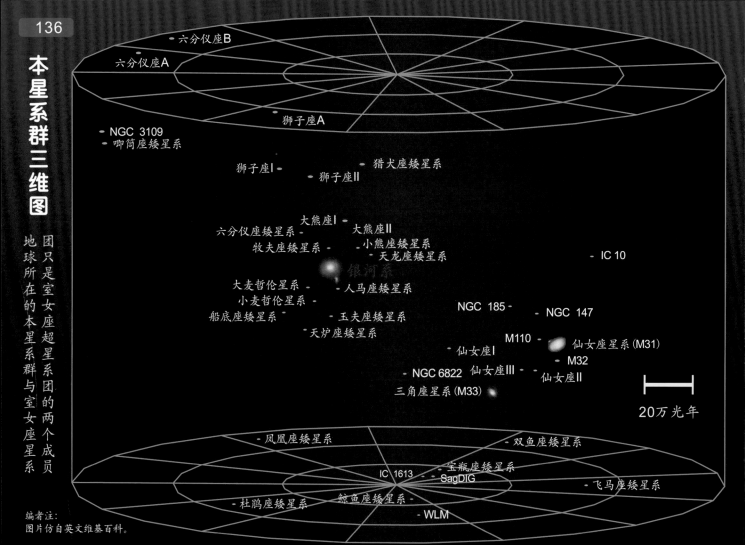

本星系群三维图

团只是室女座超星系团的两个成员，地球所在的本星系群与室女座星系

六分仪座B

六分仪座A

NGC 3109

唧筒座矮星系

狮子座A

狮子座I

狮子座II

猎犬座矮星系

大熊座I

六分仪座矮星系

大熊座II

牧夫座矮星系

小熊座矮星系

天龙座矮星系

IC 10

银河系

大麦哲伦星系

人马座矮星系

小麦哲伦星系

NGC 185

NGC 147

船底座矮星系

玉夫座矮星系

天炉座矮星系

M110

仙女座星系(M31)

仙女座I

M32

NGC 6822

仙女座III

仙女座II

三角座星系(M33)

20万光年

凤凰座矮星系

双鱼座矮星系

IC 1613

宝瓶座矮星系

SagDIG

飞马座矮星系

杜鹃座矮星系

鲸鱼座矮星系

WLM

编者注：
图片仿自英文维基百科。

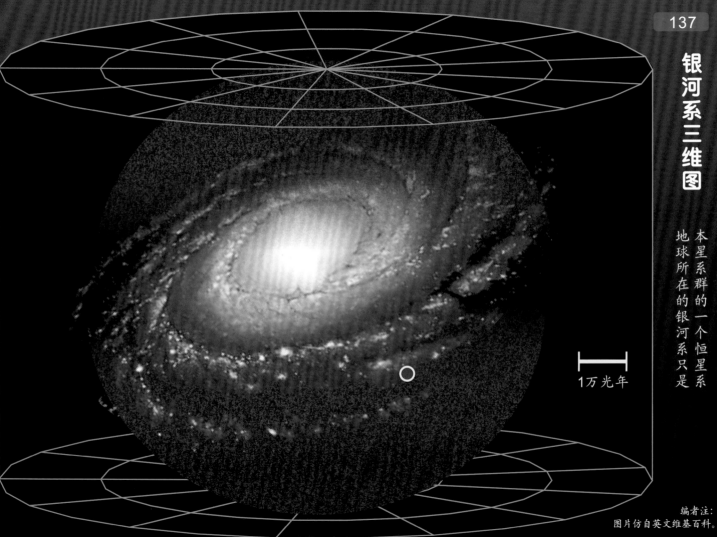

银河系三维图

本星系群的一个恒星系
地球所在的银河系只是

1万光年

编者注：
图片仿自英文维基百科。

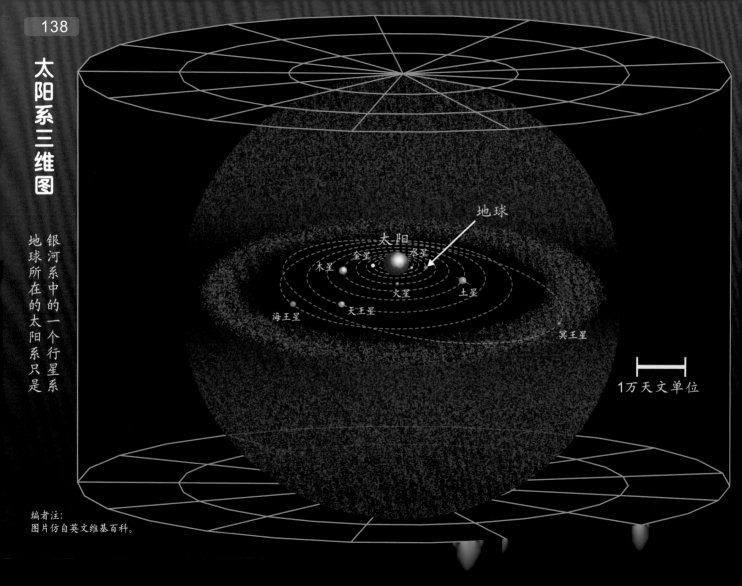

太阳系三维图

银河系中的一个行星系 地球所在的太阳系只是

地球

太阳

木星　金星　水星

火星　　土星

海王星　天王星

冥王星

1万天文单位

编者注：
图片仿自英文维基百科。

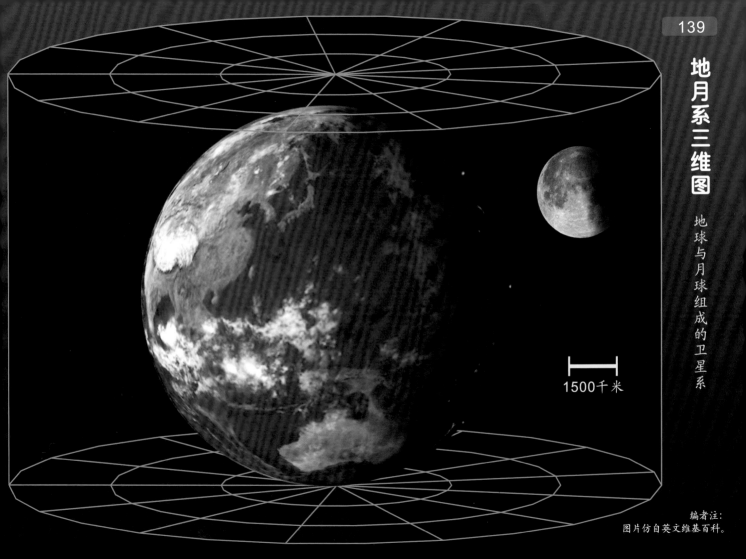

地月系三维图

地球与月球组成的卫星系

1500千米

编者注：
图片仿自英文维基百科。

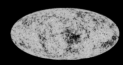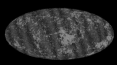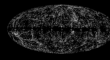

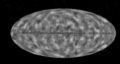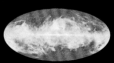

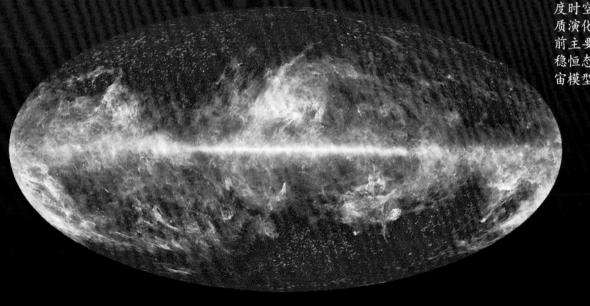

宇宙与可观测的宇宙

宇宙：是所有物质、空间和时间等的总和。宇宙间各种星体总称为天体，由于万有引力的作用，各种天体聚集在大小不等的结构之中。可观测的宇宙只是宇宙的一部分。

可观测的宇宙：可观测宇宙直径约930亿光年，因为大爆炸形成的宇宙年龄不过137亿年，在这有限的时间里，只有距离约465亿光年之内的天体发出的光能可到达地球，被我们观测到，而远于这个距离的天体光能，我们目前是观测不到的。

宇宙图：科学家根据观测和推算等各种手段获得的数据，绘制的各种宇宙学模型、巡天图片、模拟的图片等。其中宇宙模型是建立在一些简化了的对宇宙的大尺度时空结构、运动特征和物质演化进行的理论描述。目前主要有大爆炸宇宙模型、稳恒态宇宙模型和等级式宇宙模型等。

编者注：
本页图片改自ESA的图片

宇宙的构成：宇宙是由暗能量、暗物质和少量原子构成的。暗物质的密度非常小，但是数量庞大，它的总质量也很大，天文学家通过引力透镜、宇宙中大尺度结构形成、天文观测和膨胀宇宙论等研究表明：宇宙可能由约68.3%的暗能量、26.8%的暗物质、4.07%的游离氢和氦元素、0.5%的恒星物质、0.3%的重元素、0.03%的中微子及微小的辐射等组成。

暗能量理论模型：一种是在真空均匀分布固有的真空能。照此说法，数百亿年后，除了人类所在的银河系，其他星系都将变得不可见。另一种是在时空中不均匀分布的能量场。按这一说法，根据暗能量的不同特性，宇宙可能会停止膨胀转而坍缩，或者无终止地加速膨胀下去。

宇宙的成分

天文学家发现，目前宇宙正在加速膨胀，暗能量是这种加速膨胀的原因。暗能量趋向于把宇宙斥散开，而暗物质则是趋向于将宇宙合在一起。

暗物质理论：即科学家用一种不可见的物质作用来解释异常的天体运动的理论。观测证据表明，星系和星系团以及宇宙整体的暗物质总质量是质子、中子这些所谓的"重子物质"总质量的5~6倍。暗物质是否存在，还需科学家去探测证明。

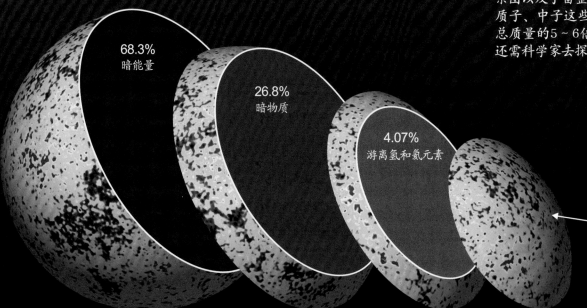

68.3%
暗能量

26.8%
暗物质

4.07%
游离氢和氦元素

0.83% 原子
包括星系、恒星、行星和人类。

星系的形成

量子涨落

大爆炸

膨胀时期

大爆炸后7亿年
星系A1689-zD1

辐射时代

大爆炸后30万年
黑暗时代开始

暗能量使宇宙加速膨胀

大爆炸后4亿年
第一代恒星和
原始星系形成

大爆炸后10亿年
黑暗时代结束

星系形成过程和发展时代

大爆炸后45亿年
太阳、地球及
太阳系形成

哈勃
太空望远镜

星系形成过程： 宇宙在大爆炸后不到万分之一秒的时间里，经历了一个急速膨胀的过程。此后的138亿年，先后经历了辐射时代、黑暗时代、第一代恒星和星系形成、恒星及其行星和星系发展时代。

大爆炸后138亿年
现在

编者注：本页图片改自Hubble的图片。

宇宙的年龄和温度

大爆炸之初1秒以内，物质以质子、中子、中微子、光子、电子等形态存在，温度极高。随着宇宙的膨胀，温度不断下降，慢慢形成了今天的宇宙。

温度(℃)

1　　10² 　　10⁴ 　　10⁶ 　　10⁸ 　　10¹⁰

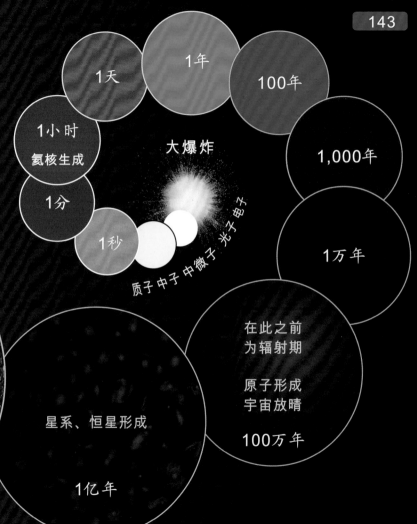

1天

1年

100年

1小时
氦核生成

大爆炸

1,000年

1分

1秒

质子 中子 中微子 光子 电子

1万年

在此之前
为辐射期

原子形成
宇宙放晴

100万年

星系、恒星形成

1亿年

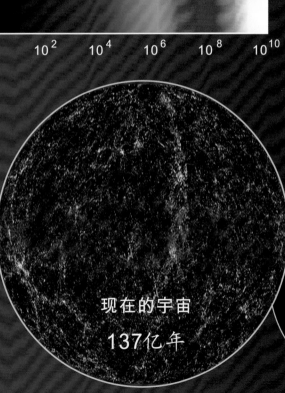

现在的宇宙

137亿年

宇宙的膨胀

未来

137亿年

大爆炸

在早期的宇宙中，暗能量与暗物质的力量之战就已经开始了。暗能量试图将宇宙膨胀变大，而暗物质则试图把宇宙收缩变小。到了50亿～60亿年前，暗能量的排斥力开始超过了暗物质之间的引力，于是宇宙开始进入了加速膨胀阶段，并一直持续到今天。

暗物质的引力

暗能量的斥力

宇宙的膨胀模式

多年来，科学家们对宇宙的膨胀模式有过各种各样的推测，而目前的证据表明宇宙正在加速膨胀中。

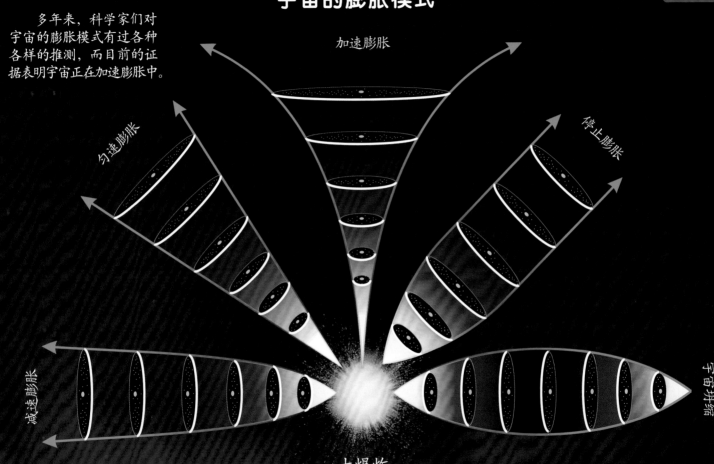

加速膨胀

匀速膨胀

停止膨胀

减速膨胀

宇宙坍缩

未来　　137亿年　　大爆炸　　137亿年　　未来

宇宙的命运

宇宙的命运有大撕裂、热寂、大挤压和大反弹等几种。

热寂：倘若宇宙像星系这样持续膨胀下去，就会迎来热寂，持续膨胀会导致宇宙的温度趋近于0开。

大反弹：宇宙大爆炸会循环出现，即在大爆炸和坍塌之间循环。

大坍塌：空间的膨胀发生逆转，宇宙开始坍缩，最终形成一个奇点。

宇宙膨胀至最大

现在的宇宙

宇宙膨胀

收缩

黑洞

奇点

宇宙膨胀

星系形成

大爆炸

新大爆炸

时 间

137亿年

平行宇宙与婴儿宇宙

平行宇宙：是指多元宇宙中所包含的各个宇宙。多元宇宙是一个理论上的无限个或有限个可能存在的宇宙集合，包括了一切存在和可能存在的事物，即所有的空间、时间、物质、能量以及描述它们的物理法则和物理常数。通常所说的平行宇宙，是指在已知宇宙之外还可能平行存在既相似又不同的其他宇宙。在这些宇宙之中，有可能存在着和人类居住的星球相同的或是具有相同历史的行星，也可能存在着与我们人类完全相同的人。

科学家把多个宇宙描述为一个个气泡。史蒂芬·霍金说："宇宙的起源有点像沸水里的泡泡，许多小泡泡出现，然后消失。这就是宇宙的膨胀和坍缩，之前有很多宇宙都消失了，当这些小泡泡膨胀到一定的尺度，可以安全地逃避坍塌的时候，就形成了我们今天的宇宙。"

婴儿宇宙：宇宙诞生有一个时间上的起点，在那个起点时间发生宇宙大爆炸，形成了我们现在的宇宙，迄今约137亿年，犹如人类发育的婴儿时期，所以称为婴儿宇宙。

其他宇宙

宙空

宙空

宙空

我们的宇宙

相邻宇宙

天体系统的分级: 天体系统从大到小的分级为: 可观测的宇宙(旧称总星系)、超星系团、星系团/群、星系、行星系、卫星系。

星系的分级

超星系团: 若干星系团聚在一起构成的更高一级的天体系统, 又名二级星系团。质量范围为$10^{15} \sim 10^{17}$个太阳质量。

星系团/群: 由几十个、几百个甚至上万个星系通过引力作用聚集在一起的集团/群。本星系团, 是地球所在的星系团, 距离大约5,900万光年, 位置处在室女座方向, 拥有约2,000个星系。银河系所在的本地群只是这个集团的外围成员之一。

星系: 由几十亿至几千亿颗恒星以及星际气体和尘埃物质构成的, 并且空间范围有几千至几十万光年之大的天体系统。银河系就是一个星系, 即恒星系; 而处在银河系中的太阳系, 则是一个行星系; 地球与月球则构成了一个卫星系。

编者注: 本页图片改自ESA图片。

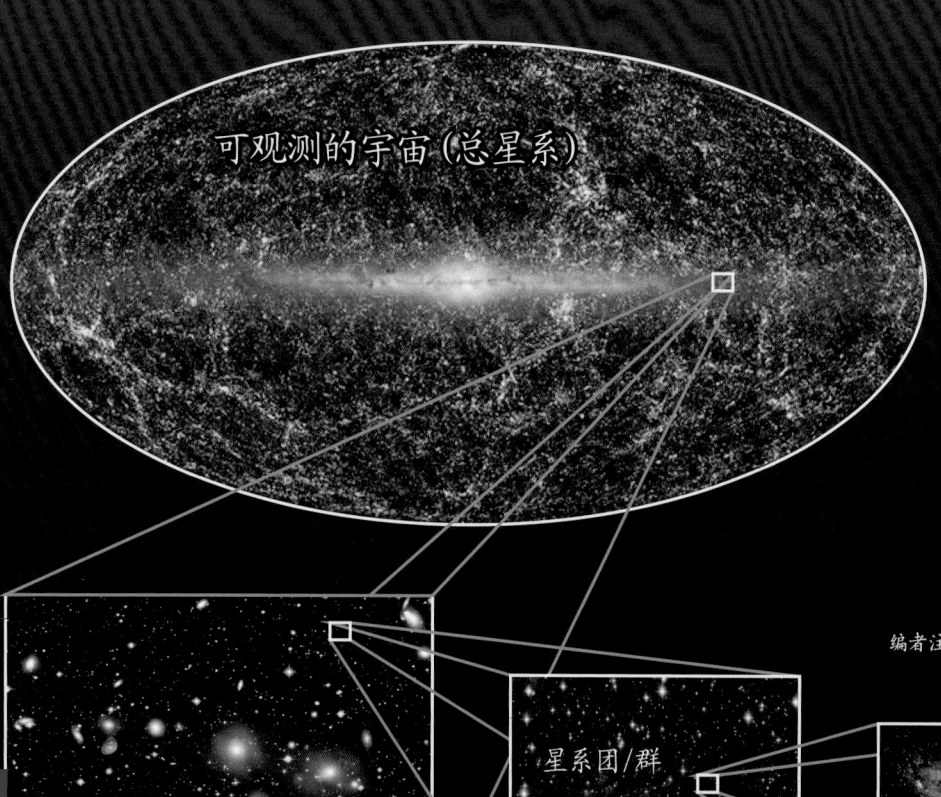

可观测的宇宙(总星系)

超星系团

星系团/群

星系(恒星系)

行星系(太阳系)

卫星系(地月系)

星系的分类

哈勃星系分类： 美国天文学家哈勃对星系做了大量观测，于1926年第一个提出了按星系形态划分星系的分类系统，以后不断完善，在20世纪50年代完成了著名的哈勃分类，这是目前天文学家广泛应用的一种星系分类法。最初只有椭圆星系（E0-E7型）、旋涡星系（S型）和棒旋星系（SB型）的分类，但从E型到S型的连贯性不佳，因此1936年又加入透镜状星系（S0型）。之后又在1950年把旋涡星系和棒旋星系依照核球的大小、旋涡的卷绕方式细分为a、b、c型，不规则星系也细分为Irr型（包括Irr I 型和Irr II 型）。

椭圆星系： 外形呈近球形或椭球形，中心亮，边缘渐暗，有恒星密集的核心，外围有许多球状星团。通常是黄色或红色，外缘呈淡蓝色。椭圆星系有巨型和矮型之分。超巨型椭圆星系直径达50万光年，包含10万亿颗恒星，是宇宙中最大的恒星系统。最小的矮椭圆星系直径只有3,000光年，仅仅由上百万颗恒星组成。用英文字母E命名，按椭率大小分为E0、E1、E2、E3、E4、E5、E6、E7八个次型，其中E0型是圆星系，E7是最扁的椭圆星系。

旋涡星系： 占星系总数的30%，核心较圆，从核心处延伸出两条或多条旋臂。每个旋涡星系的旋臂缠的松紧程度略有差异。还有一种旋涡星系，从正面看，它们的旋臂像是从通过核球中心的一根棒状结构的两端延伸出来的，称为棒旋星系。旋涡星系中心较圆且隆起像双凸透镜，由核心延伸出几条旋臂，旋臂中包括恒星、气体和尘埃，外形如旋涡。普通旋涡星系用英文字母S表示，棒旋星系用英文字母SB表示。旋涡星系都在S或SB后用a、b、c表示旋臂缠绕的宽松度。

透镜状星系： 是指在哈勃星系分类中介于椭圆星系和漩涡星系之间的星系。有很突出的尘埃带、明亮的银晕和球状星团，用英文字母 S0 表示。

不规则星系： 不存在核球，也没有旋臂结构，形状奇特，没有对称性，质量很小，由巨星、超巨星、气体星云、疏散星团、大量气体和尘埃组成。用英文字母 Irr 表示，分为两型：I 型为隐约可见不甚规则的棒旋结构；II 型分辨不出恒星，但有明显的尘埃带。

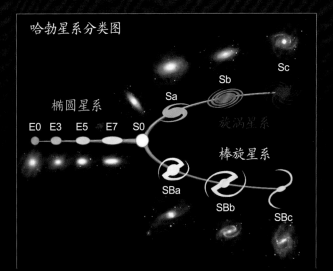

哈勃星系分类图

椭圆星系

旋涡星系

棒旋星系

E0 E3 E5 E7 S0 Sa Sb Sc

SBa SBb SBc

星团

星团: 由十几颗至千万颗恒星组成的, 有共同起源, 相互之间有较强力学联系的天体集团。可分为疏散星团和球状星团两大类。

疏散星团: 亦称银河星团, 星团的一类, 结构松散, 外形不规则, 用天文望远镜可以辨认出各个单星。疏散星团一般包含十几颗到几千颗恒星, 距离地球远近也不等, 绝大部分分布在银道面附近, 大多是在近几百万年内诞生的。同一个星团的成员有着相似的空间运动速度。少数离我们较近的疏散星团, 由于透视作用, 其成员星的自行并不相同, 向前或向后延长其自行的方向, 能够汇聚于一点 (称为辐射点或汇聚点), 这类疏散星团又被称为移动星团。

球状星团: 是星团的一类, 结构致密, 中心较密集, 外形呈圆球或椭球形。球状星团一般包括几万颗到几百万颗的恒星, 平均密度比太阳附近的恒星密度大50多倍, 中心密度更大, 达上千倍。银河系内已发现150多个, 在其他星系也有发现。半人马座的ω是全天最亮的球状星团, 北天球最亮的是武仙座球状星团(M13)。

疏散星团　　　　　球状星团

M13　　　　　聚星

聚星: 是指三颗到六七颗恒星在引力作用下聚集在一起组成的恒星系统。由三颗恒星组成的系统又可称为三合星, 四颗恒星组成的系统称为四合星, 以此类推。

星团、星云、星系的命名: 按天文学惯例, 以某一星表的数字序号来为它们命名。最常见的名称来自M、NGC和IC这三个星表。M星表是指法国天文学家梅西耶于1874年发表的星表; NGC星表是指丹麦天文学家德雷耶于1888年刊布的星云星团新总表, 后来他又对该表进行了增补, 简称IC。

星云

星云： 指由星际气体和尘埃聚集而成的云雾状天体，主要构成成分是氢，其次是氦，还含有一定比例的金属元素等物质。

星云分类： 按发光性质可分为发射星云、反射星云和暗星云。按形态可分为弥漫星云、行星状星云、超新星爆发后残剩的物质云等。

发射星云： 亮星云的一类。受附近高温恒星的紫外辐射激发而发光。典型光谱为连续谱加发射线，电子密度为每立方厘米几千个，多数发射星云呈粉红色。大都分布在银道面附近和旋臂上。著名的有麒麟座玫瑰星云。

反射星云： 亮星云的一类。具有吸收光谱特征。星云散射或反射其里面或近旁的亮星的光而发光，故称反射星云。由气体和尘埃组成，形状不规则。尘埃粒子直径约500纳米，散射短波更有效，使反射星云呈特有的蓝色。照亮星的温度不高，光度也不大。著名的反射星云有昴星团星云、仙王座星云，而北美洲星云是光谱具有吸收特征又具有发射特征的混合型星云。

弥漫星云： 银河星云的一类，由气体和尘埃组成，形状不规则，呈漫散状，无明显边界，大小从几光年至几十光年。质量从小于太阳到太阳的数千倍之多，多为太阳的10倍左右。有类似猎户座大星云的亮星云和类似马头星云的暗星云两个类别。

行星状星云： 银河星云的一类，由稀薄的电离气体组成，原子密度为每立方厘米几千个。恒星在演化晚期经过一系列爆发，每次爆发抛出一个物质壳层，最终留下一个热的暴露的核，外边围绕着发光的由喷出气体组成的壳层，形成有明晰边缘的小圆面，形状如行星。质量为太阳质量的百分之一到十分之几。著名的有狐狸座中的哑铃星云。

编者注：图片采自Hubble。

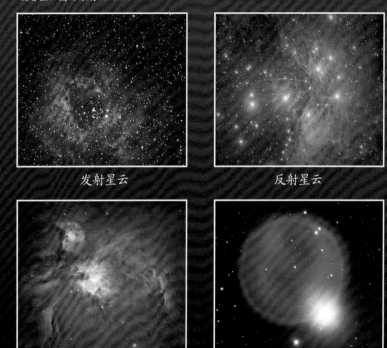

发射星云　　　　反射星云

弥漫星云　　　　行星状星云

黑洞、白洞和虫洞

黑洞： 广义相对论预言的天体，是恒星演化末期，它的核心质量如果超过太阳质量的3.2倍，即便是中子简并压也无法阻止核心继续在引力作用下坍缩，核心最后会变成一个黑洞。黑洞的引力会使它周围的时空被严重扭曲，任何物质在与黑洞的距离近于某个界线时，都会被吸入黑洞，即使光也逃不出。这条界线称为视界。黑洞无法直接观测，但可以由间接方式得知其存在和质量及对其他事物的影响。科学家猜测穿过黑洞可能会到达另一个空间，甚至是时空。一些科学理论显示，黑洞死亡后可能会变成一个"白洞"。

白洞： 广义相对论所预言的天体，有一个封闭的视界，与黑洞相反，不能吞噬接近视界的所有物质，只能由视界内向视界外喷射物质，把黑洞吸入的物质喷射出。目前还没有发现白洞存在的证据。

视界： 黑洞和白洞的界线。表观视界为单向膜区的起点；事件视界为零曲面。

白洞

视界

黑洞

虫洞

虫洞： 时空洞，也叫灰道，是连接黑洞和白洞的时空隧道或细管，暗物质维持着虫洞出口的敞开。

黑洞与引力波

两个有黑洞星系融合

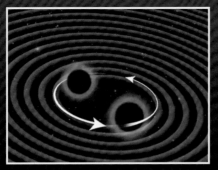

两个互绕黑洞产生引力波

融合的超大黑洞把小黑洞推离核心

空间引力波：爱因斯坦预言，两个超大质量天体碰撞时会产生空间引力波，犹如石头投入池塘产生的同心圆水纹波浪。2016年天文学家通过激光干涉仪重力波观测台，观测两个质量为太阳数倍的恒星级黑洞融合，从而证明了引力波的存在。天文学家近期观测到了两个超大质量黑洞融合时产生的引力波，把小黑洞沿着引力波发射较弱的方向推离核心。

黑洞的演化：超新星爆发形成恒星型黑洞，黑洞不断发生碰撞合并，形成更大质量的黑洞。黑洞的质量大小不同。超大质量黑洞是由质量较大的恒星耗尽能量后坍塌而形成的天体。随着星系中心的星体质量越来越大，内部会发生坍缩，变成物理黑洞。物理黑洞质量越大，引力越大，星系收缩的速度也越快，最后巨大的星系将完全被这个物理黑洞吞没，变成一个奇点。暗能量黑洞转变为质点黑洞的过程就是星系死亡的过程；奇点黑洞转变为暗能量黑洞的过程就是星系诞生的过程。

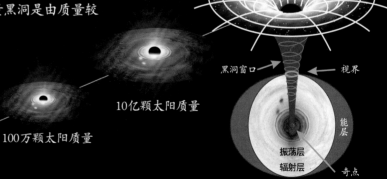

10亿颗太阳质量

100万颗太阳质量

没有黑洞

星系形成　　　核球质量　　　增大

弯曲时空

黑洞窗口　　视界

振荡层　辐射层　能层　奇点

黑洞的吸积盘

吸积盘： 有较大角动量的物质被天体(尤其是致密天体)吸积时形成环绕天体的盘状物。天体以自身的引力俘获其周围的气体、尘埃等物质而使自身质量增加的过程称为吸积。吸积物质不会沿着径向直接落到致密天体上，而是围绕致密天体形成一个较差旋转的盘。

热点： 黑洞的强大引力，使得物质流形成气流，冲入围绕黑洞的气体产生明亮的热点。

喷流： 气体接近黑洞时，在黑洞的引力拉动下被加热，过热气体坠向黑洞会发出X射线。

编者注：图片改自ESA。

喷流

热点

A区——暗能量黑洞
尺度不到星系的0.1%

物质流/伴星

吸积盘

B区——暗能量渐变区
尺度约占星系的30%。暗能量分布随着距离增大而减小，恒星绕星系中心的速度也会逐渐减慢。

反喷流

C区——暗能量均匀分布区
尺度约占星系的70%。恒星绕星系中心的运动速度基本相同，但小于B区中的恒星速度。

巨洞、巨弧和巨壁

巨洞： 宇宙是由尺度为上亿光年的物质聚集区——超星系团和尺度与之相当却异常空虚的"巨洞"区域交织构成的，超星系团内部或超星系团之间的低密度星系区称为巨洞。巨洞中缺少发光的星系，但并不缺少暗物质。

巨弧： 星系团的中心区非常巨大的发光弧。巨弧宽逾30,000光年，长超过300,000光年。每个弧都是一个圆心位于某亮椭圆星系的圆的一段。巨弧的外观呈蓝色，由大量大质量的恒星构成。

摩羯超星系团
蛇夫超星系团
摩羯巨洞
北冕巨洞
孔雀-印第安超星系团
显微镜超星系团
半人马超星
玉夫巨洞
长蛇-半人马超星系团
室女超星系团
长蛇超星系团
玉夫超星系团

巨弧

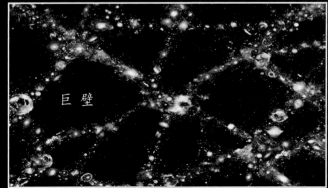

巨壁

巨壁： 指星系密集所形成的一个巨大片状结构。与银河系相距约100兆秒差距。延伸范围超过170兆秒差距，厚度约5兆秒差距。

暗物质

暗物质: 由天文观测推断存在于宇宙中的不发光物质。这类不发光的物质是仅参与引力作用和弱作用而不参与电磁作用的非重子中性粒子。暗物质粒子,不带电荷,不产生电磁波,但是有引力。暗物质是宇宙的重要组成部分,约占宇宙物质含量的26.8%。广义的暗物质还包括我们已知的不发光或辐射微弱的天体,如中子星、棕矮星、弥漫的气体和尘埃等。

暗物质的观测: 暗物质无法直接观测得到,但它能干扰星体发出的光波,参与引力作用,它的存在可以通过观测其他发光天体的运动、图像等探测到。暗物质存在的最早证据来源于对银河系中心天体绕银心旋转速度的观测。

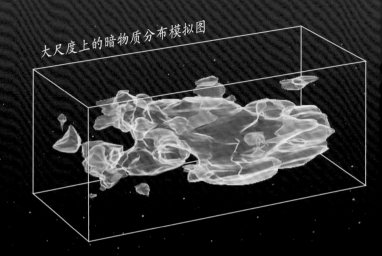

大尺度上的暗物质分布模拟图

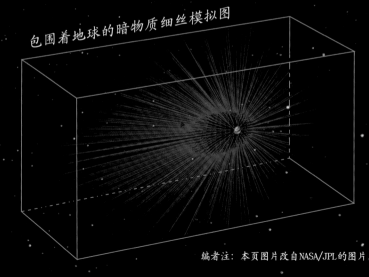

包围着地球的暗物质细丝模拟图

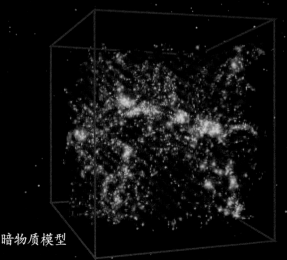

暗物质模型

编者注: 本页图片改自NASA/JPL的图片

暗能量

暗能量： 是由天文观测推断存在的一种溢于宇宙空间的、具有负压强的能量。这种负压强类似于一种反引力的能量形式，是解释宇宙加速膨胀和宇宙中失落物质等问题的一个最流行说法。暗能量占据宇宙质能的68.3%。

暗能量的起源： 暗能量的概念起源于爱因斯坦的广义相对论，后来陆续有学者发现宇宙膨胀是由一种看不见、无法解释的神秘物质力量控制和推动的，这种物质不同于人们熟知的普通物质态，故科学家将其称为暗物质，将其具备的作用称为暗能量。

暗能量的特点： 暗能量的特征是具有负压，在宇宙空间几乎均匀分布或完全不结团。是一种未知的负压物质，具有物质的作用效应而不具备物质的基本特征。

暗能量的模型： 目前暗能量有两种模型，一种是宇宙学常数，即一种均匀充满空间的常能量密度，是爱因斯坦对静态宇宙的哲学信念；另一种是标量场，即一个能量密度随时空变化的动力学场。

暗能量对宇宙的影响： 暗能量与光会发生一些中和作用，作用域为同级暗能量的分布范围。当暗能量与光反应时，会对作用域的时间产生影响。由于宇宙空间不断发生中和反应，作用域内物质的质量在不断减小，致使物质的引力减小，出现宇宙膨胀。

暗能量和暗物质
主导大尺度结构的形成

编者注： 本页图片改自NASA/JPL的图片。

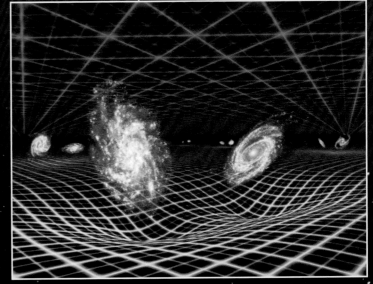

暗能量（紫色网格代表暗能量，绿色网格代表引力）

恒星

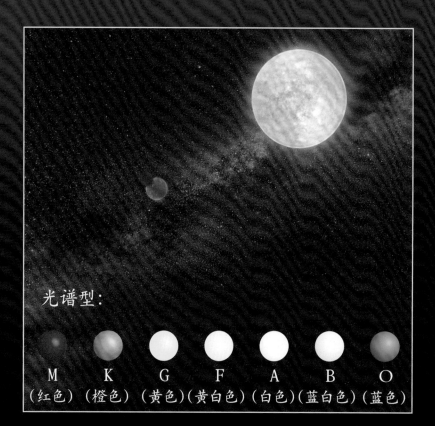

光谱型:

M	K	G	F	A	B	O
(红色)	(橙色)	(黄色)	(黄白色)	(白色)	(蓝白色)	(蓝色)

恒星的命名: 国际上把每个星座内的星星按亮度减少的次序依次标上小写希腊字母,再在字母后面加上该星座名称的三个字母作为该星的名称。我国对星的命名与此类似,在星宫名称后加上一数字。

恒星: 由炽热气体组成、能自己发光的天体。太阳是一颗离地球最近的恒星,夜晚看到的星基本都是恒星,因距离遥远短期内感觉不到位置变化,故称恒星。实际上恒星也自转并在不停地运动着。维持恒星辐射发光的能源主要是热核反应。

恒星的分类:

1. 按光谱类型分: O(蓝色); B(蓝白色); A(白色); F(黄白色); G(黄色); K(橙色); M(红色)。

2. 按光度与温度: 0 特超巨星; Ⅰ 超巨星; Ⅱ 亮巨星; Ⅲ 巨星; Ⅳ 次巨星(亚巨星); Ⅴ 主序星(矮星); Ⅵ 亚矮星; Ⅶ 白矮星。

3. 按恒星稳定性: 分为稳定恒星和不稳定恒星。

4. 按体积与质量: 分小型恒星、中型恒星、大型恒星和超大型恒星四类。

5. 按关系及运动: 分孤星型、主星型、从属型、伴星型、混合型恒星。

6. 按成因或起源: 分碎块型恒星、凝聚型恒星和捕获型恒星。

7. 按恒星的结构: 分为简单型(非圈层状结构)和复杂型(圈层状结构)恒星。

8. 按恒星的温度: 分低温型、中低温型、中温型、中高温型和高温型恒星。

9. 按恒星的寿命: 分短命型恒星和长命型恒星。

恒星的颜色

恒星光谱颜色: 恒星的光谱类型以英文字母O、B、A、F、G、K、M及后来扩充的L、T和Y表示。每个光谱型又细分为10个次型，分别以数字0~9标记。不同光谱型对应着不同颜色、色指数、表面温度。绝对星等与光度类型的关系可用赫罗图表示。

恒星光度: 恒星每秒发出光能的大小（辐射功率），叫光度。按光度的大小分为七个光度型，用罗马数字Ⅰ、Ⅱ、Ⅲ、Ⅳ、Ⅴ、Ⅵ、Ⅶ表示，依次为超巨星、亮巨星、巨星、亚巨星、主序星、亚矮星、白矮星。另外，还增有特超巨星"0"光度级。

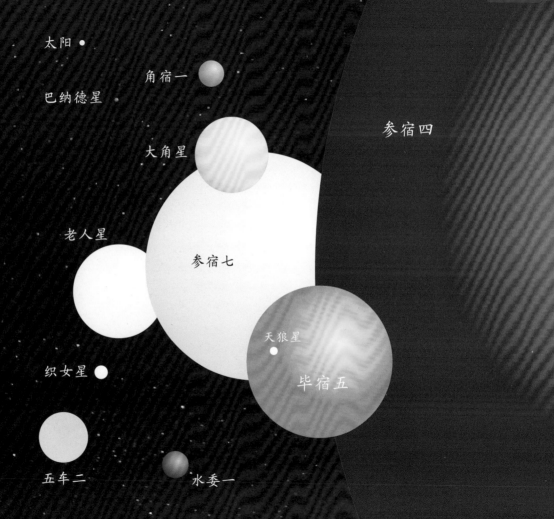

太阳　角宿一　巴纳德星　大角星　参宿四　老人星　参宿七　天狼星　毕宿五　织女星　五车二　水委一

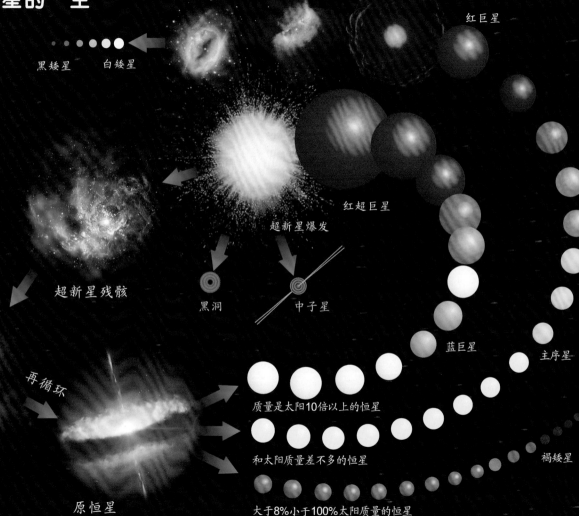

恒星的一生

恒星的生命： 恒星的寿命取决于恒星的质量，质量越大则寿命越短。太阳的质量与所有恒星质量的平均值相近，约可以稳定燃烧发光100亿年，晚年的变化不太激烈。而质量在太阳10倍以上的恒星，只能发光数百万年到数千万年，最终会发生超新星爆发，并会留下一颗中子星或黑洞。恒星与黑洞的比例大约为1,000：1。

行星状星云

红巨星

黑矮星　白矮星

红超巨星

超新星爆发

超新星残骸

黑洞　中子星

蓝巨星　主序星

再循环

质量是太阳10倍以上的恒星

和太阳质量差不多的恒星

褐矮星

分子云　原恒星

大于8%小于100%太阳质量的恒星

晚年恒星的内核

大质量恒星内核聚变： 当大质量恒星到达其生命的最后阶段时，聚变在它内核的各层中自发发生。

大质量恒星内核结构的形成： 当大质量恒星核心的氢燃烧完后，将会接着启动氦燃烧反应，把氦变成碳。然而氦核心外的氢壳层仍在发生氢燃烧反应。当核心的氦也燃烧完，碳燃烧会接着启动生成氖。而核心外会被氦燃烧壳包裹着，氦壳层又会被氢燃烧壳层包裹着。类似的过程不断重复，轻的元素聚变成重的元素，直到核心变成铁。而铁的聚变反应所需要的能量大于其所释放的能量，于是恒星核心的核反应不再进行了。恒星内部会变成被燃烧层一层一层包裹起来的"洋葱式"结构。

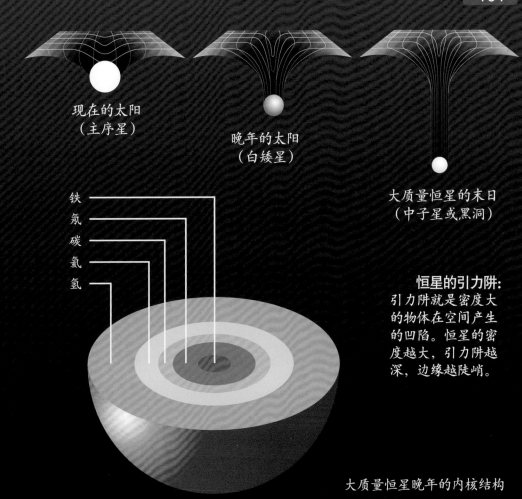

现在的太阳
（主序星）

晚年的太阳
（白矮星）

大质量恒星的末日
（中子星或黑洞）

铁
氖
碳
氦
氢

恒星的引力阱： 引力阱就是密度大的物体在空间产生的凹陷。恒星的密度越大，引力阱越深，边缘越陡峭。

大质量恒星晚年的内核结构

中子星、磁星、脉冲星、红外星和碳星

编者注：本页图片采自NASA/JPL。

中子星： 主要由简并中子组成的恒星，极大质量和极小质量分别为太阳的2~3倍和1/20，半径为10~20千米，是已知的密度最大的固态天体。中子星是大质量恒星末期发生超新星爆发时，它的核心质量在太阳质量的1.4倍到2.3倍之间，没有达到形成黑洞的条件，而形成了一种介于白矮星和黑洞之间的天体。

磁星： 中子星的一种。拥有极强的磁场，星体表面磁场的强度超过1亿特斯拉，通过磁场能量的释放产生高能电磁辐射，以X射线及γ射线为主。

脉冲星： 中子星或白矮星的一种。周期性发射脉冲信号的星体，直径大多为20千米左右，自转极快。脉冲星都是中子星，但中子星不一定是脉冲星，必须通过观测接收到它的脉冲信号才算是脉冲星。

红外星： 辐射的绝大部分是红外线的恒星。红外星表面温度仅几百摄氏度，体积很大，直径为太阳的几百倍到几千倍。一部分可能是正在形成的处于引力收缩阶段的很年轻的星；另一部分可能是外壳大为膨胀了的走向死亡的星。

碳星： 是指大气层内的碳比氧多，类似红巨星(偶尔是红矮星)的晚期恒星。质量不高，前身通常是比太阳小的中小型恒星，到了恒星的末期阶段，向着白矮星演化。

致密星： 恒星晚期演化的最后阶段之一。质量大于太阳的恒星，晚期迅速坍缩成为一个密度极大的白矮星、中子星或黑洞，这个阶段的恒星为致密星。

简并星： 以高密度、压力不依赖于温度的简并态物质为主的恒星。是白矮星和中子星的总称。

中子星

脉冲星

碳星

红外源、紫外源、射电源、X和γ射线源

编者注：本页图片采自NASA/Hubble。

红外源：是宇宙中红外波段集中的具有极大辐射能量的天体。通常认为大部分红外源系由年轻恒星加热其四周的尘埃状物质，使之在红外波段再辐射所致。它是在银河系中首先被探测到的，尤以银河中心以及河外星系、类星体和分子云中为多，其温度仅几百摄氏度。现已探测到的红外源几乎包括所有各类天体。

紫外源：是宇宙中紫外波段集中并具有极大辐射能量的天体。

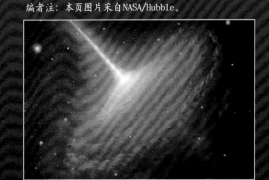

红外源

射电源

γ射线源

紫外源

射电源：即宇宙射电源，指能发射强无线电波的天体或局部天区。发射无线电波的恒星称射电星。大多数天体都可能是射电源。射电源类型很多，按视角径大小可分为致密源和展源两类。

X和γ射线源：是指宇宙中发射X射线和γ射线的天体。由于地球大气的阻碍，地面上很难观测到，只能在太空中被探测到。在太空中探测到的γ射线是由恒星核心的核聚变产生的。

星际物质

星际物质： 亦称星际介质，存在于星系内恒星与恒星之间的物质，包括气体（离子、原子和分子）和尘埃、各种星际云以及宇宙线。星际物质是产生新恒星的物质，总质量约为银河系总质量的10%～15%。星际物质吸收和散射星光，因而使遥远的星显得更加暗弱，且使星光颜色红化。

星际气体： 指星际空间的气态物质，包括气态的原子、分子、电子、离子等。星际气体的组成元素主要是氢，其次是氦。它们的元素丰度和太阳或其他恒星上的丰度一致。

星际尘埃： 星际物质的组成部分，分散在星际气体中的固体小颗粒。尘埃的物质可能是由硅酸盐、石墨晶粒以及水、甲烷等冰状物所组成。总质量约占星际物质总质量的10%。星际尘埃散射星光，使星光减弱，这一现象称为星际消光；星际消光与波长有关，对长波散射小，对短波散射大，星光的颜色也随之变红，这一现象为星际红化。

星际分子： 存在于星际空间的分子，多数是地球上也有的稳定的化合物，少数为地球上找不到的离子分子。

分子云： 星际空间中某些化学分子的聚集区，是该区的尺度和星际介质的密度足以生成分子云之故。

星际云： 星系里一部分星际物质聚集成的云状物，形状不规则。高密度区会在引力作用下收缩，若质量满足一定条件则可发展成为恒星形成区。

星际物质

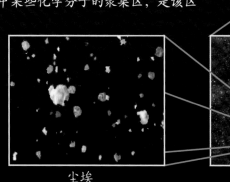

尘埃

星际尘埃

星际气体

巨星

特超巨星： 光度型属于0，位置在赫罗图的最上方，结构最为松散，是一种具有极高质量与光度的恒星。具有非常高的质量流失率，绝对星等可达-9.5等，相当于太阳光度的50万倍。目前发现的有高光度蓝变星、蓝特超巨星、白特超巨星、黄特超巨星、红特超巨星等。

超巨星： 质量一般约为太阳质量的8~12倍，光度和体积比巨星大而密度较小的恒星。绝对星等在-2到-8之间。肉眼所见的最亮的蓝超巨星是参宿七和天津四，而最亮的红超巨星是参宿四和心宿二。

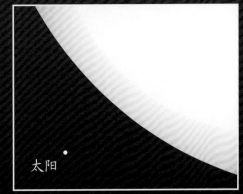

超巨星与太阳

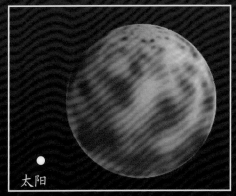

红巨星与太阳

红巨星： 红或橙色巨星。

亮巨星： 指光度介于超巨星和巨星之间的恒星。其绝对星等比同光谱的巨星更明亮，高于-1.8等。

巨星： 是光度比一般恒星（主序星）大而比超巨星小的恒星。恒星演化离开主序带后，体积膨胀变大、密度变小、表面温度降低、变得非常明亮，光度是太阳的十到数千倍。在赫罗图上位于主星序的上方，亮巨星和超巨星分支的下方。

亚巨星： 光度和温度介于巨星和主星序之间的恒星。比主序星明亮，但没有达到巨星的亮度，核心的氢融合将要终止或已经终止。

天蝎座超巨星

矮星

矮星（主序星）：早期矮星是指本身光度比太阳暗的恒星，分为红矮星、黄矮星、橙矮星，后来扩展了白矮星、蓝矮星、褐

矮星(棕矮星)等非恒星。现在矮星专指恒星光谱分类中光度级为 V 的星，即等同于主序星，处于一生中的氢燃烧阶段，当氢燃烧完后就会开始氦燃烧。光谱型为 O、B、A 的矮星称为蓝矮星，光谱型为 F、G 的矮星称为黄矮星（如太阳），光谱型为 K 及更晚的矮星称红矮星。矮星属于壮年恒星，其内部产生的能量与向外辐射的能量相当，星体稳定，银河系中 90% 的恒星处在此阶段。但白矮星、亚矮星、黑矮星则另有所指，即"简并矮星"，它们不属于矮星之列。

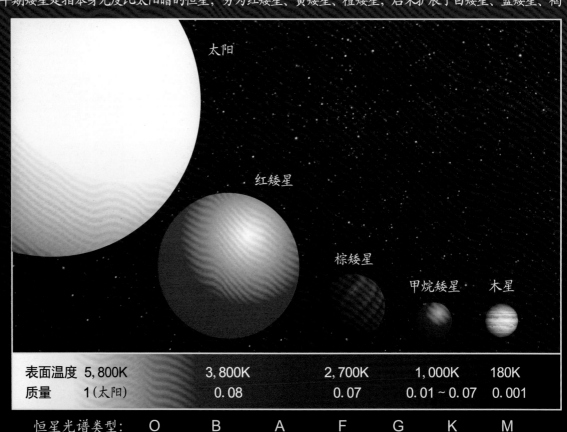

	太阳	红矮星	棕矮星	甲烷矮星	木星
表面温度	5,800K	3,800K	2,700K	1,000K	180K
质量	1（太阳）	0.08	0.07	0.01 ~ 0.07	0.001

恒星光谱类型：	O	B	A	F	G	K	M
恒星表面温度：	30,000K	20,000K	10,000K	7,000K	6,000K	4,000K	3,000K

早期的矮星

亚矮星（次矮星）： 比主序星稍暗但光谱类型相同的一类恒星，半径与光度和表面温度有关，绝对星等的光度比主序星低 1.5～2 等，在赫罗图中位于主星序（也尔矮星序）的下面，因此叫亚矮星序。亚矮星的化学成分与主序星颇为不同，金属含量很低，只相当于普通恒星的1%左右，也称为贫金属星。亚矮星为恒星的演化晚期，正在向白矮星过渡。亚矮星分为冷亚矮星和热亚矮星。

白矮星： 也称为简并矮星，是一种低光度、高密度、大质量、高温度的恒星。颜色呈白色、体积比较小，因此被称为白矮星，是演化到末期的恒星，主要由碳构成，外部覆盖一层氢气与氦气。白矮星在亿万年的时间里逐渐冷却、变暗。

黑矮星： 是指白矮星进一步冷却的结果，为大约 1 个太阳质量的恒星演化的终及产物。主要以碳和少量氧、低温简并电子气体组成，由于整个星体处于最低的能态，因此无法再产生能量辐射了。黑矮星不是矮星，目前还没有白矮星冷却成黑矮星。

暗矮星： 是指恒星末期超新星爆发以后，达不到形成黑洞的质量而留下的冷核，是体积小、密度很高、类似太阳的白矮星继续演变的产物。其表面温度下降，停止发光发热，是一颗已经死亡了的恒星，再过几亿年，它将会变成星云的一部分，之后会孕育出新的恒星。

褐矮星（棕矮星）： 是构成类似恒星，但质量不够大，不足以在核心点燃聚变反应的气态天体。其质量介于最小恒星与最大行星之间。褐矮星非常黯淡，发现它们很困难，确定它们的大小就更加复杂。

甲烷矮星： 光度暗弱但颜色非常红，质量不足太阳的8%，有甲烷的吸收线，与棕矮星一样都是夭折了的恒星，表面温度只有1,000开左右。甲烷矮星的一生寂寂无闻，既不会爆炸，也不会化成美丽的行星状星云。

亚矮星

白矮星

棕矮星

新星及分类

新星，即新出现的星，根据爆发的晚年恒星质量的大小，分为新星和超新星。

新星：爆发变星的一种，由于其突然出现而被认为是刚刚诞生的新恒星，所以被称为"新星"。其突然发光的原理是恒星步入老年(白矮星)时，其中心会向内收缩，而外壳却朝外膨胀，会抛掉外壳而释放大量的能量，使自身的光度突然增加到原来的几万倍到几百万倍。

超新星：爆发变星的一种，是大质量恒星在接近末期时经历的一种剧烈爆炸。爆发时光度突增到原来的一千万倍以上，其电磁辐射能照亮其所在的整个星系，并且持续几周至几个月才会逐渐衰减变为不可见。超新星分I型和II型两类，分别用SN I和SN II表示。

超新星遗迹：恒星通过爆炸会将其大部分甚至几乎所有物质以高至十分之一光速的速度向外抛散，并向周围的星际物质辐射激波，会导致形成一个膨胀的由气体和尘埃构成的壳状结构，被称为超新星遗迹。

编者注：图片改自Hubble的图片。

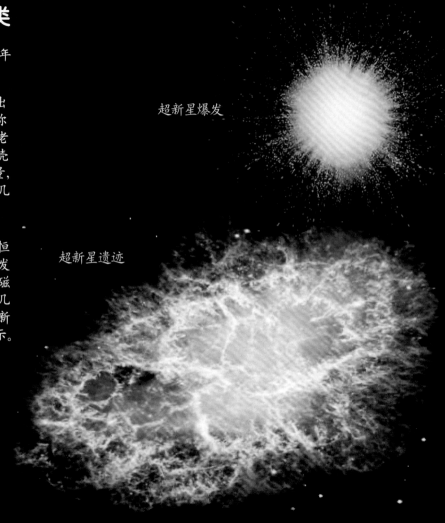

超新星爆发

超新星遗迹

再发新星：爆发变星的一种，每隔几年到几十年爆发一次，与经典新星的光变曲线相似，只有出现第二次或更多次爆发时才能确定为再发新星。

矮新星：指爆发规模较小、频次较高的激变变星。每隔几天至几千天发生一次爆发，亮度可在1~2天内增加2~8个目视星等，然后缓慢地下降到之前的状态。这可能是冷星突然大量抛射物质，外层大气很快剥离，暴露出温度较高的内层所造成。

类新星：指类似新星的爆发变星。爆发的次数频繁，光变幅比新星和再发新星小，周期性不强，光谱特殊。

耀星：是指几秒到几十秒内亮度突然增加几星等至几十星等的一类特殊的爆发变星，经过十几分钟或几十分钟后又慢慢复原。

僵尸恒星：是指濒临死亡的恒星，内部坍塌，表面完好，发光暗淡，但仍以惊人的速度进行自转，自转周期仅需2.6秒，并产生强烈的磁场。僵尸恒星通常以最后的殉爆来结束一生，其后却能通过吞噬周围恒星的物质起死回生，但最终结果还是会爆炸。它的正式名称是XS型超新星。研究它有助于进一步了解使宇宙加速膨胀的原动力——暗能量的性质。

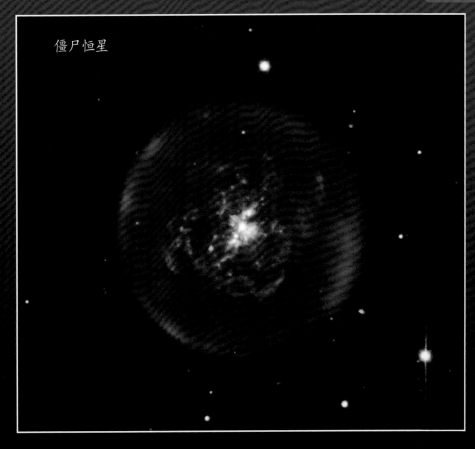

僵尸恒星

变星

变星：指亮度会发生变化的星体。按光变成因分为内因变星和外因变星。内因变星，亦称物理变星，包括脉动变星、爆发变星、激变变星等；外因变星，亦称几何变星，包括旋转变星、椭球变星和食变星等。

脉动变星：指由脉动引起亮度变化的恒星。由于恒星体内周期性的膨胀与收缩，引起恒星半径、表面积、温度、光度、总辐射能量等变化，它的亮度也周期性地变亮与变暗。其颜色、光谱型、视向速度、磁场等也都随之发生变化。脉动变星有规则的、半规则的和不规则的之分，主要分为四个类型：长周期造父变星、短周期造父变星、长周期变星和半规则变星。

爆发变星：一种亮度突增的变星。光度突变前星体处于相对稳定或缓变状态。通常把新星、矮新星和类新星统称为爆发变星，还包括非几何因素引起的亮度突然增加的超新星和耀星等几种恒星，其中有的被称为灾变变星。新星爆发极猛，亮度激增9星等以上，有的甚至在白天都可见到，经过一段时期又逐渐暗弱下来。

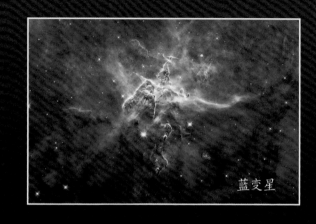
蓝变星

金牛T型星

激变变星：一种亮度突然激烈增强的变星。通常由一颗白矮星和一颗晚年恒星组成，后者充满其临界等位面，并向前者转移物质，是半接双星系统，亦称激变双星。系统亮度的变化与质量转移密切相关。主要次型有新星、再发新星、矮新星和类新星变星。

星云变星：发生在各种亮或暗的弥散星云中或其附近，并与星云有物理联系的变星。根据光变曲线形状和光谱特征可分为五类：御夫RW型星、猎户T型星、金牛T型星、某些耀星和特殊星云变星等。

编者注：本页图片来自Hubble。

造父变星

造父变星：脉动变星的一种。它的光变周期（即亮度变化一周的时间）与它的光度成正比，即周光关系，我们可利用这个周光关系测量星际和星系际的距离，因此造父变星也被誉为"量天尺"。造父变星的光谱类型为F6～K2型，在一个光变周期中，亮度最高时温度最低，颜色偏红；亮度最低时温度最高，颜色偏蓝。典型的造父变星是仙王座δ星，中国星名为造父一，因此而得名。造父变星分为长周期造父变星和短周期造父变星。

长周期造父变星：即脉动变星的一种，光变周期1～50天，光变幅约1星等，典型星为仙王座δ星。

短周期造父变星：即脉动变星的一种。光变周期0.05～1.5天，光变幅超过2.5星等。天琴RR型变星或星团变星与造父变星有类似的周光关系，也可以用来测定距离。

造父变星距离：利用造父变星的周光关系，我们可以确定它及它所在的河外星系的距离。造父变星的光变周期越长，其光度或绝对星等就越大。由测得的光变周期可以求出它们的绝对星等，再将绝对星等与测得的视星等比较，就可以求出它们的距离。

周光关系：指造父变星具有的光变周期和绝对星等之间的关系。造父变星的光变周期越长，其光度越大。周光关系既简单又精确，因此它是测定银河系内一些恒星集团的距离和邻近的河外星系距离的重要方法。研究表明不同类型的造父变星，其周光关系也不相同。造父变星包括两种性质不同的类型：星族I造父变星（或称经典造父变星）和星族II造父变星（或称室女W型变星）。

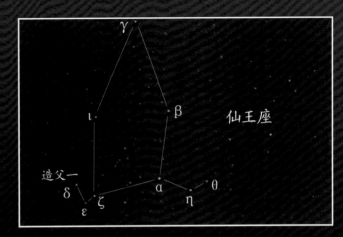

仙王座

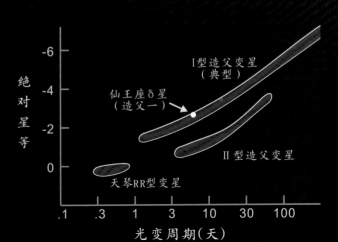

食变星和共生星

食变星: 指两颗恒星在相互引力作用下围绕公共质量中心运动，相互绕转，即一颗星从另一颗星前面通过，彼此掩食，从而造成亮度发生有规律的、周期性的变化。亦称交食双星、食双星、光度双星。

主星

伴星

掩食后变暗了

主星

伴星

食变星本来的亮度

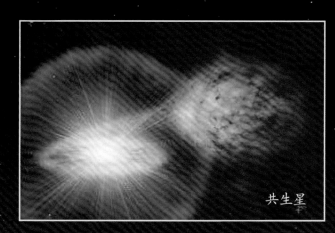

共生星

变星的命名: 用大写拉丁字母加上星座名作为变星名称。在每一个星座里按变星发现的次序，从字母R开始命名，到字母Z，然后用两个字母RR、RS、RT到ZZ，再用前面字母AA、AB、AC一直起到QZ，其中字母J完全不用，共25个字母，共有334个符号。如果某星座中的变星超过334颗，那么新发现的变星就依次记作V335、V336……再加上星座名称。

共生星: 同时出现而属于不同类型的两颗恒星。观测特征兼有低温吸收光谱和高温发射线，是包含气体星云的长周期双星系统。其中白矮星吸积来自红巨星的物质，形成吸积盘。银河系中的共生星多分布在银道面附近。

双星

光学双星：从地球上看，把透视上凑巧靠近，而实际距离很远的双星叫光学（错觉）双星。

物理双星：把互相间有引力作用绕着它们共同的质量中心运行的两颗恒星，叫物理双星。在物理双星中，两颗恒星的交食使恒星星等发生变化的叫食双星；光谱发生红蓝移的双星叫分光双星；发出不同光谱线的双星叫光谱双星；用望远镜可以分辨的双星叫目视双星。

子星：组成物理双星或聚星的成员恒星。亮度强、质量大或温度高的子星为主星；而亮度暗、质量小或温度低的子星为次星或伴星。

双星：人们把能够观测到的两颗在一起的星，叫双星。双星分为光学双星和物理双星。

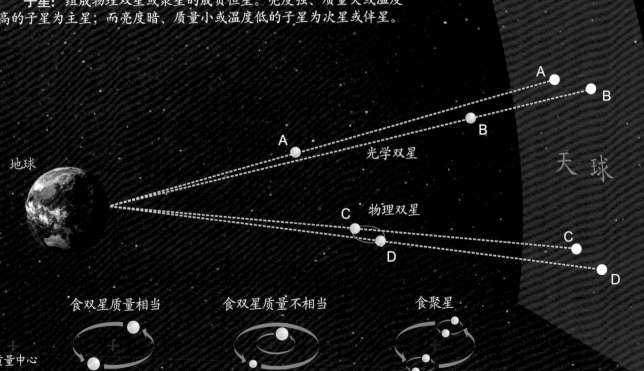

A
B
A
B
地球
光学双星
天球
C
物理双星
D
C
D
食双星质量相当
食双星质量不相当
食聚星
质量中心

行星

行星： 自身不发光的，质量足够大到克服固体引力以达到流体静力平衡的，近球体形状的，在椭圆形轨道围绕恒星运转的，且同一公转轨道上不能有其他大的天体，叫行星(旧称大行星)。行星本身转动叫自转，围绕恒星运转叫公转，公转方向常与所绕恒星的自转方向相同。太阳系目前有八颗(大)行星，地球是太阳系的(大)行星之一，还有水星、金星、火星、木星、土星、天王星和海王星。绕太阳运转的还有矮行星和小行星及其他类型的小型天体。

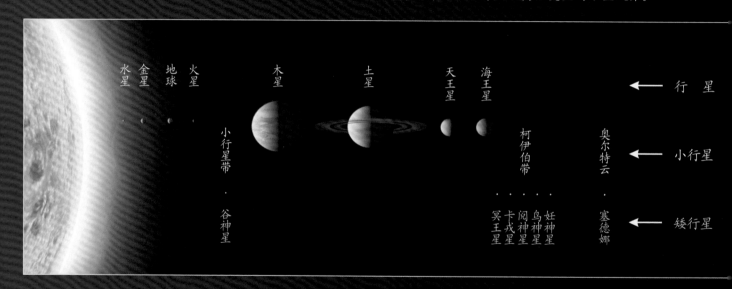

矮行星： 指体积介于行星和小行星之间，围绕太阳运转，质量足以克服固体引力以达到流体静力平衡的近圆球形状的小天体。其所在轨道上的其他天体没有被清空，同时不是一颗卫星，也不是行星的卫星。已发现的矮行星有小行星带的谷神星，柯伊伯带的冥王星、卡戎星、阋神星、鸟神星、妊神星及奥尔特云的塞德娜。

小行星： 是太阳系内环绕太阳运动的非行星、非部分矮行星、非卫星、非彗星的天体。

类冥矮行星： 分布在海王星之外的矮行星叫类冥矮行星。

典型的小行星和矮行星

近地小行星
阿登型小行星：此型小行星的轨道半径多小于1天文单位，远日点0.983天文单位，甚至超过地球轨道，而近日点却在水星轨道内，最短半主轴的小行星是2004JG6。椭圆轨道偏心率较高，与地球轨道有交叉而形成威胁。而之前预测的2036年对地球有威胁的小行星99942，目前已排除威胁。

阿莫尔型小行星：此型小行星中较知名的有爱神星。此外，火卫一和火卫二有可能原属于阿莫尔型小行星，后来被火星的引力掳获成为了它的卫星。

阿波罗型小行星：此型小行星总数已超过8,000颗，获得编号的有1,000多颗，其中有的小行星在距地球几十千米处飞过，成为已知的距离地球最近的近地小行星。

阿波希利型小行星：此型小行星轨道接近地球轨道，已发现数十颗，属近地小行星。

小行星带内
小行星带内最知名的是谷神星，从大到小还有智神星、灶神星、健神星、戴维达星、英特阿米尼亚星、虏神星、婚神星、林神星、尤诺米娅星、丽神星、灵神星、自然女神星、斑贝格星、佩特蒂亚星、昏神星、驭神星、大力神星、欧仁妮星等。

谷神星

木星族小行星
亦称特洛伊族小行星，其轨道并非停留在拉格朗日点土星前后不动，而是沿着一条蝌蚪形的复杂轨道围绕该点运行。此外还有土星族小行星、天王星族小行星、海王星族小行星。

柯伊伯带内
柯伊伯带内有大量的矮行星，比较典型的有冥王星、卡戎星、阅神星、鸟神星、妊神星、亡神星等。

阅神星

冥王星卡戎星

鸟神星

妊神星

亡神星

奥尔特云内
奥尔特云内侧的塞德娜，属于矮行星。

塞德娜

小行星

小行星：是指除行星、彗星、卫星以外的环绕太阳运动，直径大于1米的天体。小行星无法通过自身引力形成球状而呈不规则形状。太阳系中在火星和木星之间的运行轨道上有大量的小行星，称为小行星带。此外，一些较大的小行星同时也是矮行星。而1米以下、10微米以上的物质是流星体。10微米以下的物质叫星际尘埃。另外，在海王星轨道以外的柯伊伯带也分布有大量的小行星。

行星际物质：是填充在太阳系内星体间的物质。行星际空间虽然空空荡荡，但并非真空，其中分布着极稀薄的气体和极少量的尘埃。

小行星的命名

小行星命名： 小行星是各类天体中唯一可以根据发现者意愿进行命名，并经国际组织审核批准从而得到国际公认的天体。小行星命名是一项国际性的、永久性的崇高荣誉，永载人类史册。

小行星命名规则： 小行星的名字由两部分组成，前面一部分是一个永久编号，后面一部分是一个名字，由国际小行星命名委员根据发现者的提议进行命名。

命名规则是：

1. 充分尊重发现者的提议；
2. 授予有贡献个人或团体；
3. 地名和事件可申请命名；
4. 政治家、军事人物及其事件须在逝世后或发生100年后才能命名。

张　衡　　　　　祖冲之　　　　　郭守敬　　　　　沈　括

世界上第一颗小行星是1801年发现的，被命名为小行星1号谷神星。目前，获临时编号的小行星近70万颗，获永久编号的小行星约40万颗，获得命名的约2万颗。这些命名中有中外著名的科学家、政治家、名人等等。第一个发现小行星的中国人是张钰哲，他于1928年在美国留学时发现的小行星被命名为中华星。在120多颗以中国杰出人物、中国地名和中国单位等命名的小行星中，以杰出人物命名的主要有：张衡星、祖冲之星、郭守敬星、沈括星、林则徐星等；以中国地名命名的主要有：北京星、广东星、香港星、澳门星、台湾星、上海星、西藏星、广州星、深圳星、紫金山星等；以单位或重点项目命名的主要有：希望工程星、南京大学星、北师大星、光彩事业星、中国科学院星、自然科学基金星等。

随着观测手段的进步，小行星的发现也越来越多，小行星的命名也不再那么神圣，特别是近几十年来每天以七八颗的数量增加，有数万颗小行星在排队等待命名，还有十数万颗小行星在等待确认中。中国有许多天文爱好者陆续发现了小行星、彗星甚至恒星，包括宁波的金彰伟、广州市第七中学的叶泉志、华南农业大学的袁凤芳。其中，金彰伟被誉为中国小行星第一人，他发现了300多颗小行星，2颗超新星和3颗彗星。

小行星带

阿波罗型小行星： 近地小行星的子类之一，轨道近日距小于1天文单位，可深入到金星甚至水星轨道，至今已发现约7,000颗。轨道倾角大、偏心率大、体积小。有些小行星的轨道与地球轨道相交，平均每10亿年会有1颗与地球碰撞。

小行星带： 是太阳系内介于火星和木星轨道之间的小行星密集区域。小行星带内直径1千米以上的小行星约有100万颗，聚集原因除了太阳的万有引力以外，木星的万有引力起着更大的作用。区域空间距离太阳2.17～3.64天文单位。

特洛伊群小行星： 是与木星共用轨道，在轨道前方和后方60°的拉格朗日点中稳定的两个点位置上，一起绕着太阳运行的两大群小行星。它们在遥远的地方形成，被带到与木星大致相同的轨道上。以希腊英雄特洛伊命名，也称希腊群。

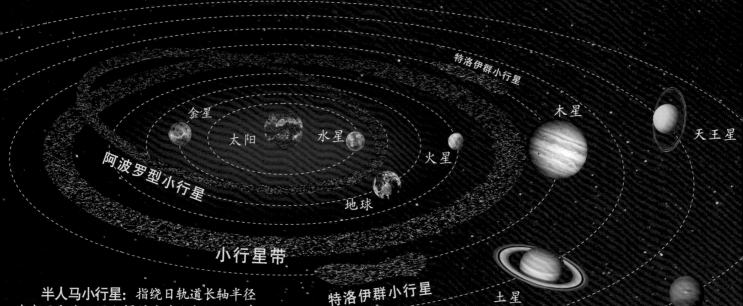

阿波罗型小行星

特洛伊群小行星

小行星带

金星
太阳
水星
火星
地球
木星
天王星
土星
海王星
特洛伊群小行星

半人马小行星： 指绕日轨道长轴半径在木星和海王星之间的冰冻小行星，以希腊神话中的半人马神(奥林匹克之父)命名。

近地小行星

近地小行星：指那些轨道与地球轨道相近（近日点小于1.3天文单位）的小行星。根据近日点距离和轨道半长径的数值，把近地小行星分为阿登型小行星、阿莫尔型小行星、阿波罗型小行星和近地其他小天体等。其中，近日点和远日点均在地球轨道以内的小行星，为地内小行星，亦称阿波希利型小行星；近日点和远日点均在地球轨道以外的小行星，称为地外小行星。目前被发现的近地小行星越来越多，其中有些近地小行星轨道偏心率较高，与地球轨道有交叉，这类近地小行星有撞击地球的危险。近地小行星可能来自海王星外围的柯伊伯带或更加遥远的奥尔特云，那里的彗星闯入行星轨道，在木星等大行星的引力交互作用下形成了近地小行星。近地小行星大小不一，有的直径超过千米。

阿登型小行星：以第一颗被发现的小行星"阿登"命名。轨道半长轴小于1天文单位但大于0.983天文单位，为地内小行星，与地球轨道没有交叉。

阿莫尔型小行星：以小行星1221的名字"阿莫尔"命名的。近日点均在地球轨道以外，介乎1.017～1.3天文单位之间，属于地外小行星，与地球轨道没有交叉，对地球没有威胁。

阿波罗型小行星：以小行星1862的名字"阿波罗"命名的。轨道的近日点小于1天文单位，可深入到金星甚至水星轨道以内，进入太阳系中心部分，故命名为太阳神。已发现7,000颗以上，最大的直径有8.5千米，是重要的陨石来源

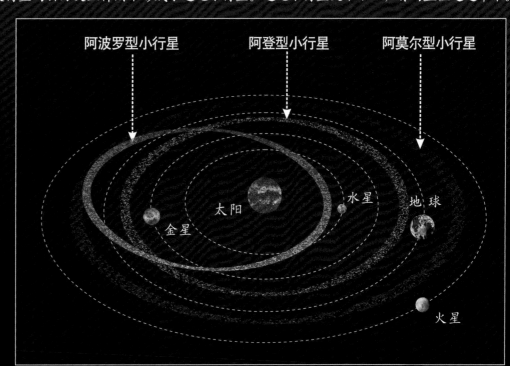

阿波罗型小行星　　　阿登型小行星　　　阿莫尔型小行星

太阳　　水星　　地球

金星

火星

柯伊伯带

柯伊伯带：指从海王星轨道向外延伸至约55天文单位处、黄道面附近、天体密集的扁圆环状区域。包含7万颗直径100千米的冰态小行星和几千亿颗彗星，总质量是小行星带的20到200倍。是来自环绕着太阳的较远的原行星的残余物质，由于较少受大行星的影响而未能结合成行星，一直稳定在接近黄道面的盘状区中而形成的小天体群，称为柯伊伯带。其中最大的天体的直径也不超过3,000千米。柯伊伯带不是太阳系的边界，向外延伸几千天文单位远还有奥尔特云。过去作为九大行星之一的冥王星，被降级为与谷神星、婚神星等相同的柯伊伯带中的一颗矮行星，更名为冥神星。

黄道离散天体：从距离太阳约30天文单位向外延伸到55天文单位处的星周盘，与柯伊伯带有部分重合。星周盘同样含有大量的太阳系小天体，它们偏离黄道面，平均轨道和偏心率比柯伊伯带的天体要高。

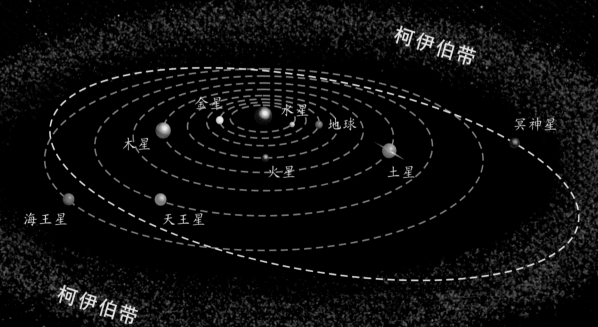

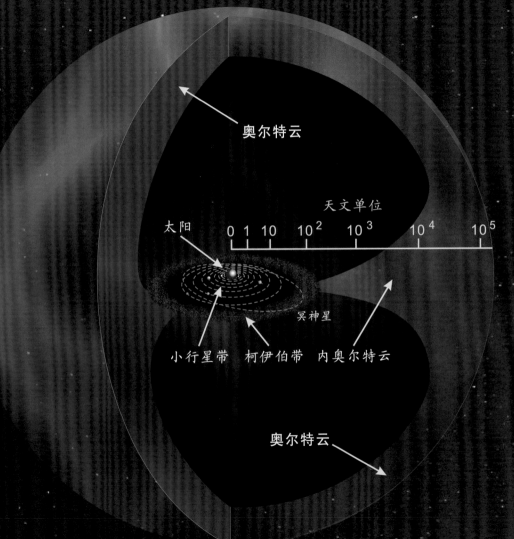

奥尔特云

太阳

天文单位

0 1 10 10^2 10^3 10^4 10^5

冥神星

小行星带 柯伊伯带 内奥尔特云

奥尔特云

奥尔特云

奥尔特云: 推测内缘距太阳2,000~5,000天文单位,外缘离太阳5,000~20,000万天文单位处,均匀地布满冰质星子的球层,叫奥尔特云。分为环状的内奥尔特云和椭球状的外奥尔特云。外奥尔特云的总质量约为地球的5倍。它们幽暗而不易被观测到,推测为长周期彗星的发源地。

奥尔特云的形成: 奥尔特云是46亿年前形成的太阳及其行星的星云之残余物质,包围着太阳系。当时组成奥尔特云的物质比柯伊伯带更接近太阳,因受大型气体行星引力的影响,渐渐被逐出太阳系内部,并"跨过"柯伊伯带,逐渐形成了均匀的椭圆形残余物质带而散布于太阳系的最外层。同时受附近的恒星摄动的影响,使得这些残余物质的轨道偏离了黄道面,最终奥尔特云形成了独特的圆球层状,并长期处于太阳系的最远方。

卫星

卫星： 指围绕行星、矮行星或小行星等天体并按闭合轨道做周期性运行的天然天体。不会发光，围绕着主星并随着主星绕恒星运转。至今太阳系已发现约173颗卫星。卫星按轨道特点分为规则卫星和不规则卫星两种，即顺行卫星和逆行卫星。

卫星的形成： 行星的原始星胚在向自身的引力中心收缩中，形成了一个转动的扁平星云盘，在星云盘的中央部分形成了行星本体，而在星云盘的外围部分则形成了卫星。卫星也可能是行星后来捕获的小天体。

编者注：图片采自NASA/JPL。

木星的卫星

卫星的形成

规则卫星： 规则卫星的轨道近似圆、倾角小、与主星同向旋转且距中央主星较近，它们可能与主星一样产自原星盘中的同一片区域。

不规则卫星： 不规则卫星的轨道偏心率较大、倾角大，有时甚至会反向旋转。位置远离中央主星，分布不符合提丢斯－波得定则，其轨道面的进动主要受太阳的控制。它们很可能是后期被主星捕获的小天体。

太阳系中的不规则卫星： 近20年陆续发现了上百颗不规则卫星环绕着木星、土星、天王星和海王星运转。诸如木卫六至木卫十、土卫八和土卫九、海卫一和海卫二等

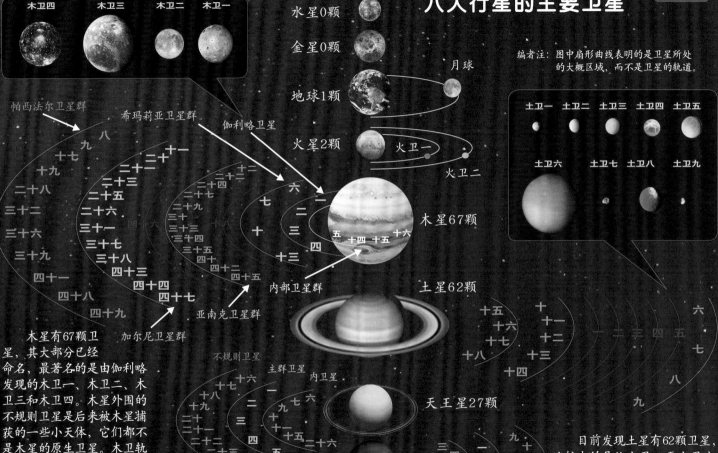

八大行星的主要卫星

木卫四　木卫三　木卫二　木卫一

水星0颗

金星0颗

月球

地球1颗

火星2颗　火卫一

火卫二

帕西法尔卫星群

希玛莉亚卫星群

伽利略卫星

编者注：图中扇形曲线表明的是卫星所处的大概区域，而不是卫星的轨道。

土卫一　土卫二　土卫三　土卫四　土卫五

土卫六　土卫七　土卫八　土卫九

内部卫星群

亚南克卫星群

加尔尼卫星群

木星67颗

木星有67颗卫星，其大部分已经命名，最著名的是由伽利略发现的木卫一、木卫二、木卫三和木卫四。木星外围的不规则卫星是后来被木星捕获的一些小天体，它们都不是木星的原生卫星。木卫轨道离心率有大有小，有的轨道方向与木星自转方向相反，公转周期从7小时到3年不等。

不规则卫星

主群卫星

内卫星

土星62颗

天王星27颗

海王星14颗

内部小卫星 其他小卫星

目前发现土星有62颗卫星，比较大的是从土卫一至土卫十八，还有34颗已经命名和10颗未命名的迷你型卫星。

彗星

　　彗星：指进入太阳系内亮度和形状会随着与太阳的距离变化而变化的绕日运动的天体，外貌呈云雾状。彗星体分为彗头和彗尾两部分，并整个被慧云包围着。彗头由彗核、彗发构成。彗核是彗头的主要部分，由冰物质构成。当彗星接近恒星时，彗星物质蒸发，在冰核周围形成朦胧的彗发和一条由稀薄物质流构成的尘埃彗尾和离子彗尾。由于受太阳风的压力，离子彗尾总是指向背离太阳的方向形成一条长长的彗尾，而尘埃彗尾则尾随彗头在轨道上移动。彗星的形状像扫帚，所以中国古称为扫帚星。目前发现的彗星有5,200多颗。

　　彗星的成分：主要由岩石、水冰、二氧化碳、氨、甲烷等及少量的复杂有机物组成。

　　彗星的运行轨道：多数为抛物线或双曲线，少数为椭圆。流星和彗星没有必然联系，但流星大都是由彗星尾迹产生的。

彗星轨道

太阳

尘埃彗尾

离子彗尾

彗发

彗核

阳光

彗星运动方向

彗星的结构

彗星的分类

彗星的分类：根据轨道类型，彗星分为周期彗星和非周期彗星。周期彗星又分短周期彗星和长周期彗星。彗星的轨道可能会受到行星的影响产生变化。当彗星受行星影响而加速时，它的轨道将变扁，甚至成为抛物线或双曲线，从而使这颗彗星脱离太阳系；当彗星受到行星影响而减速时，轨道的偏心率将变小，从而使长周期彗星变为短周期彗星，甚至从非周期彗星变成周期彗星。

周期彗星：是指轨道椭圆，且能定期回到太阳身边的彗星。绕太阳公转周期短于 200 年的为短周期彗星，绕太阳公转周期超过 200 年的为长周期彗星。

非周期彗星：轨道为抛物线或双曲线的彗星，终生只能接近太阳一次，一旦离去就会永不复返。这类彗星来自奥尔特云，受银河系引潮力影响进入内太阳系。或许是无意中闯进太阳系的非太阳系成员，最终返回到宇宙深处。

主带彗星：是小行星带内的天体，但在部分的轨道上会呈现出彗星的活动和特征。是半长轴大于 2 天文单位，但不超过 3.2 天文单位的小行星，其近日点不小于 1.6 天文单位。主带彗星是基于轨道和它存在的位置扩展出来的分类，并不意味着这些天体是彗星。

木星族彗星：周期小于20年的短周期彗星，轨道倾角小且受木星引力控制的彗星。此类彗星还有土星族、天王星族、海王星族、海王星外彗星族以及恩克型、哈雷型和喀戎型等。

大型彗星

小型彗星

彗星的来源和命名

彗星的来源： 彗星的来源是多渠道的。一般认为，在太阳系外缘有一个包围着太阳系的散满冰块的球层，叫奥尔特云。冰块约有数千亿颗，由于受到其他恒星引力的影响，一部分冰体进入太阳系内部，又由于木星的影响，一部分逃出太阳系，另一些被"捕获"成为短周期彗星。也有人认为彗星是在木星或其他行星附近形成的；还有人认为彗星来自小行星带或柯伊伯带；甚至有人认为彗星是来自太阳系外的星际物质。

彗星的命名： 1995年起，国际天文联合会采用以半个月为单位，按英文字母顺序排列的新彗星编号法。按照除了I和Z以外的24个英文字母的顺序和日期排列，如1月份上半月为A，1月份下半月为B，以此类推至12月下半月为Y。再以1、2、3等数字序号编排同一个半月内所发现的彗星。为方便识别彗星的状况，在编号前加上标记：A是小行星，P是确认回归1次以上的短周期彗星，P的前面再加上周期彗星总表编号，C是长周期彗星，X是尚未算出轨道根数的彗星，D是不再回归或可能已消失了的彗星，S是新发现的行星的卫星。如果彗星破碎分裂成三个以上的彗核，则在编号后加上-A、-B等以区分每个彗核。回归彗星方面，如彗星再次被观测到回归时，则在P(或可能是D)前加上一个由IAU小行星中心给定的序号，以避免该彗星回归时被重新标记。彗星通常以发现者来命名，但有少数则以其轨道计算者来命名

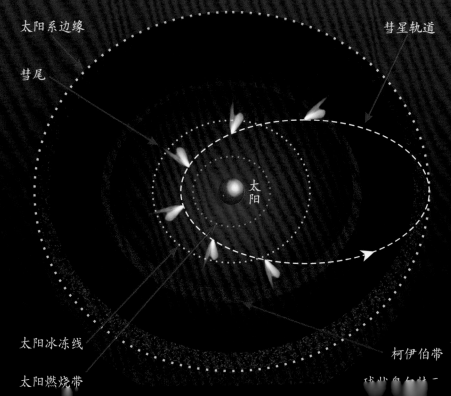

太阳系边缘

彗星轨道

彗尾

太阳

太阳冰冻线

太阳燃烧带

柯伊伯带

球状奥尔特云

流星和陨星

陨石分类
- 铁陨石
- 石陨石
  - 球粒陨石
    - 普通球粒陨石
    - 碳质球粒陨石
    - 顽辉球粒陨石
  - 无球粒陨石
    - 顽辉无球粒陨石
    - 橄辉无球粒陨石
    - HED无球粒陨石
    - 钛辉无球粒陨石
    - 月球陨石
    - 火星陨石
- 石铁陨石
  - 橄榄陨铁
  - 中铁陨石

流星: 行星际空间的尘粒和固体块(流星体)闯入地球大气圈同大气摩擦燃烧产生的光迹。若它们在大气中未燃烧尽，落到地面后就称为"陨星"或"陨石"。流星体原是围绕太阳运动的，在经过地球附近时，受地球引力的作用，改变轨道进入地球大气圈而产生了流星，或由彗星尾迹的物质闯入大气而产生。许多流星从星空中某一点(辐射点)向外辐射散开，这就是流星雨。流星的半径和质量彼此相差很大，不能一概而论。如果撞击地球的小天体直径在10千米以上，其造成的破坏将会使地球上的所有生物灭绝。

陨星: 指进入地球大气圈、未完全燃烧而降落于地球表面的大流星体。大约有92.8%的陨星主要成分是硅酸盐，被称为石陨星或陨石；5.7%是铁和镍的称为铁陨星或陨铁；还有这三种物质的混合物被称为石铁陨星。后来又发现了第四类陨星——陨冰，外表与普通冰区别小，落地后很快融化。此外在某些地区还有玻璃陨石，常呈黑色或深绿色。

陨星特点: 陨星一般呈不规则形态，新降落的陨石通常包有一层小于1毫米的黑色或深褐色的熔壳，同时还具有流纹或流线构造。陨石由于含有Fe-Ni金属，密度一般大于地球的岩石，至少为3.3克/立方厘米，而陨铁的密度超过7.5克/立方厘米。陨石在通过大气层时，其表面会烧蚀并产生熔壳，大多数陨石的熔壳呈黑色，但坠落时间较久远的陨石熔壳可以因风化作用而变成深褐色。需要注意的是，玻璃陨石（又称"雷公墨"）可能有其他颜色，但它并不属于陨石，通常认为它们是陨星撞击地面时飞溅的地表物质和陨星碎屑冷却形成的。陨石极少呈大致球形或者有尖角，大多数陨石的形状都比较不规则，但边角都比较圆滑。陨石也极少有天然形成的空洞，大多数陨石的表面都相当光滑，有许多陨石表面有类似于拇指按过的气印。陨石都或多或少地具有磁性，铁陨石尤其明显。

流星雨

流星雨：有许多流星看起来从夜空中一个辐射点辐射出来的天文现象，因成团的流星体以平行轨迹高速冲入地球大气而产生。每小时一颗流星的流量就可以称为流星雨，数量特别庞大的称为"流星暴"，每小时流量可能超过一千颗。大多流星体因太小会在大气层内被销毁。

火流星：较大的流星体高速与地球大气层剧烈摩擦，会产生耀眼的光亮，亮度超过金星的，叫火流星。火流星穿过的路径上，会留下云雾状的长带，被称为流星余迹。有的火流星以一次剧烈的爆炸而结束，被称为发声火流星。

流星雨成因：彗星靠近太阳时冰气融化，使尘埃颗粒被喷出母体布满彗星轨道附近并绕太阳运行，当地球穿过这些尘埃颗粒时就会发生流星雨。每年地球都会在相似的日期分别穿过不同的彗星轨道，便产生周期性流星雨。根据母彗星与太阳的远近不同情况，流星雨分为近彗星型和远彗星型两种。

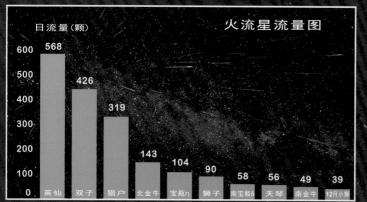

火流星流量图

日流量（颗）

英仙	双子	猎户	北金牛	宝瓶η	狮子	南宝瓶δ	天琴	南金牛	12月小熊
568	426	319	143	104	90	58	56	49	39

金星　太阳　水星　地球　木星　火星　彗星轨道尘埃

天 文 学

TIANWEN XUE

天体的位置

天体的位置： 天体的位置一般采用赤道坐标系标示，即用赤经和赤纬来描述天体的位置。

赤经： 赤经相当于地球的经线，常采用时(ʰ)分(ᵐ)秒(ˢ)计量，起始点是黄道与赤道的升交点（春分点），为0ʰ，逆时针方向绕天球赤道一圈为24ʰ。

赤纬： 赤纬相当于地球的纬线，采用度(°)分(′)秒(″)计量，天赤道为0°，到北天极为+90°，到南天极为−90°。

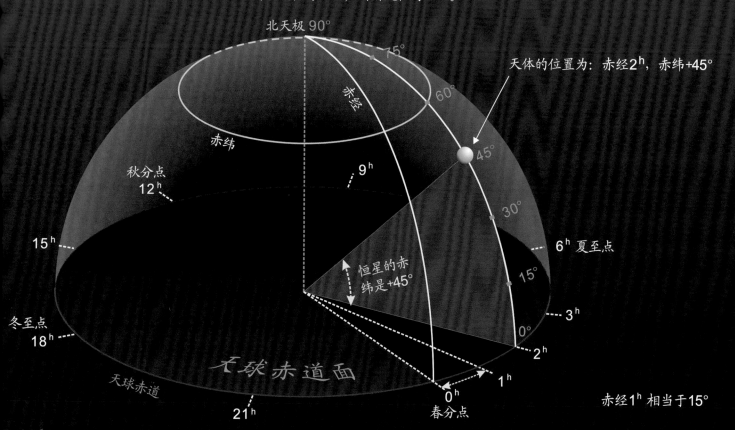

天体的位置为：赤经2ʰ，赤纬+45°

恒星的赤纬是+45°

赤经1ʰ 相当于15°

天球的坐标系统

天球的坐标： 为确定天体在天球上的位置而规定的坐标。有地平坐标系统、赤道坐标系统、黄道坐标系统和银道坐标系统，由下列条件规定：

1. 基本圈和极；
2. 辅助圈；
3. 原点和经度、纬度的量度方向。

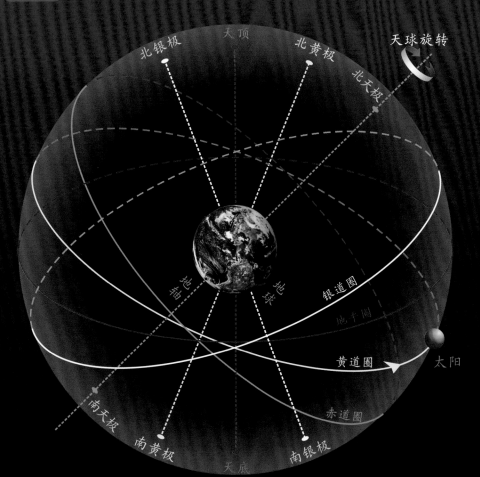

坐标系统	地平坐标系统	赤道坐标系统	黄道坐标系统	银道坐标系统
基本圈	地平圈	赤道圈	黄道圈	银道圈
极	天顶 天底	北天极 南天极	北黄极 南黄极	北银极 南银极
原点	北(南)点	春分点或天球中间原点	春分点	银心方向
辅助圈	地平经圈	赤经(时)圈	黄经圈	银经圈
坐标名称	地平经度 地平纬度	赤经 赤纬	黄经 黄纬	银经 银纬
量度方向	顺时针的方向(地平经度)，向北为正(地平纬度)	与天球周日运动相反的方向(赤经)，向北为正(赤纬)	从北黄极看沿逆时针方向(黄经)，向北为正(黄纬)	从北银极看沿逆时针方向(银经)，向北为正(银纬)

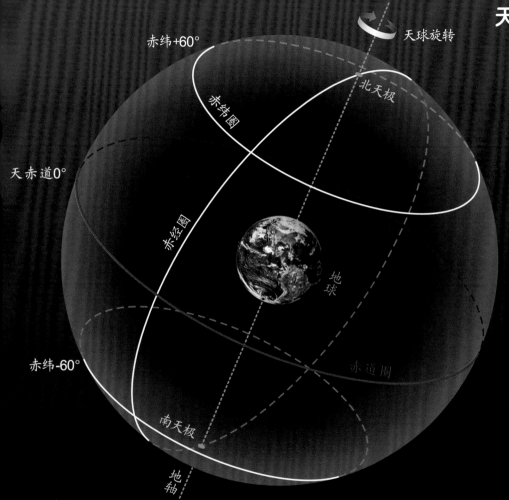

天球的赤道坐标

天球： 为便于标记和度量天体的位置和运动，将所有天体看似附在以地球或太阳为中心无限大的假想圆球面上，这个假想球叫天球。分为地心天球和日心天球。地心天球与假想静止的地球同心同轴，地球两极的正上方分别是天球的南北两天极，在北天极上看，天球是逆时针转动的，天球上的天体都在平行于天球的赤道移动。天球的半径可为任意长短，可长到无穷大，或短到只有一个月球作为天体的天球。

赤经圈： 通过两个天极的所有大圆为赤经圈。赤经用时间单位的时（h）分（m）秒（s）来度量。在天赤道上从春分点逆时针方向赤经量度为0^{h}至24^h。

赤纬圈： 与天赤道平行的圈为赤纬圈。赤纬用角度单位的度（°）分（′）秒（″）表示。天赤道为0°，以南为负，以北为正，向南北天极的赤纬量度分别为0°～-90°和0°～+90°。

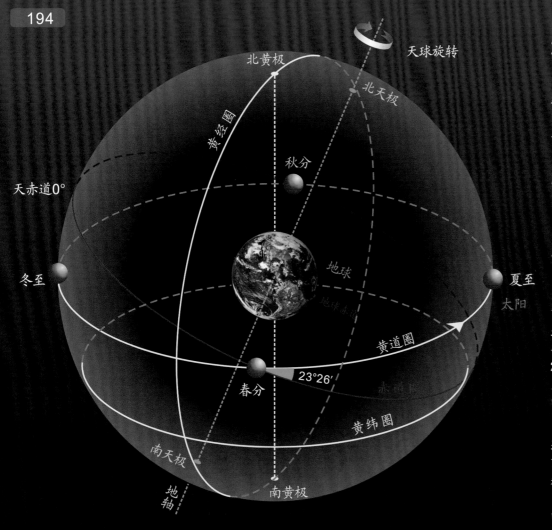

天球旋转

北黄极

北天极

黄经圈

秋分

天赤道0°

冬至

地球

23°26′

太阳

夏至

黄道圈

春分

黄纬圈

南天极

地轴

南黄极

天球的黄道坐标

　　黄道：地球绕太阳公转的轨道平面与天球相交所形成的大圈，即在地球看，太阳于一年内在恒星之间所走的视路径。

　　天赤道：地球赤道平面扩到同天球相交所形成的大圆圈。

　　黄道与天赤道交角：黄道与天赤道相交于春分点和秋分点，其交角为23°26′。

　　二分点：黄道与天赤道相交的两个点，即每年3月21日前后，太阳沿黄道由南半天球进入北半天球通过天赤道的那个升交点为春分点；每年9月23日前后，太阳沿黄道由北半天球进入南半天球通过天赤道的那个降交点为秋分点。

　　二至点：黄道上距离天赤道最远的两点。每年6月22日前后，太阳到达黄道上最北的那一点为夏至点；每年12月22日前后，太阳到达黄道上最南的那一点为冬至点。

天球的地平坐标

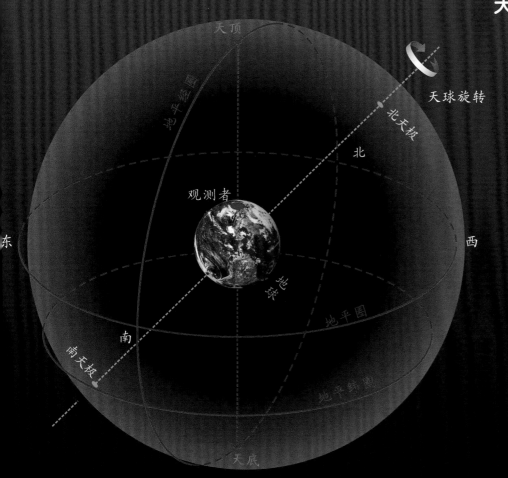

天顶: 天体的地平坐标系的基本点,有天文天顶、测地天顶和地心天顶。观测点的铅垂线与天球上方相交的一点,叫天文天顶。地球的参考椭圆面上一点的法线方向与天球上方相交的一点,叫测地天顶。观测点与地球中心连线与天球上方的交点,叫地心天顶。

天底: 观测点和天顶连线与天球下方相交的一点。分为天文天底、测地天底和地心天底。

地平圈: 通过观测者垂直于天顶与天底连线的平面,该平面与天球相交的大圆,叫地平圈。

地平经圈: 即垂直圈,天球上经过某地的天顶和天底的任意大圆。

地平纬圈: 即平行圈或等高圈,天球上与地平圈相平行的任意小圆。

天顶距: 由天顶沿垂直圈量度到某一天体的角距离。

四方点: 即方位点,地平圈上东点、南点、西点、北点四点的总称。

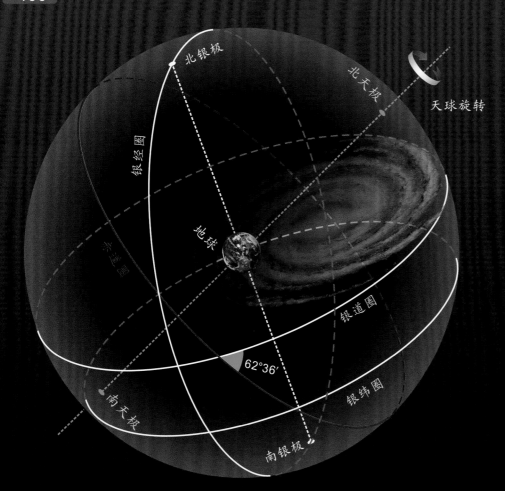

北银极

北天极

天球旋转

银经圈

地球

62°36′

银道圈

银纬圈

南天极

南银极

天球的银道坐标

银道坐标： 天体在天球上的位置以银经和银纬两个坐标表示，即以银道面作为基本平面的坐标系统。一般用于研究银河系天体的分布和运动等。

银道圈： 银河系的对称平面（银道面）与天球相交的大圆。

银经： 银心方向（人马座A）的银经圈和通过某一天体的银经圈在银极所成的角度，或在银道上所夹的弧长，为该天体的银经。

银经的计量： 计量从银心方向为0°起算，沿逆时针方向（从北银极处看）一周到360°。

银纬： 天球上由银道沿银经圈到天体的角距离为该天体的银纬。

银纬的计量： 计量从银道起算到银极，由0°～90°，银道以北为正，银道以南为负。

银道面与天赤道面的夹角： 交角为62°36′，历元1950.0的升交点的赤经为18^h49^m。

天球的极

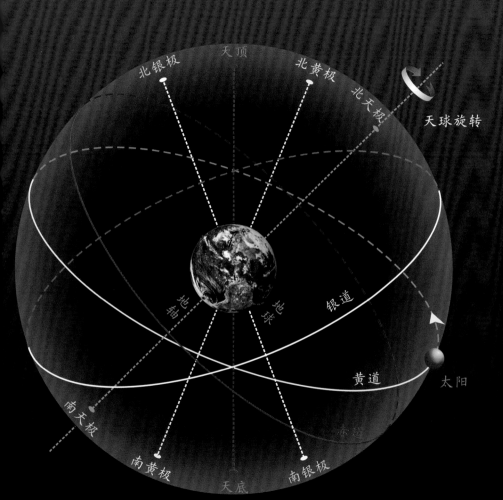

极：在球面上和一个大圆上各点角距离相等的两点为该大圆的极。

地极：地球自转轴与地球表面相交的两点，叫地极。在北半球的为北极，在南半球的为南极。

天极：地球自转轴延长与天球相交的两点，叫天极。在天球北的为北天极，在天球南的为南天极。

黄极：在天球上与黄道角距离都是90°的两点，叫黄极。靠近北天极的为北黄极，靠近南天极的为南黄极。黄极与天极的角距离等于黄赤交角。

银极：在天球上与银道角距离都是90°的两点，叫银极。靠近北天极的为北银极，靠近南天极的为南银极。银极与天极的角距离等于银道与天赤道交角。

极距：即北极距，由天球的北极沿赤经时圈到天体的角距离。从北天极量起，极距=90°-赤纬。

图中标注：天顶、北银极、北黄极、北天极、天球旋转、地轴、地球、银道、黄道、太阳、南天极、南黄极、南银极、天底、赤道

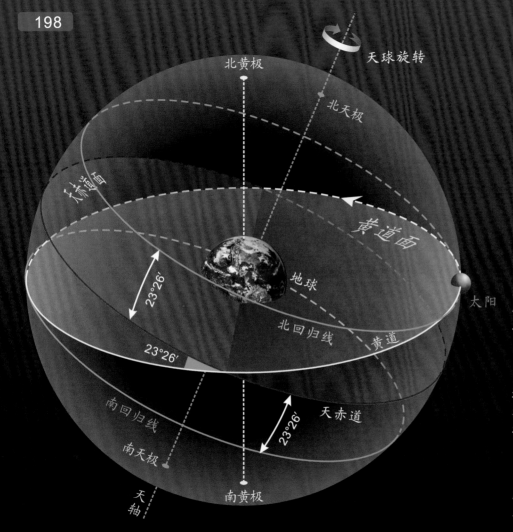

黄赤交角

天球赤道面： 地球赤道面的无限延伸，因此与地球赤道面的夹角为0°。

黄道面： 指地球公转的轨道平面的无限延伸。天球赤道面与黄道面的夹角为23°26'。但由于地球公转受到月球和其他行星的摄动，地球公转轨道并不是严格的平面，即在空间产生不规则的连续变化。

黄赤交角的变化： 由于地球的章动，黄赤交角最大的变幅为9″，周期为18.6年。另外，在太阳系内行星引力的作用下，黄道面的位置发生变化，使黄赤交角有一个长期的变化。目前，黄赤交角每百年减小约47″。

回归线： 在天球上赤道北和南各23°26'的两个赤纬圈，即太阳所能到达的两个极限位置，夏至日太阳到达北回归线后即转向南去；冬至日太阳到达南回归线后即转向北去。

黄道区： 天球上南北回归线之间为黄道区，由于岁差作用，发生春分点西移现象，使倾角23°26'的黄道面在该区逆时针旋转，周期为25,786年。

交点退行

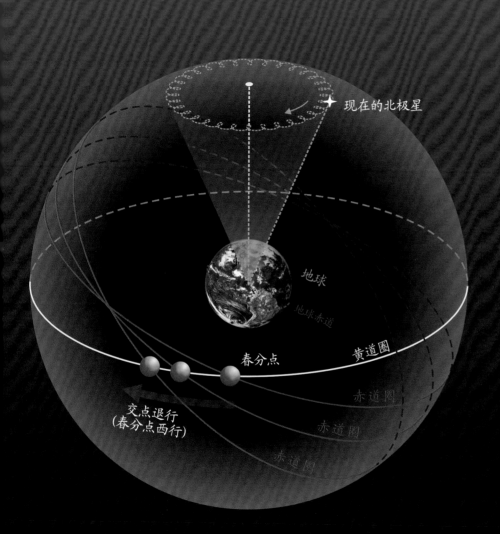

现在的北极星

地球

地球赤道

春分点

黄道圈

赤道圈

赤道圈

赤道圈

交点退行
(春分点西行)

交点退行: 天体轨道的升交点经度逐渐减小的现象。地球和月球的轨道的交点退行主要是由于地球是一个扁球体引起的。

地球交点退行, 就是说春分点并非固定在某个方向上。春分点是以黄道与赤道两个平面相交的位置来确定的, 升交点为春分点。

一般来说, 地轴的指向是固定不变的——始终指向北极星附近。但事与愿违, 地轴并不是固定指向的, 而是以非常缓慢的速度在进动 (摆动), 进动周期约为25,786年。这是因为地球这个旋转体本身就是一个陀螺仪, 陀螺仪的固有特性就是转轴会缓慢地进动。由于地轴的进动, 而导致赤道面也在相应地缓慢转动, 赤道面与黄道面的升交点即春分点因而也会缓慢地向西移动, 出现交点退行的现象。

地轴进动也叫岁差, 岁差会导致太阳两次回到春分点的周期 (回归年)比地球公转一周的周期(恒星年)短。

进动和章动

进动: 地球在太阳、月亮和其他行星的引力作用下,自转轴绕着黄道面的垂直轴旋转的运动。进动在天球中投影出一个圆锥(进动锥),平均半顶角约23°26′。进动周期大约为25,786年。

章动: 地轴在太阳和月球的引力作用下产生旋进,从而绕黄道轴旋转时伴随的许多短周期的微小摆动,在天球中沿进动锥投影出若干圆锥(章动锥),由作用于地球的日月合力矩不断变化引起,章动周期约为18.6年。

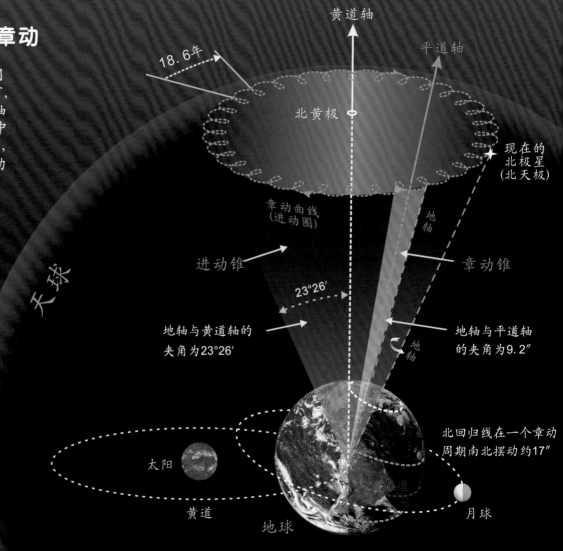

黄道轴

平道轴

18.6年

北黄极

现在的北极星(北天极)

章动曲线(进动圈)

地轴

天球

进动锥

章动锥

23°26′

地轴

地轴与黄道轴的夹角为23°26′

地轴与平道轴的夹角为9.2″

北回归线在一个章动周期南北摆动约17″

太阳

黄道

月球

地球

现在的北极星 公元 2,000 年

公元 4,000 年

仙王座

公元 6,000 年

公元 8,000 年

北黄极

公元 10,000 年

天龙座

天鹅座

公元 12,000 年

公元 14,000 年

织女

天琴座

小熊座

0 年

公元前 2,000 年

北斗七星

大熊座

公元前 4,000 年

公元前 6,000 年

公元前 8,000 年

牧夫座

公元前 10,000 年

武仙座

地球

北天极的变化

北天极的位置：
目前地轴指向北极星附近，其位置短时间内移动微小，但由于岁差的作用，地轴的指向会发生周期性移动，周期大约 26,000 年。

北天极位移原因：
岁差是导致北天极位置移动的原因。地球在太阳、月亮和其他行星的引力作用下，自转轴绕着黄道面的垂直轴进行周期性旋转，称为地轴的进动，进动锥的平均半顶角约 23°26′，即等于黄赤交角。地球的进动造成了节气西移的现象，即春分点向西缓慢运行而使回归年比恒星年短的现象，因此产生了岁差。

岁差与季节

箭头为地球北极朝向与黄道面倾斜 23° 26′，所有季节均指北半球。

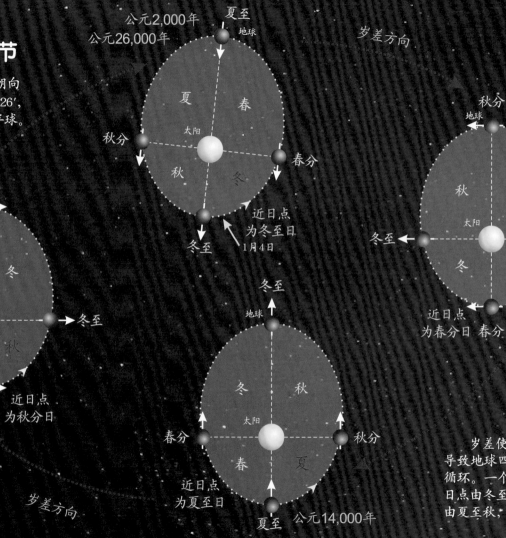

公元2,000年
公元26,000年

夏至
地球

岁差方向

夏
春
秋分
太阳
春分
秋
冬

近日点
为冬至日
1月4日

冬至

秋分
地球

秋
夏
太阳
夏至
冬至
冬
春

近日点
为春分日 春分

公元8,000年

春分
地球

春
冬
太阳
夏至
冬至
夏
秋

近日点
为秋分日
秋分

公元20,000年

岁差方向

冬至
地球

冬
秋
太阳
春分
春
夏
秋分

近日点
为夏至日
夏至

公元14,000年

岁差使得升交点退行，导致地球四季对应的月份循环。一个岁差周期的近日点由冬至春，由春至夏，由夏至秋，最后又回到冬。

米兰柯维奇理论

米兰柯维奇理论：即从全球尺度上研究日射量与地球气候之间关系的天文理论。该理论认为地球轨道偏心率、黄赤交角及岁差这三要素的变化引起的夏季日射量变化，是驱动第四纪冰期旋回的主因。

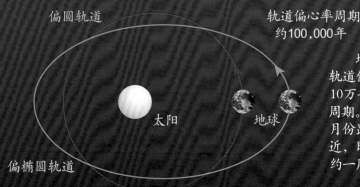

偏圆轨道

太阳　地球

偏椭圆轨道

轨道偏心率周期约100,000年

地球的运行轨道偏心率约每10万年一个变化周期。目前在一月份距离太阳最近，即冬至日后约一周为近日点。

地轴倾角周期约41,000年

地球自转轴和轨道平面之间的倾角以41,000年的周期在21.8°~24.5°之间摇摆着，现在的角度为23.5°，且在减小中。

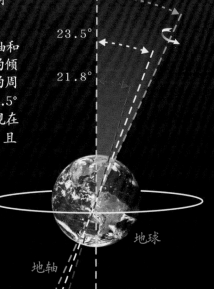

24.5°

23.5°

21.8°

黄道面

地球

地轴

岁差周期约26,000年

地轴的方向不是固定不变的，而是围绕着北黄极顺时针旋转的，每26,000年完成一个周期。

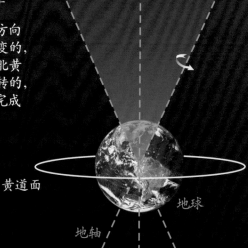

黄道面

地球

地轴

恒星年与回归年

恒星年
远日点　近日点　地球
太阳
地球公转轨道

回归年
远日点　近日点　地球
太阳
50.260角秒
回归年移动方向
地球公转轨道

恒星年：平太阳周年视运动绕天赤道一周所需的时间间隔，即地球绕太阳公转的平均周期。恒星年只在天文学上使用。由于岁差，恒星年比回归年约长20分24秒，等于365.25636个平太阳日（365日6时9分10秒）。

回归年：即太阳年，太阳视圆面中心相继两次过春分点所经历的时间。以四季更迭为周期，故名。阳历和阴阳历历年的标准，并与朔望月组合而成为历法的基础，全球各地的昼夜、季节、历年和节气的变化均以回归年为周期。回归年长365.2422平太阳日，即365日5小时48分46秒，每百年减少0.53秒。公转角度小于360°。

恒星年与回归年的区别：恒星年是以天球上固定的点（如遥远的恒星）为参照物的运动周期。而回归年是太阳中心在黄道上连续两次经过春分点（或其他分至点）的时间间隔，也可以说是太阳连续两次直射北回归线或南回归线的时间间隔。因此，回归年又称太阳年或季节年。

岁差：回归年比恒星年短约20分24秒，其周期约365日5时48分46秒。天文学界把恒星年与回归年的时间差命名为"岁差"，一个岁差周期为25,786年。

恒星月：月球对遥远的恒星而言运行一周所需的时间，即月球绕地球公转一周所需的时间。恒星月的周期为27.322平太阳日。

朔望月：又称太阴月或会合月，是月相变化的周期，即月球相继两次具有相同月相(朔或望)所经历的时间。长度为29.53059平太阳日，即29天12时44分03秒。朔望月是历法的基础，阴历1个月的天数为29天或30天，就是为与朔望月尽量符合。

恒星月与朔望月

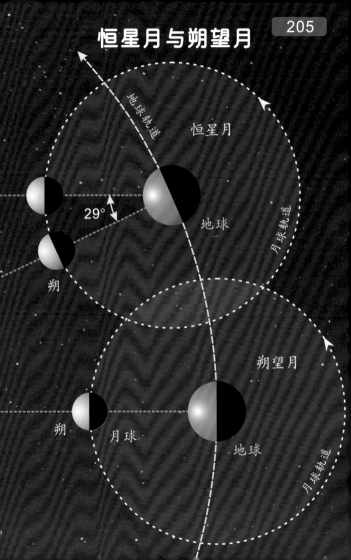

遥远的恒星

一个恒星月为27.322天(平太阳日)
一个朔望月为29.53059天(平太阳日)

指向与上面相同的一颗遥远的恒星

恒星月与朔望月的区别：恒星月比朔望月的时间长度少；恒星月是月球公转360°的周期，而朔望月是指两次满月的时间间隔。

恒星日与太阳日

恒星日： 春分点连续两次上中天所经历的时间间隔。恒星日是以遥远的恒星为参考系，是地球自转360°的周期。恒星日长度为23时56分4.09秒平太阳时，一恒星日分为24个恒星时，一恒星时分为60恒星分，一恒星分分为60恒星秒。由于地球自转速度变慢，恒星日将越来越长。

恒星日与太阳日的区别： 定义恒星日的不是具体的恒星，而是黄道对于天赤道的升交点，即白羊宫第一点，就是天球上的春分点。但是春分点在不断地西移（岁差），所以天文学上的恒星日与太阳日还是有区别的。因地球的公转方向是逆时针，地球的自转方向也是逆时针，从图中橙色部分看出太阳日比恒星日多出一天。

恒星日地球自转360°，我们计时的一日是一昼夜24小时，是地球公转与自转的合计时间。

恒星日=地球自转周期（360°）

太阳日=恒星日+地球一天公转角度（0.986°）

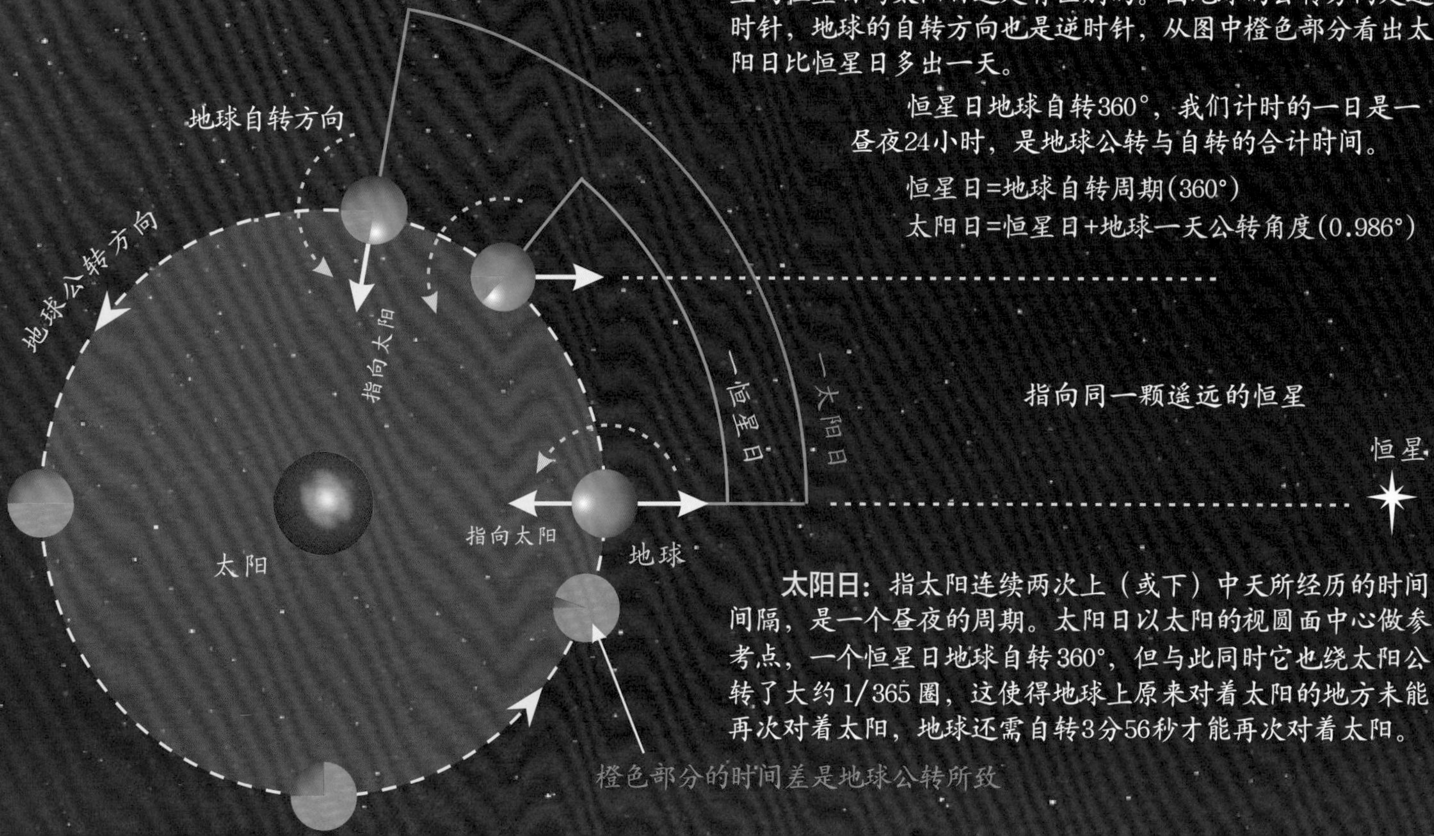

指向同一颗遥远的恒星

恒星

地球自转方向

地球公转方向

指向太阳

太阳

指向太阳

地球

一恒星日

一太阳日

太阳日： 指太阳连续两次上（或下）中天所经历的时间间隔，是一个昼夜的周期。太阳日以太阳的视圆面中心做参考点，一个恒星日地球自转360°，但与此同时它也绕太阳公转了大约1/365圈，这使得地球上原来对着太阳的地方未能再次对着太阳，地球还需自转3分56秒才能再次对着太阳。

橙色部分的时间差是地球公转所致

恒星时与太阳时

太阳时： 太阳时的基本单位为真太阳日和平太阳日，相应为真太阳时和平太阳时。

真太阳时： 即真太阳视圆面中心的时角加12小时，也称为视太阳时。1真太阳日分为24真太阳时。

平太阳时： 亦称平时，即日常生活中所使用的时间，其在天赤道上的速度就是真太阳周日视运动的平均速度。

恒星时： 以地球自转周期为基准的一种时间计量系统。某地的恒星时，以春分点对该地子午圈的时角来度量，并以春分点在该地上中天的瞬间为恒星时零时。恒星日是恒星时的基本单位，1恒星日分为24个恒星时。由于地球的章动，恒星时分为真恒星时和平恒星时。

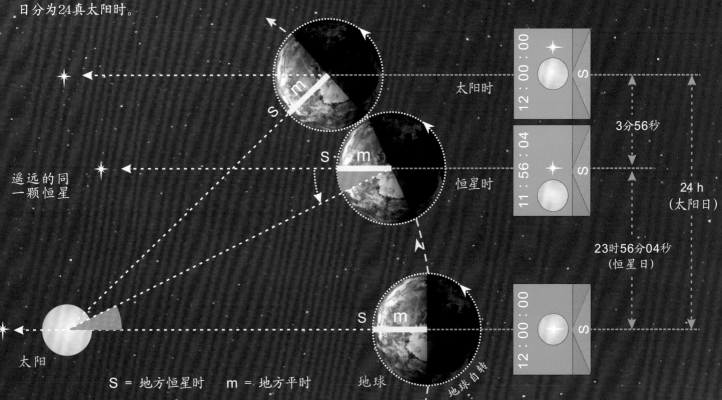

遥远的同一颗恒星

太阳时

3分56秒

24 h
（太阳日）

恒星时

23时56分04秒
（恒星日）

太阳

地球 地球自转

S = 地方恒星时   m = 地方平时

节气和中气

节气的起源： 节气是中国古代订立的一种用来指导农事的补充历法。古人利用土圭实测日晷，将每年日影最长定为"日至（冬至）"，日影最短为"短至（夏至）"，春秋各有一天昼夜等长定为"春分和秋分"。商朝时只有四个节气，周朝时发展到了八个，秦汉年间二十四节气已完全确立。中气一定在月初与月末之间出现，如果遇到了没有中气的月份，则为上月的闰月，此置闰月的方法从西汉沿用至今。

节气： 泛指二十四节气，也指二十四节气中的节气或中气的一类。从小寒起太阳黄经每增加30°为另一个节气。共计有小寒、立春、惊蛰、清明、立夏、芒种、小暑、立秋、白露、寒露、立冬、大雪等十二个节气。有时指某节气的一段时间或某节气的时刻。

中气： 二十四节气中节气或中气的一类。从冬至起太阳黄经每增加30°为另一个中气。共计有冬至、大寒、雨水、春分、谷雨、小满、夏至、大暑、处暑、秋分、霜降、小雪等十二个中气。

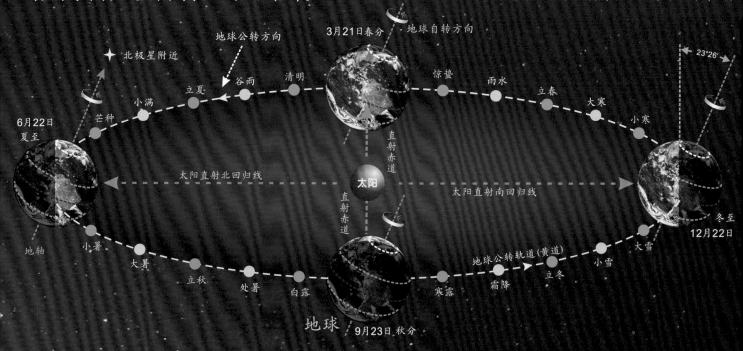

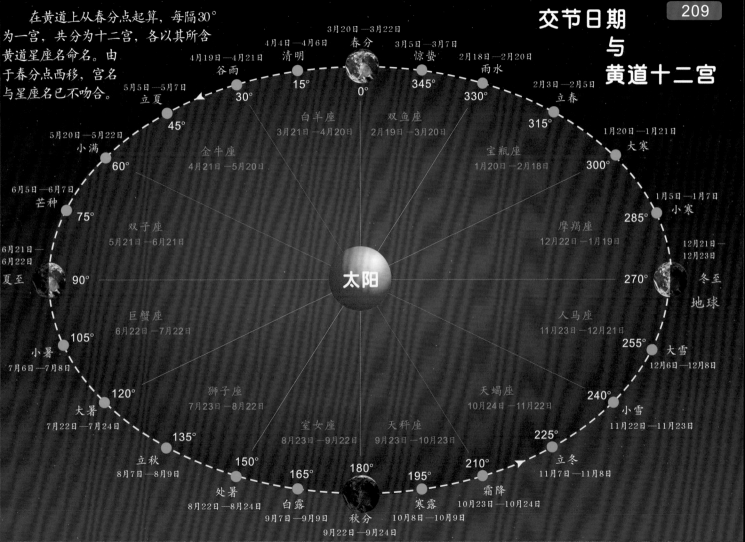

在黄道上从春分点起算，每隔30° 为一宫，共分为十二宫，各以其所含 黄道星座名命名。由 于春分点西移，宫名 与星座名已不吻合。

交节日期 与 黄道十二宫

3月20日—3月22日
春分

4月4日—4月6日
清明
3月5日—3月7日
惊蛰

4月19日—4月21日
谷雨
2月18日—2月20日
雨水

5月5日—5月7日
立夏
2月3日—2月5日
立春

5月20日—5月22日
小满
1月20日—1月21日
大寒

6月5日—6月7日
芒种
1月5日—1月7日
小寒

6月21日—6月22日
夏至
12月21日—12月23日
地球

7月6日—7月8日
小暑
12月6日—12月8日
大雪

7月22日—7月24日
大暑
11月22日—11月23日
小雪

8月7日—8月9日
立秋
11月7日—11月8日
立冬

8月22日—8月24日
处暑
10月23日—10月24日
霜降

9月7日—9月9日
白露
10月8日—10月9日
寒露

9月22日—9月24日
秋分

15°　0°　345°　330°　315°　300°　285°　270°　255°　240°　225°　210°　195°　180°　165°　150°　135°　120°　105°　90°　75°　60°　45°　30°

太阳

白羊座
3月21日—4月20日

双鱼座
2月19日—3月20日

宝瓶座
1月20日—2月18日

摩羯座
12月22日—1月19日

人马座
11月23日—12月21日

天蝎座
10月24日—11月22日

天秤座
9月23日—10月23日

室女座
8月23日—9月22日

狮子座
7月23日—8月22日

巨蟹座
6月22日—7月22日

双子座
5月21日—6月21日

金牛座
4月21日—5月20日

中低纬度的二分二至

二分点： 黄道与天赤道相交的两点，即春分点和秋分点。每年3月21日前后，太阳沿黄道由南半天球进入北半天球通过天赤道的那一点为春分点；每年9月23日前后，太阳沿黄道由北半天球进入南半天球通过天赤道的那一点为秋分点。

春分： 二十四节气之一，每年3月21日前后视太阳位置达黄经0°时开始。此日太阳光直射赤道，全球昼夜等长。此后太阳直射点北移，北半球昼渐长夜渐短。

秋分： 二十四节气之一，每年9月23日前后视太阳位置达黄经180°时开始。此日太阳光直射赤道，全球昼夜等长。此后太阳直射点南移，北半球昼渐短夜渐长。

二至点： 黄道上距离天赤道最远的两点，即夏至点和冬至点。每年6月22日前后，太阳到达黄道上最北的那一点为夏至点，当日北半球白昼最长；每年12月22日前后，太阳到达黄道上最南的那一点，为冬至点，当日北半球白昼最短。

夏至： 二十四节气之一，每年6月22日前后视太阳位置达黄经90°时开始。此日太阳光直射北回归线，北半球昼最长夜最短。此后太阳直射点转南移，北半球昼渐短夜渐长。

冬至： 二十四节气之一，每年12月22日前后视太阳位置达黄经270°时开始。此日太阳光直射南回归线，北半球昼最短夜最长。此后直射点转北移，北半球昼渐长夜渐短。

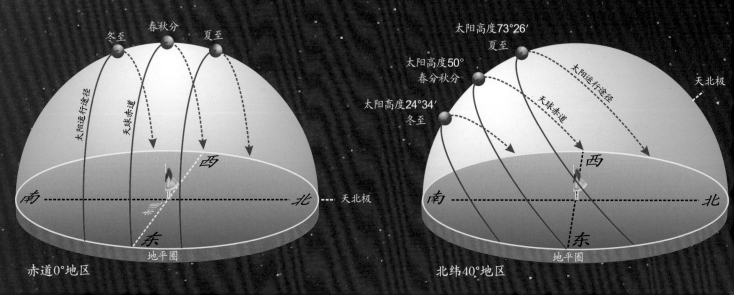

极圈的二分二至

夏至日北极圈

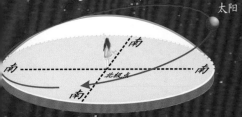

在北极圈内视太阳全天环绕地平线运动，出现极昼现象。此后三个月太阳直射点转向南移，极昼圈也逐渐变小，一直小到北极点。

春秋分北极圈

在北极圈内除北极点视太阳全天沿地平线运动外，其他区域太阳东升西落。此后三个月太阳直射点北移或南移，极昼圈或极夜圈从极点逐渐扩大到极圈。

冬至日北极圈

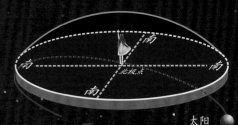

在北极圈内视太阳全天没于地平线下，发生极夜现象。此后三个月太阳直射点转向北移，极夜圈逐渐变小，一直小到北极点。

夏至日南极圈

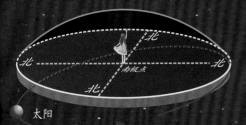

在南极圈内视太阳全天没于地平线下，发生极夜现象。此后三个月太阳直射点转向北移，极夜圈逐渐变小，一直小到南极点。

春秋分南极圈

在南极圈内除南极点视太阳全天沿地平线运动外，其他区域太阳东升西落。此后三个月太阳直射点南移或北移，极夜圈或极昼圈从极点逐渐扩大到极圈。

冬至日南极圈

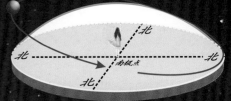

在南极圈内视太阳全天绕地平线运动，发生极昼现象。此后三个月太阳直射点转向南移，极昼圈逐渐变小，一直小到南极点。

夏至　　　　　　　春分　秋分　　　　　　　冬至

二分二至的太阳光线

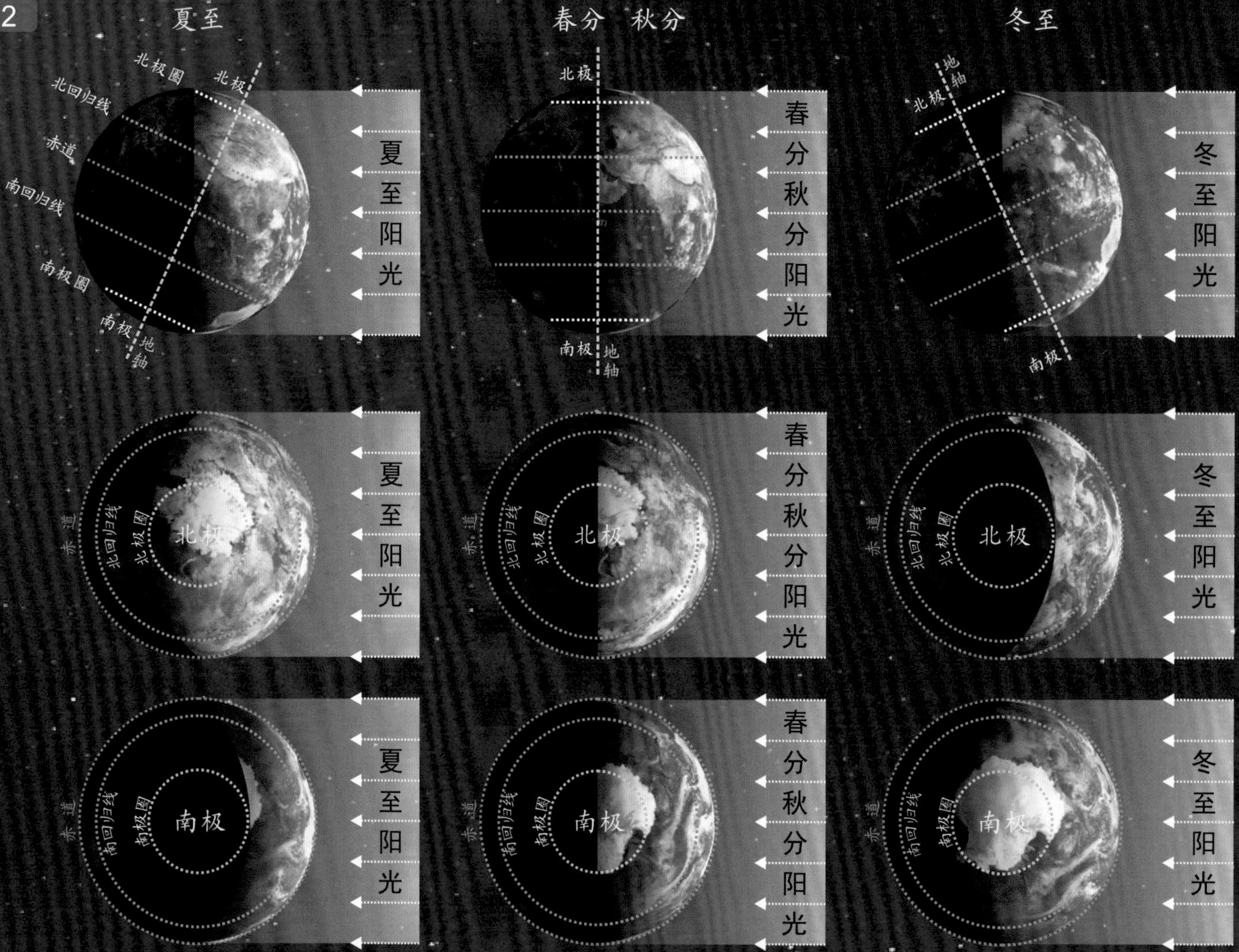

北回归线　北极圈　北极
赤道
南回归线
南极圈
南极　地轴

夏至阳光

北极
北回归线
北极圈

春分秋分阳光

南极
南回归线
南极圈

夏至阳光

北极

北极
北回归线
北极圈

春分秋分阳光

南极

南极
南回归线
南极圈

春分秋分阳光

北极　地轴
北回归线
赤道
南极圈
南回归线

冬至阳光

北极
北回归线
北极圈

冬至阳光

南极
南回归线
南极圈

冬至阳光

全年时差曲线图

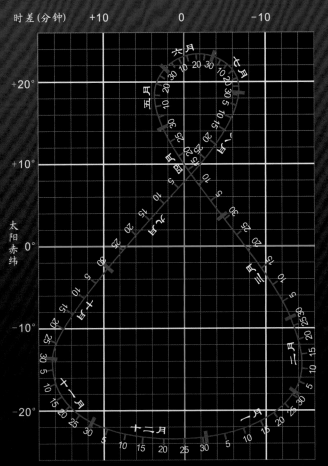

时差（分钟）　+10　　　0　　　-10

太阳赤纬

编者注：数据由天文同好李建基提供。

时差＝真太阳时（视时）－平太阳时（平时）

日晷表示的是当地真太阳时，钟表时间如北京时间是东经120°的平太阳时。时差是由于地球的轨道倾角与轨道离心率，造成视太阳明显的不规则运动而产生的，并出现全年时差规律。根据这一规律制定出了全年时差曲线图，一种是根据全年月份日期读取时差，另一种是根据月份日期和太阳赤纬来读取时差。时差曲线图显示，每年4月16日、6月13日、9月2日和12月25日，这四天的时差为0；每年约在11月3日日晷时间比钟表时间超前16分33秒，约在2月12日落后14分6秒。时差也反映了太阳全年的"8"字视运动。

时差的数值，每年稍有不同。此外，在其他的行星上也存在时差。如在火星上因为离心率更大，火星上的日晷和钟表显示的时间会有最多50分钟的差异。

真太阳时：即真太阳视圆面中心的时角加12小时，也称为视太阳时。1真太阳日分为24真太阳时。

平太阳时：即平时，是我们在日常生活中所使用的时间，其在天赤道上的速度就是真太阳周日视运动的平均速度。

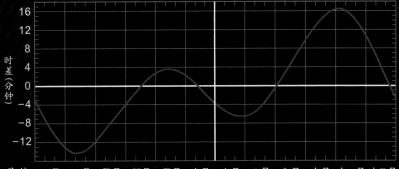

时差（分钟）

月份　一月　二月　三月　四月　五月　六月　七月　八月　九月　十月　十一月　十二月

开普勒定律及二体问题

开普勒第一定律：也称椭圆定律、轨道定律，太阳系中每一颗行星都以椭圆形轨道围绕太阳运行，而太阳则处在对应椭圆曲线的其中一个焦点。

开普勒第二定律：也称等面积定律，在相等的时间内太阳和运动着的行星的连线所扫过的面积都是相等的。行星越接近太阳，运行的速度越快。

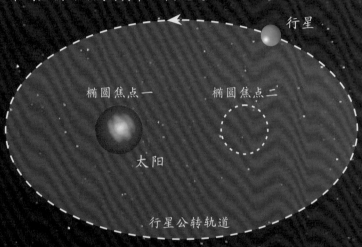

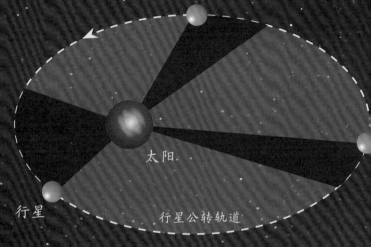

开普勒第三定律：即周期定律，太阳系中每一颗行星绕太阳公转周期的平方与它们的椭圆轨道的半长轴的立方成正比。

二体问题：两个天体在相互引力作用下的运动问题。球状天体可以看成质点，相互之间的距离比起它们的直径大得多的天体也可以看成质点。在太阳系中天体的运动轨道是椭圆曲线的一种，并遵循开普勒定律。

三体问题：三个天体（看成质点）在相互引力作用下的运动问题。如研究地球运动，除太阳外还要考虑另外一颗行星对它的引力，便形成三体问题。三体问题极其复杂，迄今尚未完全解决。

多体问题：多个（三个或三个以上）天体（看成质点）在相互引力作用下的运动问题。

天体运行轨迹

天体运行轨迹：牛顿根据万有引力定律断言，星体除了按直线运行外，也会按圆形、椭圆形、抛物线或双曲线等的其中一种运行，我们称这四种形状叫圆锥截线，即把圆锥体按不同的方法截面，所获得的截面边缘线形状。

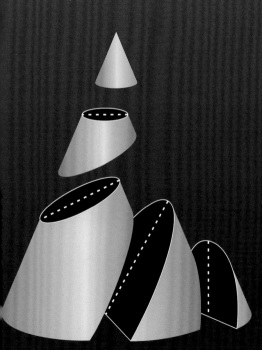

	圆形	椭圆形	双曲线	抛物线
截面图				
轴测图				
投影图				
	截平面与轴线垂直	截平面与轴线斜交	截平面与某母线平行	截平面与轴线平行
投影图				

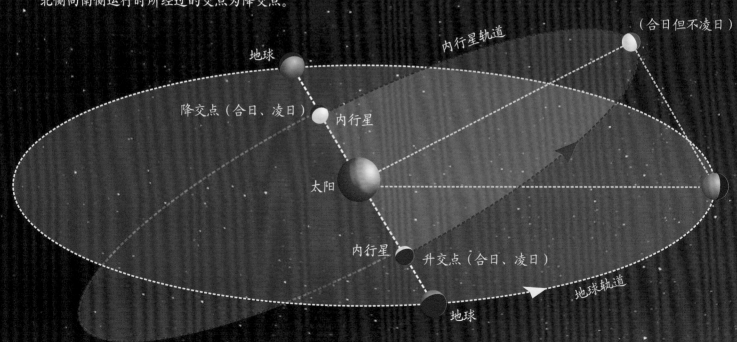

升交点和降交点

升交点： 天体的轨道面与基本坐标平面（如黄道面或赤道面）的交点有两个。当天体从基本坐标平面南侧向北侧运行时所经过的交点为升交点。

降交点： 天体的轨道面与基本坐标平面（如黄道面或赤道面）的交点有两个。当天体从基本坐标平面北侧向南侧运行时所经过的交点为降交点。

升交距角： 也叫纬度角，行星或卫星在其轨道上任一位置和升交点的角距离。

交点退行： 指天体轨道的升交点经度逐渐减小的现象。每个天体的岁差不同，其交点退行的周期也不同。

（合日但不凌日）

内行星轨道

地球

降交点（合日、凌日）

内行星

太阳

内行星

升交点（合日、凌日）

地球轨道

地球

近日点和近地点

近日点： 绕太阳运行的天体轨道上离太阳的最近点。天体达近日点时公转速度最大。当前地球的近日点日期是每年公历1月初或冬至后一旬左右。

远日点： 绕太阳运行的天体轨道上离太阳的最远点。天体达远日点时公转速度最小。目前地球的远日点日期是每年公历7月初或夏至后一旬左右。

近点和近点角： 天体在运行轨道上离引力中心的最近点为近点。在天体轨道面上从近点起沿天体运动方向量度的角度叫近点角。

近日点进动： 天体轨道的近日点与升交点间的角距逐渐增大的现象。

近地点： 月球或人造地球卫星绕地球运行轨道上离地心的最近点。由于太阳的摄动而使月球的近地点以8.85年为周期沿月球运动方向进动。同样由于地球扁率引起的摄动，使卫星的近地点沿卫星运动方向进动。近地点的日期从农历初一至三十任何一天都有可能。

远地点： 月球或人造地球卫星绕地球运行轨道上离地心的最远点。远地点和近地点在椭圆轨道的长轴两端。

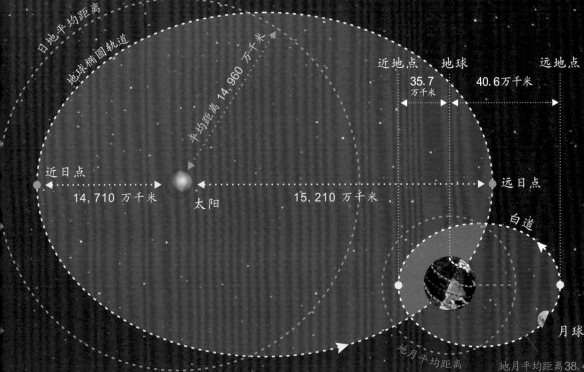

日地平均距离

地球椭圆轨道

平均距离 14,960 万千米

近地点　地球　　远地点

35.7万千米　　40.6万千米

近日点

14,710 万千米　　太阳　　15,210 万千米　　远日点

白道

月球

地月平均距离

地月平均距离38.4万千米

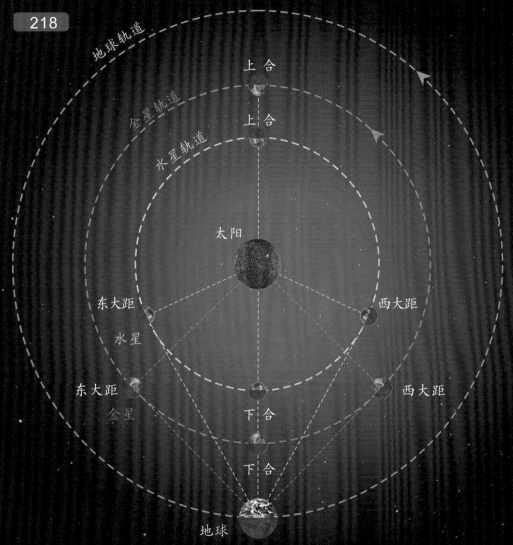

地球轨道

金星轨道

水星轨道

上合

上合

太阳

东大距

西大距

水星

东大距

西大距

金星

下合

下合

地球

地内行星的视运动

地内行星： 在地球轨道内运转的行星。包括水星和金星。

合： 行星视运动中特殊角距的一种。行星与太阳间的角距为0°的特定位置，这时看到它们同升同落。地外行星只有上合，地内行星有上合和下合。

上合： 太阳在行星与地球之间为上合。或从地球上看，地内或地外行星在太阳的外侧，角距为0°的特殊位置，亦称外合。

下合： 从地球上看地内行星在太阳的内侧，角距为0°的特殊位置，也称为内合。

凌日： 下合的一种特殊现象，是地内行星的圆面投影在太阳表面上的现象。地球上可观测到太阳上出现黑点。

上合、合、外合的适用范围： 上合专用于地内行星；合专用于地外行星；外合可用于地内行星和地外行星。

大距： 行星视运动中特殊角距的一种。专指地内行星与太阳间角距的极大值。有东大距和西大距。地内行星在太阳以东的大距为东大距，地内行星在太阳以西的大距为西大距。

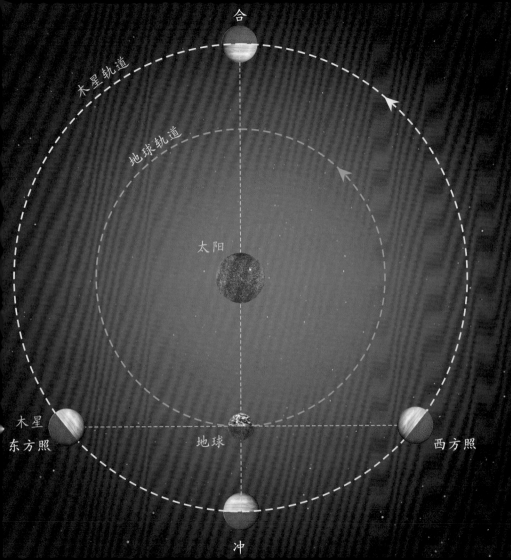

合

木星轨道

地球轨道

太阳

木星
东方照

地球

西方照

冲

地外行星的视运动

地外行星： 在地球轨道之外运行的行星。包括火星、木星、土星、天王星和海王星。

冲： 地外行星视运动中特殊角距的一种。从地球上看太阳与地外行星分列于地球两侧，角距为180°。那时行星在子夜上中天，或日落时行星东升，或日升时行星西落，称为"冲"。地内行星没有"冲"。

大冲： 行星的"冲"发生在最接近地球的位置时，为大冲。

方照： 行星视运动中特殊角距的一种。专指地外行星与太阳间角距为90°的位置。分为东方照和西方照。地内行星没有"方照"。

东方照： 地外行星在太阳以东90°，此时太阳上中天，而地外行星刚从东方地平线升起。

西方照： 地外行星在太阳以西90°，此时太阳上中天，地外行星恰在西方地平线落下。

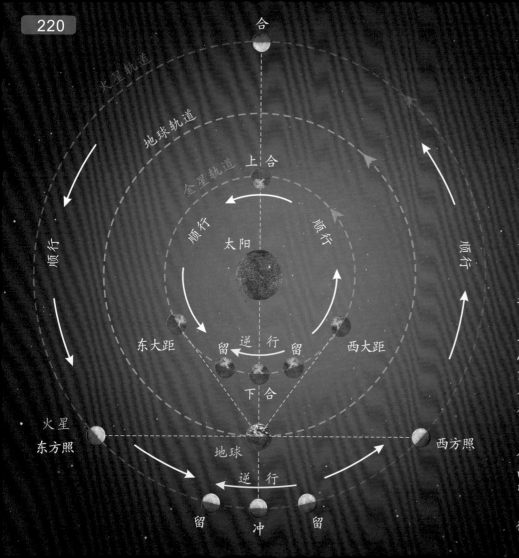

地内地外行星的逆行

行星视运动: 行星相对于背景星的移动，其路径在黄道附近，时而向东顺行，时而向西逆行。

留: 从地球上看行星有时在天空的位置好像停留不动的现象。当行星视运动中由顺行转为逆行或由逆行转为顺行时则出现"留"。顺行转逆行称为顺留，逆行转顺行称为逆留。

顺行: 行星或卫星视运动走向的一种。由于太阳系的天体不论公转或自转一般都是由西向东运行，这是太阳系天体的共性之一，所以行星和卫星在天球上的视运动由西向东时为顺行。

逆行: 行星或卫星视运动走向的一种。运动走向从东向西，不符合共性，被称为逆行。在地内行星的下合前后或地外行星"冲"的前后都有一个"留"，两"留"之间的走向均为逆行(非指某些天体不规则运动的逆行)。

顺行和逆行路段: 地内行星除下合前后两"留"之间为逆行段外，从西大距顺行经上合至东大距的大半圈皆为顺行。地外行星除"冲"前后两"留"之间为逆行段外，从西方照顺行经合至东方照的大半圈皆为顺行。

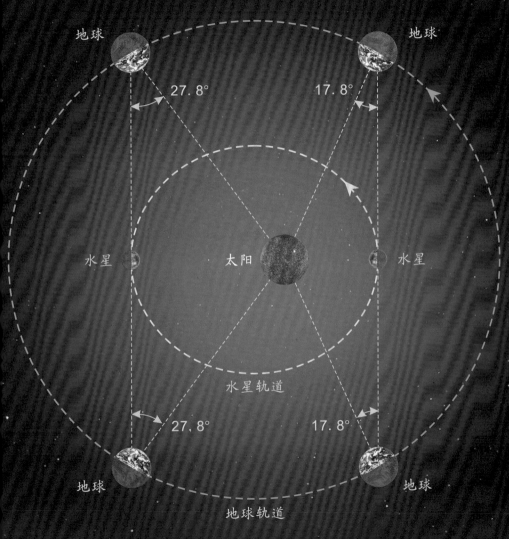

行星的角距

　　角距：亦称距角，泛指天球上任意两天体间的角距离。

　　行星角距：在太阳系中，专指行星（或月球）与太阳之间的角距离。

　　地外行星角距：地外行星（包括月球）的角距在0°～360°之间变化。

　　地内行星角距：地内行星角距有一定的界线，这个界线称为大距，在太阳以东的称东大距，太阳以西的称为西大距。水星的大距为27.8°，金星的大距为48°。

　　地内行星角距的变化：由于行星公转轨道为椭圆形，水星的大距变化在17.8°～27.8°之间，金星的大距变化在45°～48°之间。

天文长度单位

天文单位： 是测量太阳系内天体距离的单位，原为地球到太阳的平均距离1.496亿千米，后确定为固定值149,597,870,700米。

太阳

地球

1天文单位

光年： 光在真空中一年内走过的距离，为94,605亿千米，即63,240天文单位。光速约为每秒30万千米。

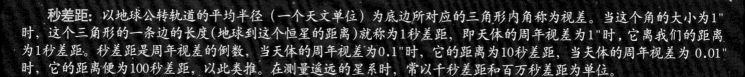

秒差距： 以地球公转轨道的平均半径（一个天文单位）为底边所对应的三角形内角称为视差。当这个角的大小为1″时，这个三角形的一条边的长度(地球到这个恒星的距离)就称为1秒差距，即天体的周年视差为1″时，它离我们的距离为1秒差距。秒差距是周年视差的倒数，当天体的周年视差为0.1″时，它的距离为10秒差距，当天体的周年视差为 0.01″时，它的距离便为100秒差距，以此类推。在测量遥远的星系时，常以千秒差距和百万秒差距为单位。

天文距离单位的适用范围： 天文单位适合测量太阳系内天体之间的距离；光年则适合测量太阳系外较远的天体之间的距离；而测量更遥远的天体之间的距离需用秒差距。

1秒差距≈3.2615光年

1秒差距≈206,264.8062天文单位

1秒差距≈30.8560万亿千米

天体距离的测量

太阳系内天体距离的测量：采用三角测量法，即测定月球、行星的周日地平视差，可测得它们到地球的距离。此外还有现代的方法，如雷达测距法和激光测距法等。

周日地平视差

月球　　　　　　　　　　　　地球

太阳系外较近天体距离的测量：采用三角视差法。天体的视差与天体到观测者的距离之间存在着简单的三角关系，利用这种三角关系做天体的视差测量叫三角视差法。即把日地距离作为一个天文单位，所以只要测出恒星的周年视差，那么它们与地球的距离也就确定了。测量天体视差是确定天体之间距离最基本的方法。如果恒星的周年视差是1角秒，那么它就距离地球1秒差距。三角视差法可以精确地测量约数千秒差距内的天体，再远的天体就无法准确测量了。此外，也采用分光视差法，即通过分析恒星谱线以测定恒星距离的方法。还有星际视差法、威尔逊-巴普法、力学视差法、星群视差法、统计视差法和自转视差法等。

太阳系外较远天体距离的测量：采用的方法主要有造父变星和天琴RR型变星测距法（标准烛光），角直径测量法，主星序重叠法，新星、超新星、亮星、累积星等法和谱线红移法(哈勃定律)等。

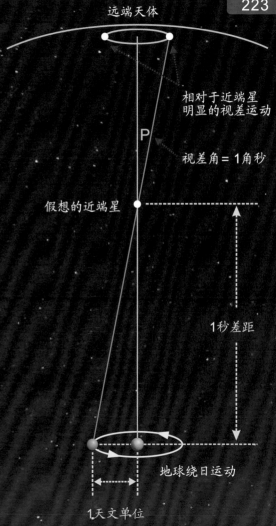

远端天体

相对于近端星明显的视差运动

P

视差角 = 1角秒

假想的近端星

1秒差距

地球绕日运动

1天文单位

周日视差

视差：是从有一定距离的两个点上观察同一个目标所产生的方向差异。从目标看两个点之间的夹角，叫做这两个点的视差角，两点之间的连线称作基线。只要知道视差角度值和基线长度，就可以计算出目标和观测者之间的距离。

伸出一个手指在眼前，闭上右眼，用左眼看它；再闭上左眼，用右眼看它，会发现手指相对远方的物体的位置有了变化，手指会投影在远方不同的位置。这就是从不同角度去看同一点的视差。

周日视差：是指地球自转或天体周日视运动所产生的视差。在测定太阳系内一些天体的视差时，以地球的半径作为基线，所测定的视差称为周日视差。

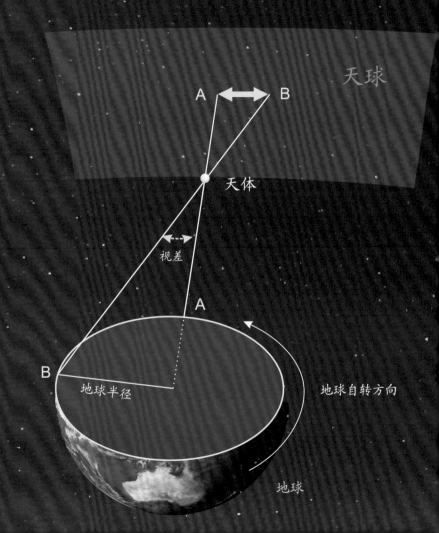

天球

天体

视差

A

B

地球半径

地球自转方向

地球

周年视差

周年视差：是地球绕太阳周年运动所产生的视差，即地球和太阳间的距离在恒星处的张角。地球的公转使得观测者发生位移，而使恒星在天球上的位置发生改变。人们把在太阳上观测的恒星在天球上的位置作为它的平均位置，从地球上观测到的恒星的实际位置同这个平均位置比较起来，总存在一点的偏离，当地日连线同星地连线垂直时，同一恒星的视差位移达到极大值，该极大值被称为该恒星的周年视差。

在测定恒星的视差时，以地球和太阳之间的平均距离作为基线。天体的视差越大，距离越近；视差越小，距离越远。

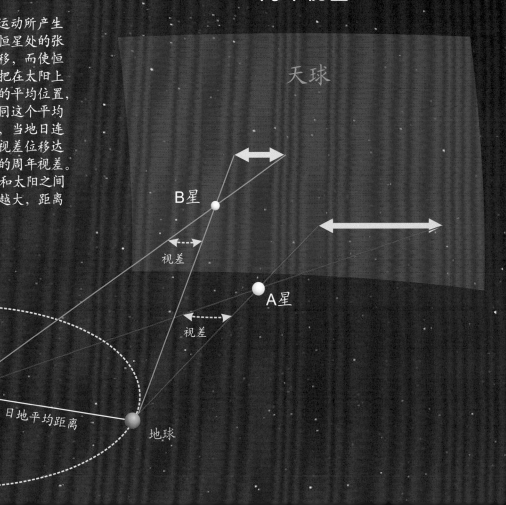

光行差

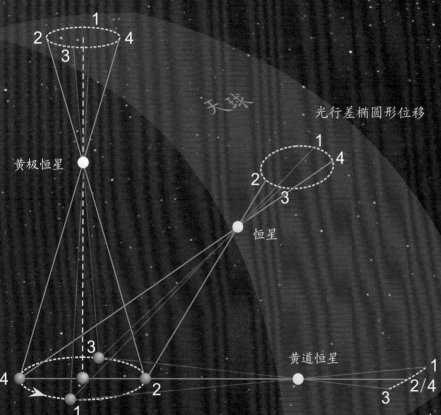

光行差圆形位移

1
2   4
3

黄极恒星

天球

光行差椭圆形位移

1
2   4
3

恒星

黄道恒星

1
2/4
3

光行差直线位移

3
4   2
1

地球轨道

光行差：由于地球的公转和自转等因素影响，观测者所看到的天体的方向并不是它真实的运动方向，而是地球的公转速度和自转速度与来自天体的光的速度合成的方向，这两个方向之差为光行差。分为周年光行差、周日光行差和长期光行差。

周年光行差：由地球的公转所引起的光行差，最大可以达到20.5角秒。

周日光行差：由地球的自转所引起的光行差，最大约为零点几角秒。

长期光行差：太阳系在宇宙空间中的运动造成的光行差，包括太阳本动光行差（约13角秒）和太阳系绕银河系公转光行差(100多角秒)。

引力透镜效应

引力透镜效应：爱因斯坦的广义相对论所预言的一种现象，指天体或天体系统的引力场对位于其后的天体发出的辐射的会聚或多重成像的效应，其原理与凸透镜成像相似，故称引力透镜效应。即光线经过大质量天体附近时会发生弯曲或偏转现象。

起聚焦作用的前景天体被称为引力透镜，成像的数目、形状和亮度，与引力透镜的性质和观察者、引力透镜天体、背景天体的相对位置有关。

类星体虚像

类星体虚像

射向地球的光线的表观路径

天球

弯曲的光线

视线

大质量星系后的类星体

引力透镜
（视线前大质量星系）

地球

引力透镜效应对探测宇宙有重要意义。有时成像在背景天体附近，使其增亮。引力透镜天体有可见的和不可见的，因此是了解星系团中暗物质分布的有效方法。

星等

星等：表示天体相对亮度强弱的等级。星等分视星等、仿视星等、红外星等、热星等、光电星等、照相星等、目视星等和绝对星等。星光越亮，星等的数值越小。人的肉眼可以看到6等星，暗于6等星，只能通过望远镜等设备才能观测到。目视星等和绝对星等都遵循普森定律。

-30

-25

-20

-15

-10

太阳

满月

-5

星等 0

天狼星 金星最亮时

5

M31 北极星

10

M57

15

20

25

30 星等

肉眼可见星等范围

哈勃太空望远镜可观测到的星等范围

大型地面望远镜可观测到的星等范围

视星等： 从地球上观测到的天体的亮度。视星等代表恒星在地球处的照度。

仿视星等： 用正色底片与黄色滤光片组合测得的恒星亮度而计算出的星等。

红外星等： 指在规定的红外波段所测得的天体的星等。

热星等： 表征天体在整个电磁波段内辐射总量的星等。

光电星等： 是指用安装在天文望远镜上的光电光度计算测定的星等。

照相星等： 用望远镜拍摄得到的蓝光敏感底片上所测得天体的星等。

目视星等： 指从地球上凭肉眼或在天文望远镜中用肉眼测定的天体亮度等级。

绝对星等： 假定天体均位于距离地球10秒差距处所应有的视星等。即把所有天体放在同一距离来比较其亮度所划分的等级，可反映和比较天体的发光强度。

光度和亮度

光度：表征天体的真实功率。定义为天体表面单位时间辐射的总能量。单位为尔格/秒。常以太阳光度为单位，也常用绝对星等表示。

亮度：指天体在观测点与视线垂直的平面上所生的照度。常用星等表示。

天津四（1.3等）

北极星（2等）

大角星（0等）

4.8等

−0.3等

−3.6等

−6.9等

−3.4等

430光年

1,400光年

37光年

角宿一（1等）

250光年

太阳（−27等）

地球

绝对星等距离

距地球10秒差距（32.6光年）

普森定律：表示天体亮度的星等的数值按等差数列减小，星等的亮度则按等比数列增加。星等数值每减小1等，亮度便增加2.512倍，1等星的亮度恰等于6等星的100倍。

恒星的赫罗图

恒星的赫罗图： 指由丹麦天文学家赫茨普龙和美国天文学家罗素二人分别发现的恒星的光谱型与光度之间的关系图，该图成为研究恒星演化的重要参考工具。故以二人的名字命名，被称为赫罗图。

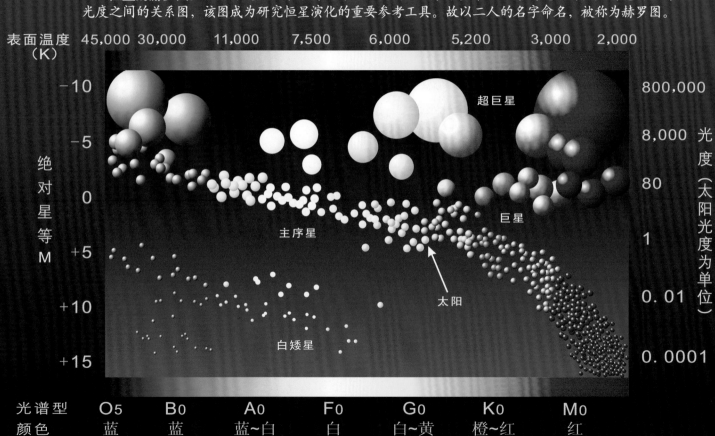

表面温度（K）: 45,000　30,000　11,000　7,500　6,000　5,200　3,000　2,000

绝对星等 M: -10　-5　0　+5　+10　+15

光度（太阳光度为单位）: 800,000　8,000　80　1　0.01　0.0001

超巨星　巨星　主序星　太阳　白矮星

光谱型	O5	B0	A0	F0	G0	K0	M0
颜色	蓝	蓝	蓝~白	白	白~黄	橙~红	红
色指数	<-2	-2~0.0	0.0~0.3	0.3~0.6	0.6~1.1	1.1~1.5	>1.5

弱 低 长

长波

无线电波

远红外线

近红外线

可见光

近紫外线

远紫外线

X 射线

γ 射线

宇宙射线

辐射 频率 波长

强 高 短

波谱：以任何一种形式展示电磁辐射强度与波长之间的关系，叫做波谱。

可见光：电磁波谱中可被肉眼感应到的那一部分电磁波。

光的色散：复色光分解为单色光而形成光谱的现象。牛顿最先利用棱镜片观察到光的色散，把白光分解为彩色光带（光谱）。光的色散可用棱镜片、衍射光栅、干涉仪等来实现。复色光进入棱镜后，由于棱镜对各种频率的光具有不同的折射率，各种色光的传播方向有不同程度的偏折，因而在离开棱镜后形成光谱，产生自红到紫循环排列的彩色连续光谱。红光频率最低，偏折最少，在光谱中处在顶端；紫光的频率最高，折率最大，在光谱中排在底端。

棱镜片

红外	波长（nm）
红	780
橙	630
黄	590
绿	495
青	475
蓝	430
紫	380
紫外	

白光

棱镜片

棱镜片

白光

红移和蓝移

视向速度： 天体相对于观测者的速度在视线方向的投影，亦称径向速度。根据多普勒效应，当天体远离观测者时，光谱线移向波长较长一端，视向速度规定为正，即红移。天体靠近观测者时，光谱线移向波长较短一端，视向速度规定为负，即蓝移。

红移： 光谱线向波长较长的红端的位移，波长变长、频率降低。其原因如是多普勒效应，则表示光源在离开观测者。光源越远，红移值越大；距离每增加100万光年，光源离开观测者的视向速度约增加21千米/秒。任何电磁辐射的波长增加都可称为红移。有多普勒红移、引力红移和宇宙学红移(哈勃定律)。

蓝移： 光谱线向波长较短的蓝端的位移，波长变短、频率增高。其原因如是多普勒效应，则表示光源在靠近观测者。

光源远离观测者——发生红移

光源背向地球运动使波长变长

暗色吸收线移向光谱图红端 →

光源靠近观测者——发生蓝移

光源相向地球运动使波长变短

← 暗色吸收线移向光谱图蓝端

宇宙速度

宇宙速度：指从地球表面向宇宙空间发射人造地球卫星和行星际、恒星际等飞行器所需的最低速度。目前，人类制造的飞行器已经达到了第三宇宙速度。

此外，还有第四、第五和第六物理假设速度说。

V_6 没有预估值

第六宇宙速度

$V_5 \geq 1{,}500 \sim 2{,}250$ 千米/秒

第五宇宙速度

$V_4 \geq 110 \sim 120$ 千米/秒

第四宇宙速度

$V_3 \geq 16.7$ 千米/秒

$V_2 \geq 11.2$ 千米/秒

$V_1 \geq 7.9$ 千米/秒

第一宇宙速度

航天器沿地球表面做圆周运动时必须具备的速度，也被称为环绕速度。人类制造的飞行器于1948年达到了此速度。

第二宇宙速度

航天器超过第一宇宙速度达到脱离地球引力场而成为围绕太阳运行的人造行星，也称为脱离速度。人类制造的飞行器于1955年达到了此速度。

第三宇宙速度

航天器从地球上发射，飞出太阳系到银河系所需的最小速度。人类制造的飞行器于1969年达到了此速度。

从地球上发射的物体摆脱银河系引力束缚所需的最小初始速度。人类在努力实现此速度。

从地球上发射的物体飞出本星系群的最小初速度。此速度是人类预估的速度。

从地球上发射的物体可以脱离全宇宙的引力束缚的速度。目前人类无法预估此速度。

光速约每秒30万千米，是所有物质运动速度的上限。这是宇宙的基本法则之一。

人造地球卫星

人造地球卫星上

人造地球卫星: 指环绕地球飞行并在空间轨道运行一圈以上的无人航天器。

人造地球卫星的发展: 1957年10月4日,苏联发射了世界上第一颗人造卫星。之后,美国于1958年、法国于1965年、日本于1970年2月也相继发射了人造卫星。中国于1970年4月24日发射了东方红1号人造地球卫星,英国于1971年也发射了人造卫星。除上述国家外,加拿大、意大利、澳大利亚、德国、荷兰、西班牙、印度和印度尼西亚等70多个国家自行发射或委托发射了人造卫星。

人造地球卫星群

人造地球卫星的重量:
大型卫星大于3,000千克
中型卫星1,000～3,000千克
小型卫星小于1,000千克
迷你型卫星约150千克
微小型卫星约50千克

人造地球卫星的运行轨道: 根据卫星的任务需求,分为低轨道、中高轨道、地球同步轨道、地球静止轨道、太阳同步轨道、大椭圆轨道和极轨道等。

铱星: 美国铱星公司发射的数十颗手机全球通信人造卫星系统,因卫星排布像铱原子核外电子分布而得名。

低轨道人造地球卫星

人造地球卫星的分类: 1.科学卫星,指物理技术试验卫星;
2.应用卫星,指通信、军事、气象、资源等卫星;
3.星际卫星,指发射的行星探测器。

人造地球卫星和太空垃圾

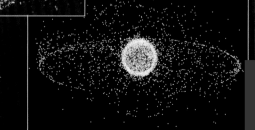

人造卫星的数量: 人类共发射卫星五千多颗,其中约一半已不再工作。在现役的卫星中,美国有550多颗,俄罗斯有200多颗,欧洲有200多颗,中国近200颗。有些退役卫星,低于某一高度飞行的,在数年后将会落入地球大气层被烧毁;而在高轨道飞行的卫星,可被推入更高的轨道给其他的卫星让路;但有些退役卫星则与发射时产生的废弃物一道成为了永久性太空垃圾。

天 文 观 测

TIANWEN GUANCE

天象

天象：发生在地球大气层外的天文现象。

天象的成因：由于天体的运转，从地球上观看，就会出现多种多样的天文现象。

主要天象类型：
日食（日全食、日环食、日偏食、全环食）
月食（月全食、月偏食、半影月食）
星食（卫星食）
位相（月相、内行星星亏、外行星星亏）
顺逆行（行星顺行、行星逆行）
留（行星顺留、行星逆留）
连珠（三到八颗行星连珠）
流星（流星雨、火流星）
彗星（彗尾）
合（合、上合、下合、内合、外合）
冲（冲、大冲）
凌（行星凌日、卫星凌行星、卫影凌行星）
掩（月掩行星、月掩恒星、行星掩恒星）
伴/合（行星或恒星伴/合月、行星伴/合恒星）
大距（内行星东大距、内行星西大距）
方照（外行星东方照、外行星西方照）
天光（黄道光、对日照）

金星合月

肉眼观测的范围

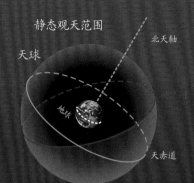

静态观天范围

天球

北天轴

地球

天赤道

静态观天范围：假如地球不自转，任何时刻观测者在地球上的任何地点，抬头都可以看到地平圈以上的星空。左图蓝色部分为可观测到的星空范围，约为半个天球，即整个星空的一半。无论黑天或白天，观测者头上的星空范围是不变的。左图粉色部分为观测者看不到的星空范围。

动态观天范围：任何时刻观测者在任何地点都可以观测到地平圈以上的半个天球。由于周日视运动，天球上的星辰是旋转的，观测者处在地球的不同纬度，观测到的星空范围是不同的。下图蓝色可观星空的范围有五种情况：赤道上观测、北极点观测、南极点观测、北半球观测和南半球观测。下图粉色部分为观测者看不到的星空。

动态观天范围一

动态观天范围二

动态观天范围三

动态观天范围四

动态观天范围五

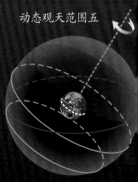

赤道上观测：地平圈与赤经圈重合，在周日视运动中能够看到整个星空，除南北极星外均为升没星

北极点观测：地平圈与天赤道重合，在周日视运动中只能看到北半天球星空与地平圈平行运动的星

南极点观测：地平圈与天赤道重合，在周日视运动中只能看到南半天球星空与地平圈平行运动的

北半球观测：地平圈在周日视运动中的轨迹带内为升没星。轨迹带以北为恒显星，以南为恒隐星

南半球观测：地平圈在周日视运动中的轨迹带内为升没星。轨迹带以南为恒显星，以北为恒隐星

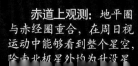

肉眼观测的深度

肉眼观测：人类用肉眼而不借助任何观测工具的观测。

肉眼能够观测的距离：肉眼能够观测到黑暗背景中的光点，如果光点的光度能够到达人的肉眼而被感应，则无论多远的光点肉眼都可以观测到。

肉眼能够观测到的天体：肉眼在黑夜所看到的星星约7,000余颗，除了几颗行星、卫星、彗星外，多数是类似太阳的恒星及一些星团或星系等。肉眼观测到的这些天体绝大部分为银河系里距离太阳系较近的恒星，范围大约不过数千光年。而肉眼看到的这些密密麻麻的星星与整个总星系的天体相比不过是九牛一毛，这是由于那些天体距离地球太过遥远，有的甚至达到上百亿光年，其光度远远达不到地球，其中在人马座方向，距离地球不到3万光年的银河系中心及恒星高度密集的银盘，肉眼无法分辨出单颗恒星，而是看到由无数单星合成的光带，被称为银河。

太阳

银河系

肉眼观测最远和最近的天体：肉眼观测到的天体只有一小部分来自银河系外。如仙女座星系距离地球约245万光年，是人类肉眼可观测到的最远的天体之一。人类看到的最近的大型天体是月球，最近时距离只有363,300千米。

太阳位置

蓝色区域为人类肉眼夜晚见到的大部分星星所在的范围，直径不足5,000光年

银盘

望远镜的极限星等

物镜口径	极限星等
50mm	10.1等
60mm	11.1等
75mm	13.1等
100mm	13.7等
125mm	14.2等
150mm	14.6等
200mm	15.2等
250mm	15.7等
300mm	16.1等
350mm	16.5等
400mm	16.7等
450mm	17.0等
500mm	17.2等
600mm	17.6等
750mm	18.1等
900mm	18.5等

编者注：背景图片
由郭丽廷老师提供。

口径
203mm

口径
150mm

口径
60mm

望远镜和肉眼看到的星星

望远镜观测或拍摄到的星近40亿颗　　人仅用肉眼可观测到7,154颗星

7等星	10,000颗	-1等星	1颗
8等星	32,000颗	0等星	4颗
9等星	97,000颗	1等星	15颗
10等星	270,000颗	2等星	48颗
11等星	700,000颗	3等星	171颗
12等星	1,800,000颗	4等星	513颗
13等星	5,100,000颗	5等星	1,602颗
14等星	12,000,000颗	6等星	4,800颗
15等星	27,000,000颗		
16等星	55,000,000颗		
17等星	120,000,000颗		
18等星	240,000,000颗		
19等星	510,000,000颗		
20等星	945,000,000颗		
21等星	1,890,000,000颗		

　　天上的星星密密麻麻，人的肉眼在同一时刻只能看到全天一半的星星，即便在周日视运动中看到的全天星星也只有7,154颗，借助望远镜或利用拍摄技术可观测到数十亿颗星，随着光学技术的发展，还会观测到更多更暗的星星。身处不同纬度观测到的星空范围是不同的，纬度越高星空范围越小，纬度越低星空范围越大。

天体的识别

天体系统:
可观测宇宙 (一级天体系统)
超星系团 (二级天体系统)
星系团/群 (三级天体系统)

用肉眼和望远镜可观测到的天体:
星系及星系际物质
恒星、星团、星云及恒星际物质
行星、矮行星、小行星、彗星、流星及行星际物质
行星和矮行星的卫星

用专用设备可探测到的天体:
红外源、紫外源、射电源、X射线源、γ射线源

恒星与行星的识别:
1. 使用星图或星图软件了解星空，熟悉黄道在夜空的位置;
2. 行星一定在黄道带内，但要区别位于黄道带的其他亮星;
3. 行星在一般大气条件下其光线比一般恒星稳定而不闪烁;
4. 行星比夜空中最亮的恒星——天狼星更亮，但天王星和海王星除外，有时土星和木星的亮度也低于天狼星的亮度;
5. 行星比恒星的颜色强烈，金星为橙色，火星为红色，木星为棕黄色，土星为银黄色，天王星和海王星呈蓝色;
6. 行星和小行星的位置每天会在恒星的背景上有移动变化;
7. 用望远镜可见行星表面的细节及其卫星，而恒星看不到;
8. 恒星光线散焦出现同心环，而行星光线散焦则变得模糊;
9. 遇到无法聚焦的发光体，可能是星团、星云或星系。

发光物体分类和特点

太阳 太阳系的恒星 (自身发光，灼热)

月亮 反射阳光，月相变化

星点
- 不动
  - 闪烁
    - 恒星 (类似气流闪动)
  - 不闪
    - 行星 (光线清晰，隔日观测有移动)
    - 彗星 (光线模糊，有尾巴)
    - 小行星 (光线暗，隔日观测有移动)
    - 卫星 (光线暗，隔日观测有移动)
    - 爆发的超新星 (强光，数日消失)
    - 太空飞船 (光亮，隔日消失)
    - 星团、星云、星系 (不能聚焦)
    - 灯塔、桅灯等 (接近地平线)
- 移动
  - 快移
    - 流星　亮光划过夜空
    - 火流星 { 普通火流星 (明亮无声) / 发声火流星 (明亮有爆炸声) }
    - 陨落的太空垃圾 (类似普通火流星)
    - 发射的火箭 (红光点较大，有光尾)
    - 发射的枪弹炮弹 (发光时间短)
  - 慢移
    - 人造卫星 (光线稳定，匀速移动)
    - 机动车 (光线不稳，忽隐忽现)
    - 战斗机 (光线稳定，匀速移动)
    - 气象气球、孔明灯 (光线渐暗)
  - 闪移
    - 客机、直升机 (匀速移动，闪烁)

三垣与四斗

紫微垣：北天极附近诸星，为黄河流域的拱极星区。

太微垣：夏夜天顶西侧诸星，概为紫微垣与二十八星宿之间的狮子座、后发座、室女座、猎犬座等天区。

天市垣：夏夜天顶东侧诸星，概为蛇夫座、巨蛇座、天鹰座、武仙座、北冕座等天区。

北斗：北方天空排列成斗（勺）形的七颗亮星，七颗星的名称是天枢、天璇、天玑、天权、玉衡、开阳、摇光。根据北斗星便能找到北极星，故又称指极星。北斗七星在大熊座内。

南斗：夏夜南方天空排列成扣斗（勺）形的六颗亮星，六颗亮星的古称是令星、阴星、善星、福星、印星、将星。南斗六星在人马座内。

东斗：冬夜参宿的三颗亮星，俗称三星，在猎户座内。

西斗：指夏夜心宿的三颗亮星，在天蝎座内。

冬季大弧线: 冬夜头顶由五车二、五诸侯三、南河三和天狼星等4颗星连线构成的大曲线。

秋季四边形: 又称飞马－仙女大方框,秋季夜空头顶由飞马座的α、β、γ和仙女座α星等4颗星组成的四边形

秋冬星象

南天大三角:
秋季夜空南天由鲸鱼座的土司空、南鱼座的北落师门及凤凰座的火鸟六组成。

冬季大椭圆:
冬夜由五车二、北河二、南河三、天狼、参宿七、毕宿五等6颗星连线构成的大椭圆。

冬季大钻石:
在冬夜头顶由五车二、北河三、南河三、天狼、参宿七、毕宿五等6颗星组成的大钻石,又称冬季大六边形。

冬季大三角:
冬夜由大犬座的天狼星、小犬座的南河三及猎户座的参宿四所形成的三角形。此外,还有金牛座大弹弓和双鱼座小环等亮星连线。

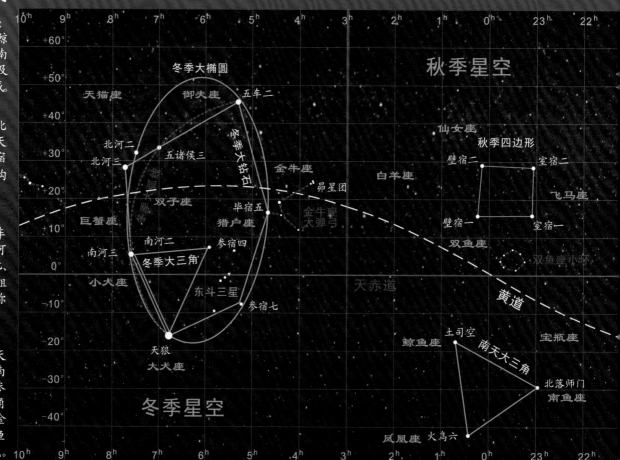

春夏三大直角三角形：一是由织女一、大角和心宿二组成；二由大角、角宿一和心宿二组成；三是由大角、角宿一和轩辕十四组成。

春季大钻石：即室女的钻石，由猎犬座α、狮子座β、室女座α、牧夫座α等4颗星组成。

春夏星象

牛郎织女鹊桥： 天鹰座的牛郎星与天琴座的织女星远隔天河相望，牛郎织女鹊桥相会的神话故事即源于此。此外，还有北十字、天蝎座大S、武仙座大H、北冕半圆、狮子座大镰刀、人马座茶壶和茶匙等亮星连线形象。

夏季大三角： 夏季东南夜空由天琴座的织女一、天鹅座的天津四及天鹰座的河鼓二组成。

春季大三角： 春季大钻石内，由狮子座β、室女座α和牧夫座α组成。

春季大曲线： 大熊座的开阳、牧夫座的大角、室女座的角宿一和乌鸦座的轸宿四等亮星的连线构成的曲线。

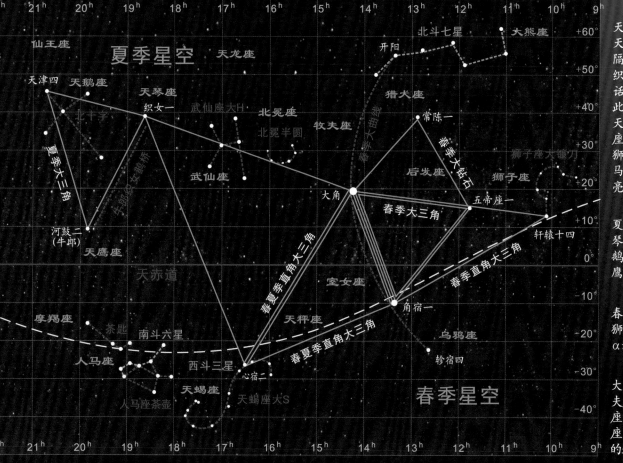

恒显圈与恒隐圈

恒显圈: 在天球上,北极距等于观测地纬度的赤纬圈。在圈内的天体永远在地平面之上。换言之,北半球某地的恒显圈即以北天极为中心,该地的纬度为半径,在天球上所作的小圈。恒显圈内的星星为恒显星,也叫拱极星。观测者所在的纬度越高,恒显圈越大。

恒隐圈: 对于北半球同一个地方,天球上南极距等于该地纬度的赤纬圈也是一个小圈,这个小圈内的星永远在地平面以下而观测不到,这个圈叫恒隐圈。

恒显星: 在周日视运动中,北天极附近的恒星一直在地平线上,永不没入地平线下,这些星叫恒显星。

恒隐星: 在周日视运动中,南天极附近的恒星一直在地平线下,永不升出地平线上,这些星叫恒隐星。

升没星: 在周日视运动过程中,天赤道附近的恒星,不在恒显圈和恒隐圈之内,东升地平线上,西落地平线下,这些星叫升没星。

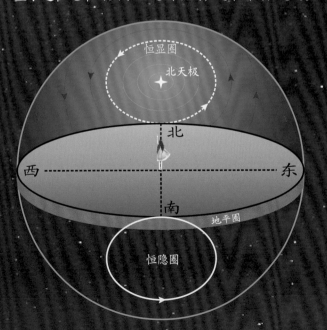

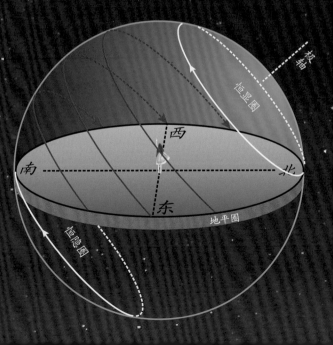

特殊的恒显圈与恒隐圈

赤道上的恒显圈和恒隐圈：在地球赤道上，没有恒显圈，也没有恒隐圈，所有星星随着地球自转相继垂直地在赤道地平圈上升落，而两个天极上的星星似乎静止不动。赤道上没有拱极星。

两极上的恒显圈和恒隐圈：在地球的极点，有地球上最大的恒显圈或恒隐圈，在北极点只能看到北半天球，在南极点只能看到南半天球。所见到的星星与地平圈平行转动永不升落，而另一半天空则永远看不到。

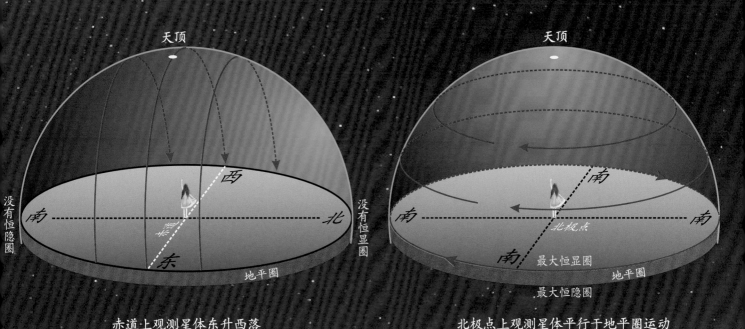

赤道上观测星体东升西落　　　　　　北极点上观测星体平行于地平圈运动

黄道带

天球旋转

北黄极

北天极

秋分

天赤道0°

地球

冬至

夏至
太阳

23°26′

黄道

9° 黄道带

9° 黄道带

春分

南天极

南黄极

地轴

垂直轴

黄道带：是指天球上黄道南北两边各9°宽的环形区域，该环形区域涵盖了太阳系内八大行星与多数小行星所运行的区域。

公元前五世纪，古巴比伦人首先使用了黄道带这一概念。他们把整个天空想象成一个布满星体的大球，类似今天的天球，黄道是太阳在大球上运动的轨迹，黄道两侧的区域就是黄道带。

古巴比伦人把黄道带分为十二个区域，这就是黄道十二宫。

黄道十二宫： 在黄道上从春分点起算，每隔30°为一宫，各以其所含黄道星座名命名。由于春分点向西移动，2,000年前在白羊座的春分点现在已移至双鱼座，因此现在的宫名与星座名已不吻合。

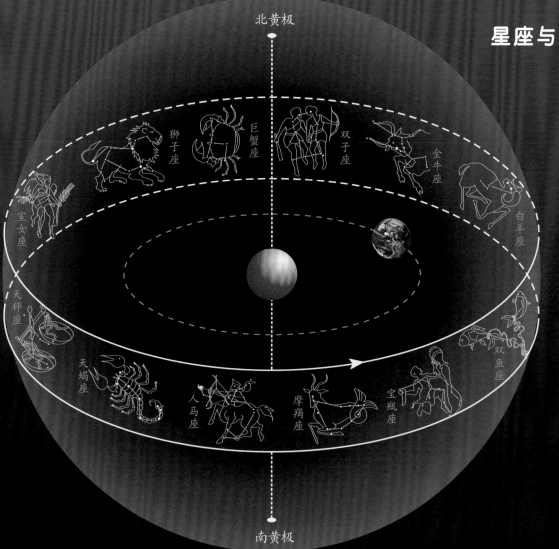

星座与星宫星宿

星座数量： 公元150年，埃及科学家托勒密列出了包括12个黄道星宫在内的47个星座，之后陆续增加到全天88个星座。其中，北天28个，南天47个，黄道星座13个。

黄道12星宫： 黄道上按30°等分的12个星宫。即白羊座、双鱼座、宝瓶座、摩羯座、人马座、天蝎座、天秤座、室女座、狮子座、巨蟹座、双子座和金牛座。事实上在人马座和天蝎座之间有一个蛇夫座，也是黄道上的星座。

中国的星宿： 中国二十八宿是日月五行经过的地方，基本与黄道星座重合。

全天88个星座名称： 星座的名称，14个用人名，9个用雀鸟名，2个用有昆虫名，29个用水陆动物名，34个用神话异兽及器具名。而多数星座亮星连线的形状与它们的名称毫不匹配。

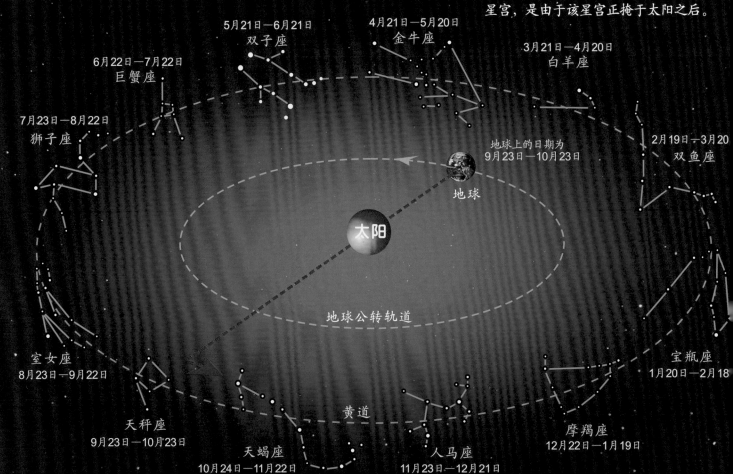

黄道星宫的周年视运动

黄道星宫日期，即太阳周年视运动进入星宫的日期，此时在地球上观测不到该星宫，是由于该星宫正掩于太阳之后。

5月21日—6月21日
双子座

4月21日—5月20日
金牛座

3月21日—4月20日
白羊座

6月22日—7月22日
巨蟹座

2月19日—3月20日
双鱼座

7月23日—8月22日
狮子座

地球上的日期为
9月23日—10月23日

地球

太阳

宝瓶座
1月20日—2月18日

室女座
8月23日—9月22日

地球公转轨道

天秤座
9月23日—10月23日

黄道

摩羯座
12月22日—1月19日

天蝎座
10月24日—11月22日

人马座
11月23日—12月21日

黄道十二星宫及日期	黄道十三星座及日期
摩羯座(山羊座) 12月22日—1月19日	摩羯座 1月19日—2月15日
宝瓶座(水瓶座) 1月20日—2月18日	宝瓶座 2月16日—3月11日
双鱼座 2月19日—3月20日	双鱼座 3月12日—4月18日
白羊座 3月21日—4月20日	白羊座 4月19日—5月13日
金牛座 4月21日—5月20日	金牛座 5月14日—6月19日
双子座 5月21日—6月21日	双子座 6月20日—7月20日
巨蟹座 6月22日—7月22日	巨蟹座 7月21日—8月9日
狮子座 7月23日—8月22日	狮子座 8月10日—9月15日
室女座(处女座) 8月23日—9月22日	室女座 9月16日—10月30日
天秤座 9月23日—10月23日	天秤座 10月31日—11月22日
天蝎座 10月24日—11月22日	天蝎座 11月23日—11月29日
	蛇夫座 11月30日—12月17日
人马座(射手座) 11月23日—12月21日	人马座 12月18日—1月18日

黄道十二宫与二十八宿

中国古人发现月球大约用28天在天上走过一圈，于是把黄道和白道经过的星空中的恒星划分为二十八星组，月球每晚在其中的一个星组内"住宿"，便形成了二十八星宿体系。每个星宿又包含若干个中国星宫。因此，中国的二十八星宿是黄道和白道附近的星区，而西方十二星宫则是黄道上的星座。

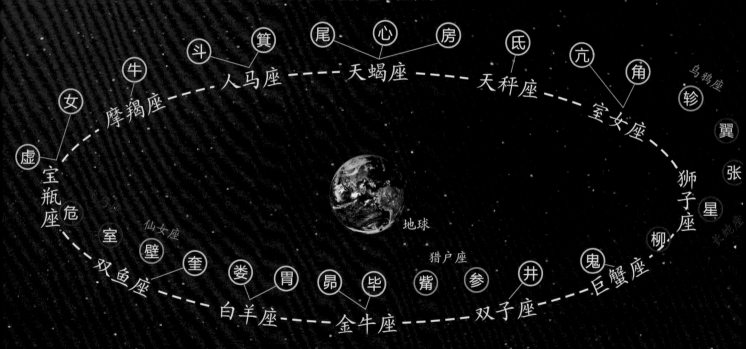

黄道上的十八个星宿： 宝瓶座的虚和女，摩羯座的牛，人马座的斗和箕，天蝎座的尾、心和房，天秤座的氐，室女座的亢和角，巨蟹座的鬼，双子座的井，金牛座的毕和昴，白羊座的胃和娄，双鱼座的奎。

不在黄道上的十个星宿： 仙女座的壁，飞马座的室和危，乌鸦座的轸，长蛇座的翼、张、星和柳，猎户座的参和觜。

二十八生与十二肖

黄色为黄道星宿
白色为非黄道宿
红色为十二属相

地球

北宫玄武

西宫白虎

东宫青龙

南宫朱雀

四象形象图

东宫青龙：四象之一。青龙原代表中国古老神话中的东方之神，而东方七宿的角、亢、氐、房、心、尾、箕，其形像龙，东方属木色青，故称青龙。

南宫朱雀：四象之一。朱雀原代表中国古代神话中的南方之神，而南方七宿的井、鬼、柳、星、张、翼、轸，其形像鸟，南方属火色赤，故称朱雀。

西宫白虎：四象之一。白虎原代表中国古老神话中的西方之神，而西方七宿的奎、娄、胃、昴、毕、觜、参，其形像虎，西方属金色白，故称白虎。

北宫玄武：四象之一。玄武原代表中国古老神话中的北方之神，而北方七宿的斗、牛、女、虚、危、室、壁，其形像龟，也称龟蛇合体，因北方属水色玄(黑)，故称玄武。

二十八宿的周年视运动

中国二十八星宿，是日、月、五行周年视运动"留宿(经过)"的星区。

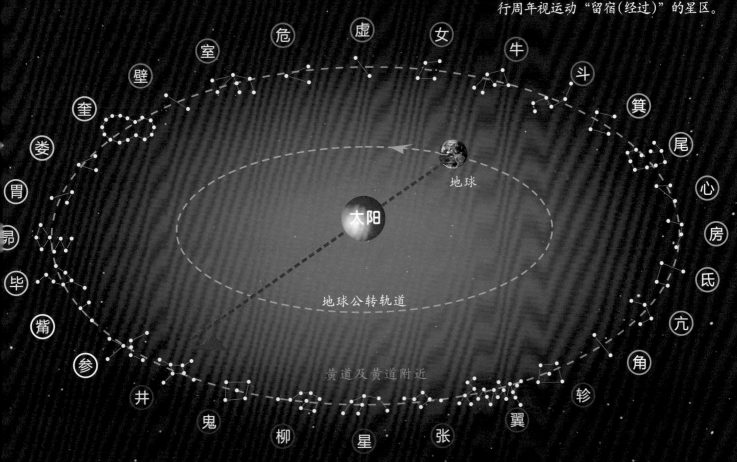

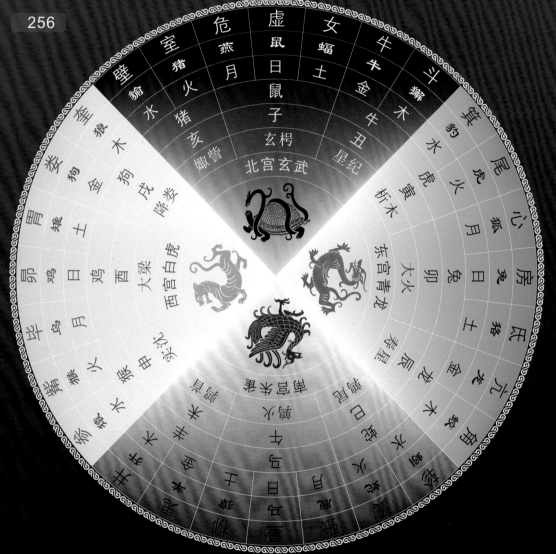

四象的来源

四象：中国天文上的四象，是古人把东西南北四方每一方的七宿分别想象为东方青龙象、西方白虎象、南方朱雀象和北方玄武象这四种动物象。四象分别对应二十八宿、十二肖、五行、九野、十二地支。

四象来源：四象源于古人对星宿和神灵的信仰，也称四神、四灵。如东方青龙，角宿像龙角，氐宿和房宿像龙身，尾宿像龙尾。

北宫玄武七宿：
斗牛女虚危室壁

西宫白虎七宿：
奎娄胃昴毕觜参

南宫朱雀七宿：
井鬼柳星张翼轸

东宫青龙七宿：
角亢氐房心尾箕

二十八宿生

二十八宿: 分布于黄道和白道附近的二十八组星区, 是中国古人观测日月五行的运行及确定季节、编订历法的天象标志之一。二十八宿与三垣结合在一起, 成为中国古代识别星空和划分天区的标准。

二十八生: 二十八宿分为四组, 每组七宿, 每宿代表一个动物, 称为二十八生, 其中含十二肖。

北宫七宿代表的七生:
斗 牛 女 虚 危 室 壁
獬 牛 蝠 鼠 燕 猪 貐

西宫七宿代表的七生:
奎 娄 胃 昴 毕 觜 参
狼 狗 雉 鸡 乌 猴 猿

南宫七宿代表的七生:
井 鬼 柳 星 张 翼 轸
犴 羊 獐 马 鹿 蛇 蚓

东宫七宿代表的七生:
角 亢 氐 房 心 尾 箕
蛟 龙 貉 兔 狐 虎 豹

太阳的视大小

太阳的实际位置和大小

太阳虚像
中午的太阳经过大气密度梯度折射，虚像视角变小

早晚的太阳（月亮亦同）看上去比中午太阳大，主要是由大气折射、背景色视觉偏差、云层面视差和蓬佐错觉等原因造成的一种视觉现象。

大气折射： 大气垂直分层及大气不均匀的介质会使阳光偏离直线传播，发生弯曲现象，因此人们看到的日出和日落是太阳的虚像，而此时的太阳是处在地平线以下的。大气层由地面到高空的分布层次为：对流层、平流层（层底有臭氧层）、中间层、电离层（暖层）和散逸层（外层）。

背景色视觉偏差： 一个黑球和一个白球大小相同，人的视觉感觉在黑色背景下的白球要比白色背景下的黑球显得大一点，这就是人的视觉偏差。日出日落也是同理，早晚太阳周围底色较暗，中午太阳周围底色明亮，所以会产生看太阳早晚显得大的偏差。

云层面视差： 如下图所示

早晚的太阳经过大气密度梯度折射，虚像视角变大

太阳虚像

地平线

太阳的实际位置和大小

大气层

地球

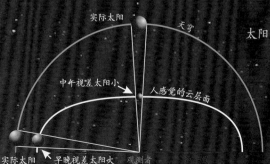

实际太阳
天穹
中午视差太阳小
人感觉的云层面
实际太阳　早晚视差太阳大
观测者

蓬佐错觉： 同样大小的物体，与大物体比照则视差小，与小物体比照则视差大。早晚的太阳在地平线附近以地面物体作为参照物，而中午的太阳则以整个天空为参照物。

月牙的倾角

　　同一时刻在地球上不同纬度地区看到的月牙（月相）倾角不同，其原因是在高纬度地区，白道与地平线的夹角较小，月牙看起来是"站着"的，而随着纬度降低，夹角变大，月牙就逐渐"躺下"了。

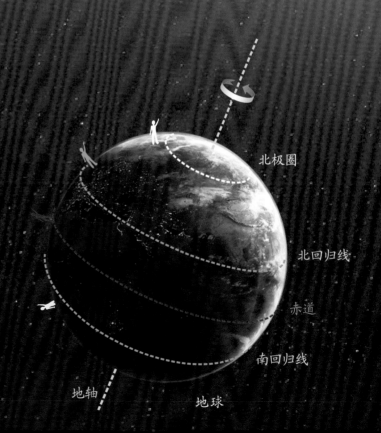

月球

在高纬度看，月牙"站着"

在中纬度看，月牙"靠着"

在低纬度看，月牙"躺着"

在南半球看，月牙"倒着"

北极圈

北回归线

赤道

南回归线

地轴

地球

日食观测视差

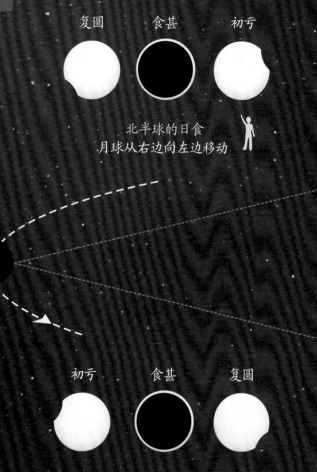

复圆　食甚　初亏

北半球的日食
月球从右边向左边移动

月球

初亏　食甚　复圆

南半球的日食
月球从左边向右边移动

地球

赤道

对于北半球的观测者来说，发生日食时，月面是从右边切入太阳的；而对于南半球的观测者来说，月面则是从左边切入太阳的。月食、行星凌日的现象类似，也是南北半球的视差方向相反。

凌日观测视差

　　对于地球不同位置的观测者来说，发生金星凌日时，都存在着视差。一是同纬度不同地区的凌始、凌终的先后差别；二是在不同半球观测入凌、出凌的东西方向相反视差；三是同纬度地区凌日路径不同的视差。

　　金星凌日时，在地球上两个不同地点同时观测金星穿越太阳表面所需的时间，由此算出太阳的视差，可以得出准确的日地距离。

B 凌日路径

A 凌日路径

金星

太阳

A

地球

B

　　黑滴现象： 金星凌始内切和凌终内切时，即太阳边缘和金星边缘互相靠得很近、即将接触时，会发现有非常细的丝将两个边缘连接，出现黑滴现象。这是由于大气视宁度、光的衍射、观测设备等原因导致的。

　　在凌始和凌终阶段，有时金星视面边缘会出现晕环，是由于金星大气层顶部反射和散射阳光形成的。

月球、木星、土星的观测

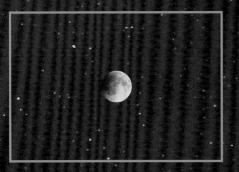

用肉眼观测月球

用双筒望远镜观测月球

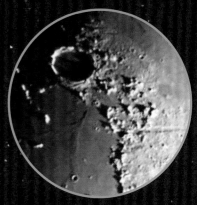

用天文望远镜观测月球

编者注：部分图片由天文同好文佳提供。

用不同口径的望
远镜观测的木星

60mm
折射镜

114mm
反射镜

127mm
折反镜

203mm
反射镜

254mm
反射镜

用不同口径的望
远镜观测的土星

60mm
折射镜

80mm
折射镜

125mm
折反镜

203mm
折反镜

280mm
折反镜

仅凭肉眼能够观
测到的梅西耶星

M2 M3 M4 M5 M6 M7 M8 M11 M13 M15 M16
M17 M20 M21 M22 M24 M25 M31 M33 M34 M35 M36 M37
M39 M41 M42 M44 M45 M46 M47 M48 M50 M55 M67 M92 M93

地内行星的凌日

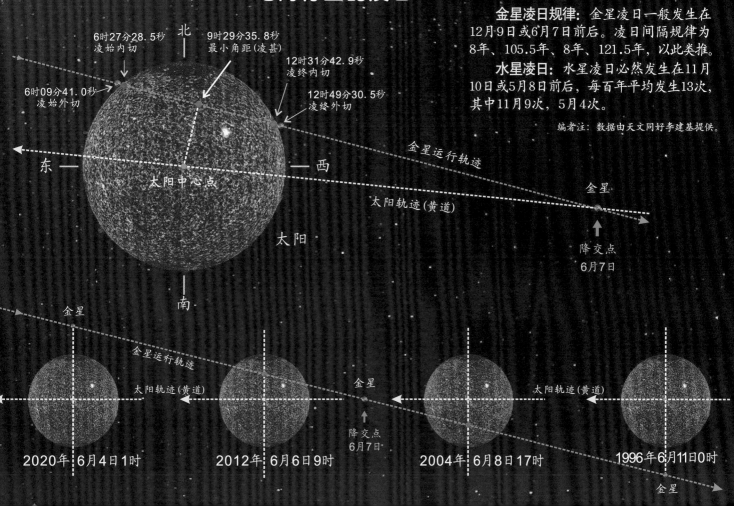

金星凌日规律： 金星凌日一般发生在12月9日或6月7日前后。凌日间隔规律为8年、105.5年、8年、121.5年，以此类推。

水星凌日： 水星凌日必然发生在11月10日或5月8日前后，每百年平均发生13次，其中11月9次，5月4次。

编者注：数据由天文同好李建基提供。

6时27分28.5秒 凌始内切

9时29分35.8秒 最小角距(凌甚)

12时31分42.9秒 凌终内切

6时09分41.0秒 凌始外切

12时49分30.5秒 凌终外切

北

东

西

南

太阳中心点

太阳

金星运行轨迹

太阳轨迹(黄道)

金星

降交点 6月7日

金星

金星运行轨迹

太阳轨迹(黄道)

金星

降交点 6月7日

太阳轨迹(黄道)

2020年6月4日1时

2012年6月6日9时

2004年6月8日17时

1996年6月11日0时

金星

地内行星的位相

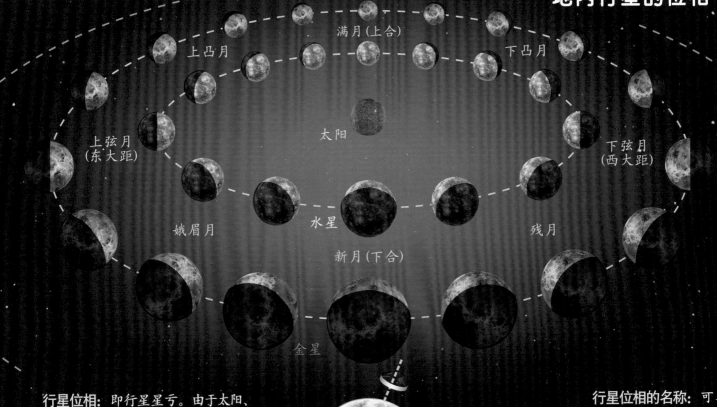

满月(上合)

上凸月

下凸月

上弦月
(东大距)

太阳

下弦月
(西大距)

娥眉月

水星

残月

新月(下合)

金星

行星位相： 即行星星亏。由于太阳、地球、行星(主要是地内行星)三者位置的周期性改变，在地球上观测行星被太阳照亮的半球则出现类似月亮圆缺的位相。

地球自转

地球公转轨道

地球

行星位相的名称： 可与月相名称类比，其中主要四相为：上合对应满月(望)，下合对应新月(朔)，东大距对应上弦月，西大距对应下弦月。

编者注：本图参考自赵伟光发送的图片。

行星的观测大小

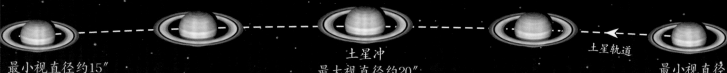

最小视直径约15″　　土星冲 最大视直径约20″　　土星轨道　　最小视直径

最小视直径约31″　　木星冲 最大视直径约50″　　木星轨道　　最小视直径

最小视直径约6″　　火星冲 最大视直径约25″　　最小视直径

火星、木星和土星从东方照到冲，视直径逐渐变大，冲时视直径最大，此后视直径逐渐变小。轨道距地球越近，视直径变化越明显。

木星和土星的直径均为火星直径的20倍左右，从地球上看，木星远于火星，土星又远于木星，因此木星的视直径比火星只大一倍多，土星的视直径与火星接近。其他几个天体的视直径为：水星约10″，天王星约3″，海王星约2″，太阳31′~33′，月球29′~33′。

地球

土星光环的倾角

土星环倾角：土星环与土星赤道面平行，由于土星赤道
倾角为27°，因此土星环相对于黄道面的最大倾角也为27°。

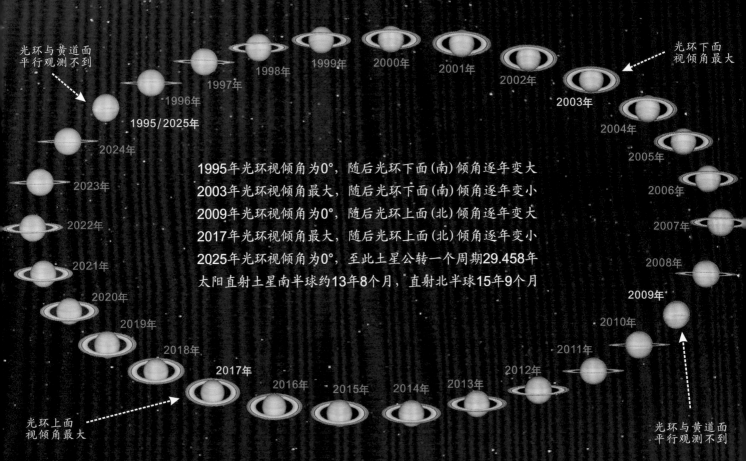

光环与黄道面
平行观测不到

1995/2025年

2024年

2023年

2022年

2021年

2020年

2019年

2018年

2017年

光环上面
视倾角最大

2016年　2015年　2014年　2013年

2012年

2011年

2010年

2009年

光环与黄道面
平行观测不到

1996年

1997年

1998年　1999年　2000年　2001年

2002年

2003年

光环下面
视倾角最大

2004年

2005年

2006年

2007年

2008年

1995年光环视倾角为0°，随后光环下面(南)倾角逐年变大
2003年光环视倾角最大，随后光环下面(南)倾角逐年变小
2009年光环视倾角为0°，随后光环上面(北)倾角逐年变大
2017年光环视倾角最大，随后光环上面(北)倾角逐年变小
2025年光环视倾角为0°，至此土星公转一个周期29.458年
太阳直射土星南半球约13年8个月，直射北半球15年9个月

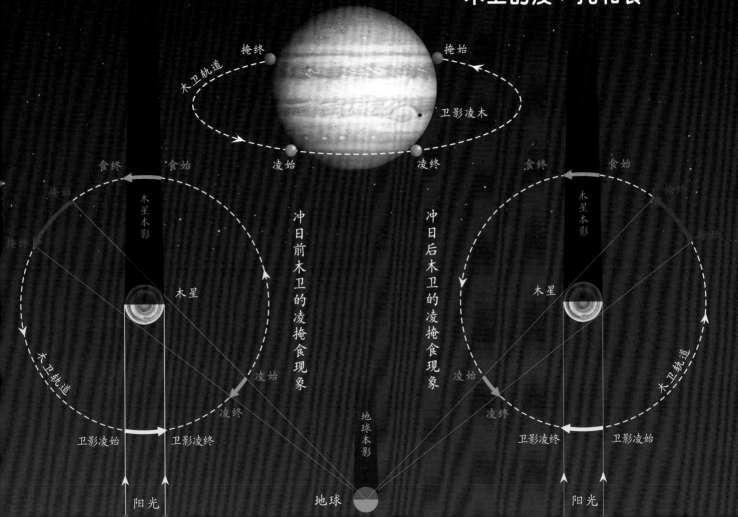

木卫的凌、掩和食

木卫轨道

掩终　　　　　　掩始

卫影凌木

凌始　　　　　凌终

食终　　食始　　　　　　　　　食终　食始

掩始　　　　　　　　　　　　掩终

木星本影　　　　　　　　　　　　木星本影

冲日前木卫的凌掩食现象　　　　冲日后木卫的凌掩食现象

木星　　　　　　　　　　　　木星

掩终　　　　　　　　　　　　　掩始

木卫轨道　　　　　　　　　　　　　　　　木卫轨道

凌始　　　　　　　　　　　　凌始

凌终　　　　　　　　　　　　凌终

卫影凌始　　卫影凌终　　　　卫影凌终　　卫影凌始

阳光　　　　　地球本影　　　　阳光

地球

行星逆行的成因

逆行：行星或卫星视运动走向从东向西不符合共性的现象。地内行星下合前后或地外行星冲前后都发生一个"留"，这两个"留"之间的走向为逆行。逆行是由于地球和其他行星公转周期不一致而造成的视觉现象，使得行星的轨迹看上去好像在天球恒星背景上出现逆轨道方向的移动，而事实上并不是真的掉头逆行。

留：行星顺行与逆行之间的转折点称为留。发生在顺行转变为逆行的瞬间为顺留，逆行转变为顺行的瞬间为逆留。

火星在天球上的轨迹

顺行

(顺)留

逆行

(逆)留

顺行

恒星背景

火星

火星公转轨道

火星公转周期687天

地球公转周期365天

地球

黄道面

太阳

行星的周年视运动

水星、金星、火星、木星和土星这五大行星在天空的位置变化相对复杂，它们的运动方向有时向西、有时向东、有时甚至停留，这是由于这些行星与地球一样围绕太阳做周期性运动所致。它们的公转周期不同，轨道倾角也不同，但它们的运动轨迹都在黄道带内。

木星

火星

土星

金星

水星

水星

水星

木星

火星

土星

金星

水星

晨昏蒙影中的行星

由水星、金星、土星、火星和木星这五颗肉眼可见的行星，沿黄道带组成的五星连珠天象。

民用晨昏蒙影的色彩分层现象，由下向上依次为橙红、黄绿、淡蓝、深蓝等。

行星连珠

行星连珠： 指观测者的视觉现象，即太阳系任何三颗甚至更多颗行星运行在一个以太阳为中心或以地球为中心的特定张角范围内的现象，称为行星连珠。行星连珠不是行星像糖葫芦一样串成一条线，而是在一个扇形的天区内。

土星

天王星

火星

金星

地球

海王星

五星连珠： 也叫五星聚，是以地球为中心，金木水火土五大行星位于太阳的一侧，并聚集在一定夹角的扇形区域内，人们可以在这片区域内用肉眼观测到。还有六星、七星、八星连珠，甚至九星连珠的天象。

行星连珠的周期： 根据计算，公元前3000年至公元3000年这6,000年间，张角在5°以下，六星连珠发生49次，七星连珠发生3次，八星以上连珠不会发生；张角扩大到10°，六星连珠发生709次，七星连珠发生52次，八星连珠发生3次；张角扩大到15°，九星连珠将会在2149年12月10日发生。

行星连珠的成因： 八大行星围绕着太阳公转，其公转周期各不相同，就会形成行星之间时合时分、时聚时散的现象。这些连珠现象具有周期性，行星越多的连珠，周期越长。此外行星连珠的张角越小，连珠发生的周期也越长。目前张角大小没有统一标准。

日月的视大小

日全食

日环食

日偏食

钻石环：日全食期间，食既或生光时，由于月球的表面凹凸不平，日光仍可透过凹处发射出来，形成类似珍珠的明亮光点，如果珍珠光点只有一颗而且大，加上色球层，这便是钻石环。

贝利珠：随着太阳光线被遮挡得更多，钻石逐渐破碎成一串珍珠般的颗粒，这就是贝利珠。贝利珠的持续时间比钻石环的持续时间更短。生光前的钻石环与贝利珠的过程与此正好相反。

钻石环

贝利珠

月影凌地

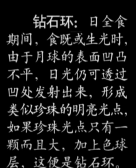

太阳的直径约为月球直径的400倍，太阳到地球的距离恰好也是月球到地球的400倍，因此从地球上观看太阳和月球，二者的视直径相差无几。但由于月球存在近地点和远地点，地球存在近日点和远日点，所以日月的视直径有微小的变化，从而会形成日全食和日环食现象。

太阳最近的视大小 ————

太阳最远的视大小 ··········

月球最近的视大小 ━━━━

月球最远的视大小 ■■■■■■

宇宙的探索

中国古代天文成就:

- 浑天说
- 尧帝时代设立天文官
- 最古老天文仪器圭表
- 西汉落下闳改制浑仪
- 东汉张衡创水动浑象
- 元郭守敬创制简仪

国外天文成就:

- 欧多克斯地心说
- 哥白尼日心说
- 开普勒运动定律
- 牛顿万有引力定律
- 爱因斯坦相对论

人类观测太空历史:

- 1609年伽利略首次把望远镜指向了天空，开启太空观测
- 1931年美国央斯基用无线电开启了射电望远镜观测太空
- 从1960年美国发射第一颗天文卫星开始，人类陆续发射了光学、X射线、γ射线、紫外线、红外线等天文观测卫星。较著名的有哈勃太空望远镜和开普勒太空望远镜

人类载人航天步伐:

- 1957年苏联发射第一颗人造卫星迈开了人类飞往太空的步伐
- 1961年苏联加加林成为首位进入环绕地球轨道的人类
- 1969年美国阿波罗号载人飞船成功登月

人类探测空间的痕迹:

- 1958年美国发射探险者1号把人类探测活动从近地空间延伸到了月球。之后，太空探测器又陆续拜访了金星、火星、木星、水星、土星、天王星、海王星和冥王星
- 1972年美国发射的先驱者10号探测器，在1983年越过了海王星的平均轨道

美国阿波罗号登月

开普勒太空望远镜

中国宇航员太空漫步

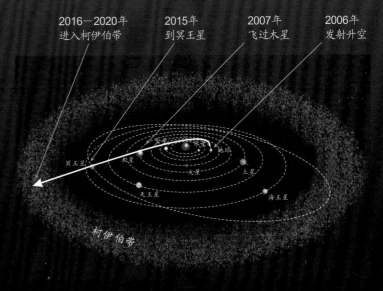

2016—2020年 进入柯伊伯带　　2015年 到冥王星　　2007年 飞过木星　　2006年 发射升空

柯伊伯带

美国新视野号太阳系飞行历程

太阳"8"字图：拍摄者把一年内每天在同一时间、地点、角度拍摄的数个太阳叠加一起而成的"8"字形轨迹。图中太阳的最高点在夏至日，太阳的最低点在冬至日。这是由于真太阳时与平太阳时之间的时差造成的。

广州每天10点
（北纬23°7′）

太阳的"8"字图

博克图每天15点
（北纬48°45′）

太阳周年视运动组合图

视运动： 太阳在天球上的视运动分为周日视运动和周年视运动。周日视运动，如每天太阳东升西落，是由地球自转引起的视觉效果。

周年视运动： 地球公转运动的一种反映。由于地球每年绕太阳公转一圈，而地球上的人通常感觉不到地球的运动，他们只是感觉到太阳在恒星组成的背景上穿行的现象。在天文上把太阳在天球上的周年视运动轨迹叫黄道，也就是地球公转轨道面在天球上的投影。

几个天体到太阳的距离

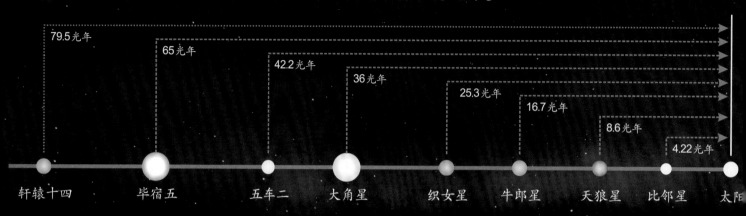

79.5光年

65光年

42.2光年

36光年

25.3光年

16.7光年

8.6光年

4.22光年

轩辕十四　毕宿五　五车二　大角星　织女星　牛郎星　天狼星　比邻星　太阳

几个星系到银河系的距离

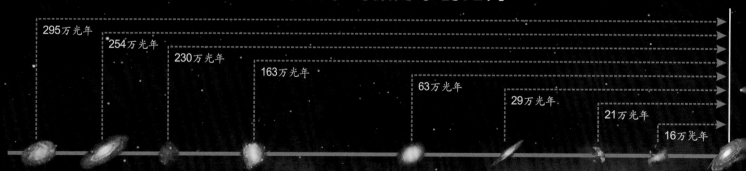

295万光年

254万光年

230万光年

163万光年

63万光年

29万光年

21万光年

16万光年

M33　仙女座星系 IC1613　巴纳德星系　天炉座矮星系　玉夫座星系　小麦哲伦星系　大麦哲伦星系　银河系

恒星的三维空间

构成星座图案的恒星，和地球的距离通常各不相同，彼此之间也没有实体的关联。如大家熟悉的勺子形状的北斗七颗恒星，与地球的距离不尽相同，从59到110光年不等；猎户座诸星距离地球也是从400多到2,000多光年不等。

110光年

75光年

75光年

65光年

62光年

59光年

62光年

北斗星

天球

地球

猎户座

觜宿一

参宿四

参宿五

参宿三

参宿二

参宿一

伐三

参宿七

参宿六

2,000光年

1,500光年

1,000光年

500光年

星系的大小和数量

M110

NGC147

NGC185

仙女座星系
（M31）

LMC

三角座星系
（M33）

NGC6822

银河系

人类所居住的地球处在银河系，而银河系以外的星系称为河外星系，是与银河系同级的恒星系统。

星系的大小：星系的大小差异很大。椭圆星系直径0.3万～70万光年；漩涡星系直径1.6万～16万光年；而不规则星系直径0.65万～2.9万光年。有些河外星系只由几百万颗恒星组成，而有些由几百亿甚至上万亿颗恒星组成。

河外星系的数量：目前观测所及的河外星系有上千亿个，距离银河系比较近的星系约有1,500个，其中本星系群星系有50多个，肉眼明显可见的星系主要有仙女座星系、大麦哲伦星系和小麦哲伦星系。

银河系与几个星系的直径大小比较

10万光年	22万光年	52.2万光年	65万光年	83.2万光年	130万光年	550万光年
银河系	仙女座星系	NGC 6872	Malin 1	UGC 2885	NGC 4889	IC 1101

寻找系外行星的方法

天体测量法: 搜寻系外行星最早的方法。利用高精度天体测量技术和万有引力相互作用的原理,可测量到恒星是否有行星围绕。如果恒星有一颗行星,恒星和行星将会围绕着它们共同的质心旋转,造成恒星做半径很小的、有规律的圆周运动。根据这一规律运动也可以反推出恒星周围行星的数量、质量、轨道等相关性质。

视向速度法: 恒星若有行星围绕,恒星会在行星的引力作用下做圆周运动,出现向着地球或离开地球的距离变化。通过分析光谱的微小红移或蓝移变化,可测得恒星的视向速度。

脉冲星计时法: 通过观察脉冲星的信号周期以推断行星是否存在。因为脉冲星的自转周期或信号周期是稳定的,如果脉冲星有一颗行星,脉冲星的信号周期会发生变化。

引力透镜法: 利用引力透镜效应对恒星和行星的光线偏折不同的测量方法。

直接成像法: 使用大型望远镜有可能发现距离地球较近的恒星周围的行星。

狭义相对论法: 恒星的亮度因行星运动而发生变化,引发相对论效应导致光子以能量的形式堆积。

凌星法: 当系外行星在其主星前方凌过时,主星的亮度会减暗,根据这一减暗规律,可推断行星的存在。

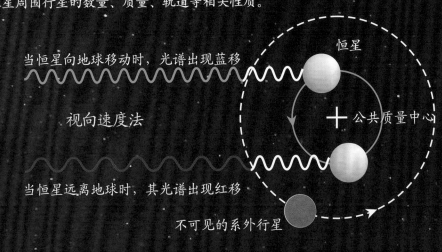

当恒星向地球移动时,光谱出现蓝移

视向速度法

当恒星远离地球时,其光谱出现红移

不可见的系外行星

恒星

公共质量中心

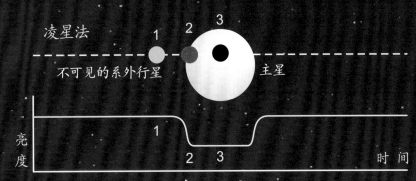

凌星法

不可见的系外行星   主星

亮度   时间

系外行星

系外行星： 泛指在太阳系以外的行星。很早以前，天文学家就相信在太阳系以外存在着其他行星，但直至20世纪90年代，人类才首次确认系外行星的存在。自2002年起每年新发现的系外行星都超过20颗。估计不少于10%类似太阳的恒星都有其行星。系外行星的发现令人联想到它们当中是否存在外星生命。

开普勒太空望远镜： 由美国国家航空航天局(NASA)设计，用来发现环绕着其他恒星之类地行星的太空望远镜。使用NASA研发的太空光度计，预计将花3.5年的时间，在绕行太阳的轨道上，观测10万颗恒星的光度，检测是否有行星凌星的现象(以凌日的方法检测行星)。为纪念天文学家约翰内斯·开普勒而命名为开普勒望远镜。

开普勒望远镜发现的系外行星编号规则： 开普勒＋编号＋英文小写字母。编号为有行星的恒星系统的顺序号，英文小写字母a代表母星，而b、c、d、e、f等依次代表按顺序发现的行星。

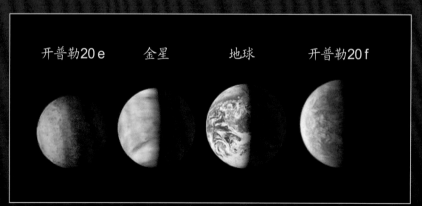

开普勒20 e　　金星　　地球　　开普勒20 f

开普勒186 f

开普勒186 a

系外行星状况： 科学家们利用开普勒望远镜等手段，迄今发现了3,559颗系外行星，另有4,000多颗系外行星等待确认。这些系外行星围绕500多颗恒星运行，很显然其中有一部分是多行星系统，即有多于一颗的行星围绕恒星运行，就像太阳系。这些系外行星中特别引起关注的是，有十多颗如地球般大小，且运行于宜居带，这对于了解类地行星是否普遍存在于银河系及其他星系及地球之外是否存在生命具有重要意义。

系外行星的辨别

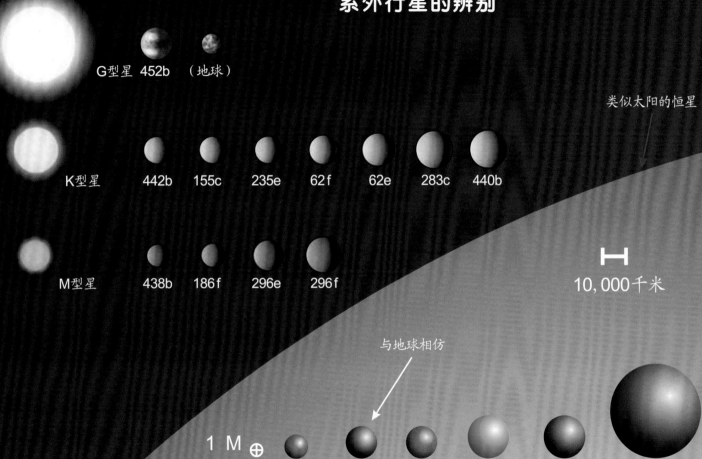

G型星　452b　（地球）

类似太阳的恒星

K型星　442b　155c　235e　62f　62e　283c　440b

M型星　438b　186f　296e　296f

H
10,000千米

与地球相仿

1 M⊕　纯铁行星　硅酸盐行星　碳行星　纯水行星　一氧化碳行星　纯氢气行星

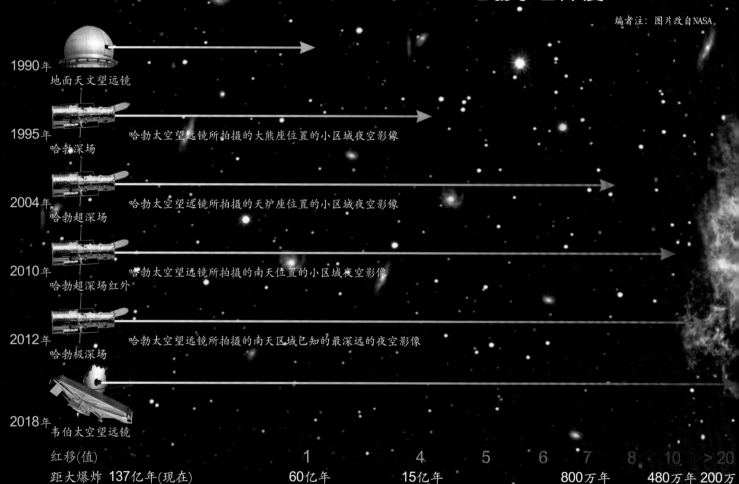

哈勃宇宙深度

编者注：图片改自NASA。

1990年
地面天文望远镜

1995年
哈勃深场 哈勃太空望远镜所拍摄的大熊座位置的小区域夜空影像

2004年
哈勃超深场 哈勃太空望远镜所拍摄的天炉座位置的小区域夜空影像

2010年
哈勃超深场红外 哈勃太空望远镜所拍摄的南天位置的小区域夜空影像

2012年
哈勃极深场 哈勃太空望远镜所拍摄的南天区域已知的最深远的夜空影像

2018年
韦伯太空望远镜

红移(值)   1   4   5   6   7   8 10 >20
距大爆炸 137亿年(现在)   60亿年   15亿年   800万年   480万年 200万

望远镜的宇宙影像

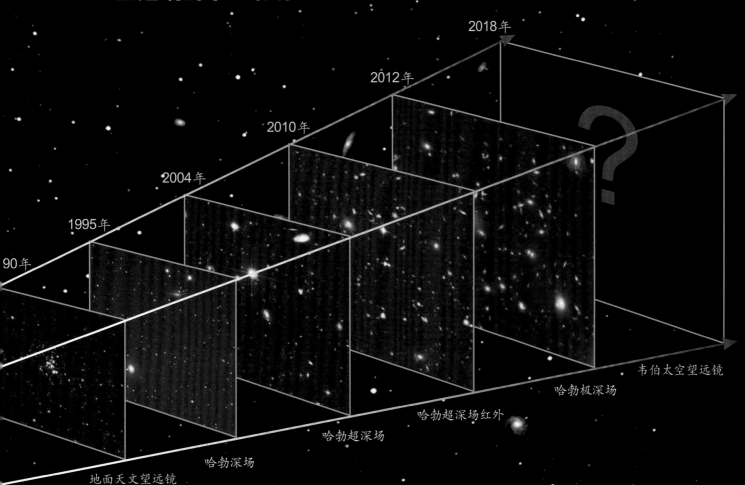

90年

1995年

2004年

2010年

2012年

2018年

地面天文望远镜

哈勃深场

哈勃超深场

哈勃超深场红外

哈勃极深场

韦伯太空望远镜

北极星的位置

指极星： 北方夜空有一个由七颗亮星组成的勺子形状，俗称北斗七星，这个勺子由天枢、天璇、天玑、天权、玉衡、开阳和摇光等七星组成。从其中的天璇起通过天枢向前延伸约五倍于天璇、天枢间距离的一条直线就可遇到一颗较亮的星，那就是北极星，因此天璇和天枢二星被称为指极星。

北极星： 地球自转轴北向所指的那颗星，位于正北方夜空。在周日视运动中，所有天体都围着这颗星逆时针旋转。可以通过指极星找到。

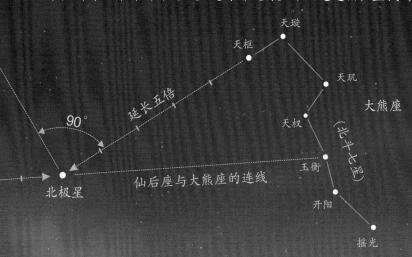

五车二

御夫座

90°

延长五倍

天璇

天枢

天玑

大熊座

天权

（北斗七星）

玉衡

延长五倍

北极星

仙后座与大熊座的连线

开阳

仙后座

摇光

周日视运动及恒显圈

摇光

开阳

玉衡

天权

天玑

天璇

天枢

北极星

半径为观测地纬度

恒显圈

恒显圈半径

地平线

周日视运动： 天体在天球上于每一恒星日内绕天轴由东向西旋转一周的运动。实际是地球自西向东自转的反映。由于地轴指向北极星附近，因此在周日视运动中，所有星体都围着北极星逆时针旋转。

恒显圈： 天球上北极距或南极距等于观测地纬度的赤纬圈为恒显圈。圈内的天体永远在地平线之上。

大熊星座与小熊星座

北斗七星： 北斗七星是大熊座的一部分，七星构成大熊的尾巴。中国古人根据初昏时斗柄所指的方向来测定季节，甚至测定月份和时辰。而北斗七星勺头沿直线延长约五倍于天璇、天枢间距离后的北极星，则是小熊座的熊尾巴尖儿。

北极星序： 分布在北天极附近半径大约2°范围内的恒星光度序列。其中有96颗恒星的照相星等和仿视星等已精确测定在2～20星等，可作为恒星测光的标准。

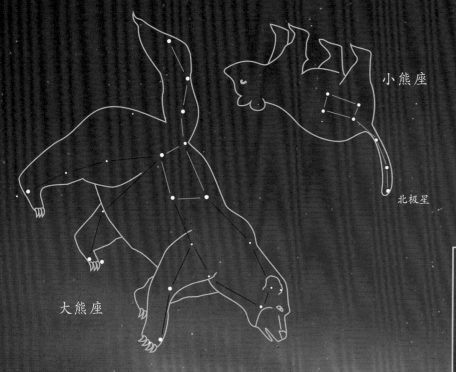

小熊座

北极星

大熊座

北斗七星10万年前后的斗形变化

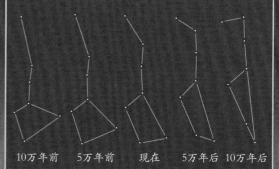

10万年前　5万年前　现在　5万年后　10万年后

星座形状的变化

现在的星座形状

几万年后的星座形状

双子座　猎户座　御夫座　飞马座　天鹅座　天蝎座　狮子座　海豚座　仙后座

双子座　猎户座　御夫座　飞马座　天鹅座　天蝎座　狮子座　海豚座　仙后座

星座： 人为地将星空划分成的若干个区域，每一个星座可由亮星组成的形象被辨认。自古以来，人类便把三五成群的恒星与神话故事中的人物或器具联系起来，不同的文明对于其划分和命名都不尽相同。1930年国际天文学联合会统一了星座的划分，把天空精确地界分为88个星座。

恒星的自行： 古人认为恒星是固定不动的星体，因此叫"恒"星。由于恒星距离地球十分遥远，在短时间内或不借助特殊工具，很难发现它们在天上的位置变化。事实上恒星同样有自己的运动。由于不同恒星运动的速度和方向不一样，它们在天空中相互之间的相对位置会发生变化，叫恒星的自行。恒星自行速度的大小不代表恒星真实运动速度的大小。同样的运动速度，距离远显得慢，距离近看上去快。恒星在垂直于人们视线的方向运动，称为切向速度。恒星在沿着人们视线的方向运动，称为视向速度。

恒星的本动： 恒星的空间运动由三个部分组成。一是恒星绕银河系中心的圆周运动，这是银河系自转的反映；二是太阳参与银河系自转运动的反映；在扣除这两种运动的反映之后，才真正是恒星本身的运动，称为恒星的本动。恒星的本动造成了星座亮星的位置变化，因此数万年后人们熟知的星座亮星位置会变得不再熟悉了。

北斗七星季历

季节指向： 由于所有星辰都是绕着北极星每23小时56分旋转一周，古人便根据北斗七星斗柄所指的方向，总结出了判断四季更替的规律。在戌时观察斗柄指向，便可判断所处的季节。

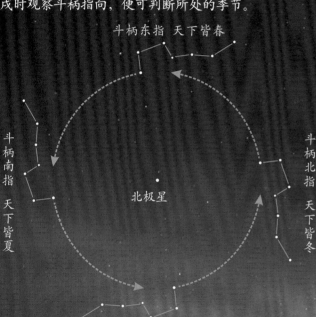

斗柄东指 天下皆春

斗柄南指 天下皆夏

北极星

斗柄北指 天下皆冬

斗柄西指 天下皆秋

南S
西W　东E
北N

20 时左右
（戌时）

北斗七星月历

月份指向： 地球自转一圈，北斗七星绕北极星视运动一周，但返回相同位置的时间，每天提早4分钟，一个月提早2小时。因此在同一时刻观测北斗七星斗柄的指向，便可推断所处的月份。

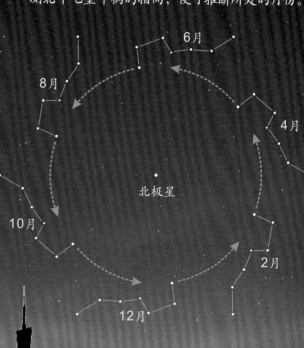

6月

8月

4月

北极星

10月

2月

12月

北斗七星时钟

三月中旬的
北斗七星钟

23—1时
子

1—3时
丑

21—23时
亥

3—5时
寅

19—21时
戌

5—7时
卯

17—19时
酉

7—9时
辰

15—17时
申

9—11时
巳

13—15时
午

11—13时
未

北极星

地平线

时辰指向：北斗七星与其他天体一样，其周日视运动为360°，每小时运行15°，每天差1°，每1°相差4分钟，因此可以根据北斗七星勺头的位置推测出勺头上中天的时辰。北斗七星勺头的天经约为11ʰ，通过计算可以得出当日北斗七星时钟。

恒星时表

月份＼时间	20时	22时	0时	2时	4时
一月	4ʰ	6ʰ	8ʰ	10ʰ	12ʰ
二月	6ʰ	8ʰ	10ʰ	12ʰ	14ʰ
三月	8ʰ	10ʰ	12ʰ	14ʰ	16ʰ
四月	10ʰ	12ʰ	14ʰ	16ʰ	18ʰ
五月	12ʰ	14ʰ	16ʰ	18ʰ	20ʰ
六月	14ʰ	16ʰ	18ʰ	20ʰ	22ʰ
七月	16ʰ	18ʰ	20ʰ	22ʰ	0ʰ
八月	18ʰ	20ʰ	22ʰ	0ʰ	2ʰ
九月	20ʰ	22ʰ	0ʰ	2ʰ	4ʰ
十月	22ʰ	0ʰ	2ʰ	4ʰ	6ʰ
十一月	0ʰ	2ʰ	4ʰ	6ʰ	8ʰ
十二月	2ʰ	4ʰ	6ʰ	8ʰ	10ʰ

举例说明：恒星时为8ʰ，表明一月份午夜0时上中天的星座为赤经8ʰ的星座。

夜天光、对日照和黄道光

夜天光：是指太阳落入地平线下18°以后的无月晴夜所呈现的暗弱弥漫光辉，光谱由连续光谱和发射线组成，又称夜天辐射。每平方角秒夜天背景的亮度约相当于目视星等21.6等。在地球大气外，夜天背景的亮度比地面观测的亮度大约暗1个星等。

夜天光主要来源:

气辉：高层大气中光化学过程产生的辉光，约占40%

黄道光：行星际物质散射的太阳光，大约占15%

弥漫银河光：近银道面星际物质反射或散射的星光，占5%

恒星光：约占25%

河外星系和星系间介质光：不足1%

地球大气散射上述光源的光：约15%

夜天光

对日照

黄道光

对日照的起因:

黄道光假说：将对日照看作黄道光的一部分，其亮度增大是因为该方向上粒子的散射函数有一极大值。

吉尔当-莫尔顿假说：认为距离地球0.01天文单位处、在反日方向上的平动点周围，有一个行星际尘埃集中区对太阳光的散射而形成。

尘尾假说：认为在太阳风和辐射压力作用下，地球产生一个尘埃云尾，它指向偏离反日点的某一方向，在这个方向上的散射强度充分增大而产生的。

气尾假说：认为地球有一"气尾"，对日照的形成与气尾中被激发原子和分子的发射有关。

虽成因说法不一，但从对日照光谱中没有发射线，而且与太阳光谱很相似，稍微偏红等现象，可确认对日照是尘埃粒子的反向散射所造成的。因此，笔者提出了全新的"尘埃食或折射聚光假说"，即在地球本影与黄道尘埃粒子相交区内，尘埃反射地球大气折射光形成尘埃食，或聚焦叠加各色折射光而成。该假说能够解释对日照面积、光谱、光度、形状、位置等现象的成因。

　　黄道光：日出前或日落后出现在黄道两边的微弱光芒，呈锥体状，可能是在黄道面上大量围绕太阳运行的几微米大小的尘埃质点散射太阳光而形成的，或由日冕的延伸部分造成的。低纬度处四季可见，中纬度处春分前后见于黄昏后的西方，或秋分前后见于黎明前的东方，高出地平线约30°。

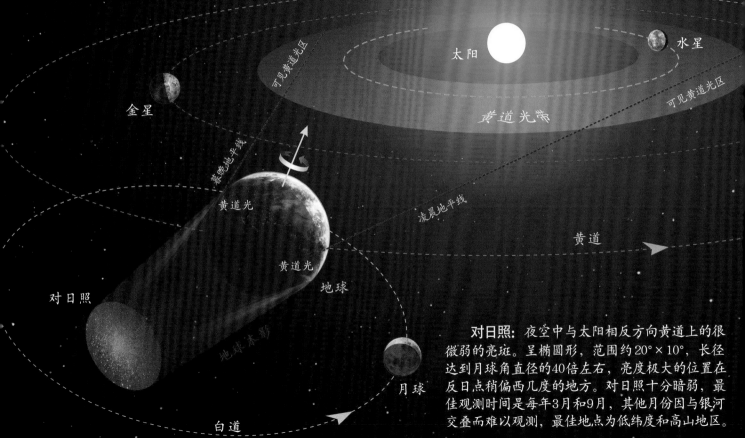

太阳

水星

金星

可见黄道光区

黄道光带

可见黄道光区

黄昏地平线

黄道光

凌晨地平线

黄道

黄道光

地球

对日照

地球本影

月球

白道

　　对日照：夜空中与太阳相反方向黄道上的很微弱的亮斑。呈椭圆形，范围约20°×10°，长径达到月球角直径的40倍左右，亮度极大的位置在反日点稍偏西几度的地方。对日照十分暗弱，最佳观测时间是每年3月和9月，其他月份因与银河交叠而难以观测，最佳地点为低纬度和高山地区。

极光和夜光云

极光： 指出现在星球高磁纬地区上空的一种绚丽多彩的发光现象。太阳系内具有磁场的行星上均会出现极光现象。地球极光是由于太阳风在地球磁场的作用下折向南北两极附近，使高层大气的分子或原子激发或电离而产生的。

极光弧： 是极光形态的一种，底边整齐，呈微微弯曲的圆弧状。一般持续10～20分钟。

质子弧： 太阳高能电子闯入大气层，在地球磁场的作用下产生极光，但由于质子比电子质量更重，地球磁场对它的偏转作用相对较弱，所以，质子弧总是出现在极光带以南数百千米的地方。质子弧是比较罕见的极光现象。

极光

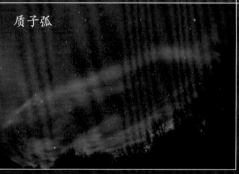

质子弧

极光分类：

1. 按照极光的形态分为匀光弧极光、射线式光柱极光、射线式光弧光带极光、帘幕状极光和极光冕等。
2. 按照极光观测的电磁波波段分为光学极光和无线电极光。
3. 按照极光激发粒子类型分为电子极光和质子极光。
4. 按照极光发生区域分为极盖极光、极光带极光和中纬极光红弧等。

夜光云

夜光云： 是深曙暮期间出现于地球高纬度地区高空的一种发光而透明的波状云，距地面的高度一般在80千米左右（大气中间层），一般呈淡蓝色或银灰色，是夜光云中的冰晶颗粒散射太阳光的结果。夜光云只出现在南北纬50°～65°地区的夏季，当太阳在地平线以下6°～12°时，即低层大气在地球的阴影内，而高层大气的夜光云被日光照射时，才能用肉眼观察到。太早会因云层薄而看不见，太迟会落入地球的阴影中。夜光云形成的三个要素：低温、水蒸气和尘埃。夜光云主要分为四种：面纱型、条带型、波浪型和旋涡型

云隙光和曙暮辉

云隙光：指从云雾的边缘射出的阳光，照亮空气中的灰尘而使光芒清晰可见，是常见的大气现象。

反云隙光：日落与日出时，太阳在低角度，阳光穿过云层的缝隙，形成云隙光。若有几道云隙光的夹角较小，对地面观测者来说，就好像是几道光芒从日落的西天射出，辐射并汇合于天顶对面的东边，此现象为反云隙光。反云隙光很容易与反曙暮辉混淆，其实两者现象差别颇大，前者太阳在云后，后者太阳在地平线之下。

曙暮辉：是日出前和日落后短时间内太阳射出的光辉。这种光是由云缝中或沿地平线的不规则空隙射出的日光被大气中的水汽或颗粒物散射所形成的。

反曙暮辉：是非常罕见、壮观的自然现象，通常发生于黎明和黄昏时分。当阳光穿透云层中的缝隙呈现一条光柱散射出来时，看到的是曙暮辉。尽管阳光是直线传播，但投影到天空的直线却变成了圆弧，因此曙暮辉看上去会在天空的另一端重新交于一点。观测者背对日出或日落点，即在与太阳方向呈180°的对日点上，可看到类似太阳方向的曙暮辉，称为反曙暮辉。

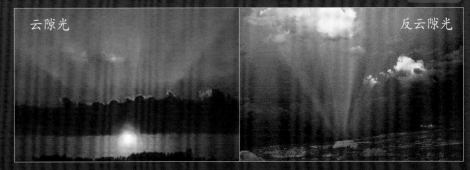

产生原理示意图（太空拍摄的云影）

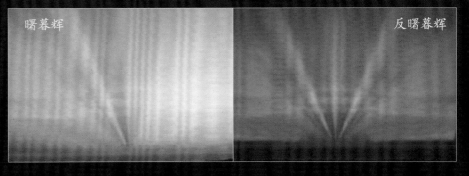

日华和月华

华： 出现在云层上，紧贴日、月周围的彩色(内紫外红)光环。有时可出现多个同心环层。由日、月光线经过云内小水滴或冰晶衍射所致。水滴或冰晶大时，华环就小，视半径一般为1°～5°。

日华： 由于高积云中微小水滴或冰晶对日光衍射而在贴紧日轮周围呈现的彩色光环。呈多层次内紫外红。由于太阳光芒强烈，人们难以正对日轮观察日华，故不像月华那样常被人注意。

月华： 由于高积云中微小水滴或冰晶对月光衍射而在贴紧月轮周围呈现的彩色光环。呈多层次内紫外红，傍晚经常出现。人们观察月华的机会远远多于日华，秋季出现高积云的概率比较高，是观察月华的好季节。

华盖： 云层上紧贴日、月边缘的光环。轮廓不甚规则，内青外棕，常是日华和月华的最内圈，视半径常小于5°。

华采： 指较大华环的一段或几段所组成的彩色光带。彩色以绿色和粉红色居多，常出现在薄的中云或高云上。

日华

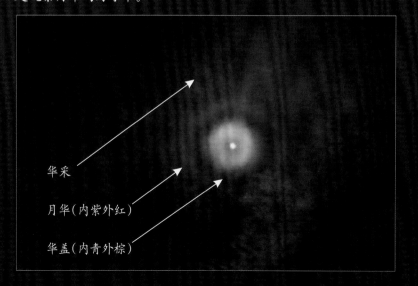

华采

月华(内紫外红)

华盖(内青外棕)

霓、虹(hóng)和虹(jiàng)

主虹视半径42°

副虹视半径60°

虹(hóng)：日光或月光射入空中水滴经折射和反射在雨幕上形成的彩色圆弧。这种圆弧不通过日(月)轮。常见的有主虹和副虹两种。如果同时出现，主虹在内侧，副虹位于外侧。

主虹由日(月)光射入空中水滴，经一次反射和两次折射而被分散为各色光线所成。色带排列是外红内紫，常见的视半径为42°。

副虹，也称为霓，由日(月)光射入空中水滴经两次折射和两次反射而被分散成各色光线所致。光带色彩不如主虹鲜明。色彩排列内红外紫。

在雾上出现的虹一般呈淡白色。

虹(jiàng)：大气光象的一种，与虹(hóng)同字不同发音不同意义。虹(jiàng)带能贯穿日(月)轮，而虹(hóng)带不能贯穿日(月)轮。

分为两类：第一类属于反射晕现象，可分为白虹横贯日的假日环和白虹纵贯日的日柱；第二类是指晨昏时地平线下日光从云隙或山谷间隙中漏向天空形成的明暗相间扇骨状光条，暗条为阻挡的光影，明条为漏出的日光，即云隙光和反云隙光，又称为青白虹。

副虹(内红外紫)

主虹(外红内紫)

瀑布月虹

雨滴月虹

宝光

宝光： 太阳相对方向处的云雾上出现的围绕人影的彩色光环，人背太阳而立，光线受云雾滴衍射作用所致。人影是阳光照射人体投映于云雾幕上而成。色序与主虹相似，内紫外红；视半径通常小于20°，而主虹视半径为42°；与主虹形成机理不同。宝光的排列可达五级之多，在彩色光环外，有时还可以看到一个大光环。

宝光在液滴或冰晶组成的雾幕上均可出现，但当云雾为液滴组成时伴见的大光环为虹，而当云雾为冰晶组成时则为对日晕。宝光中的人影为观测者的身影，随观测者的运动而做相应的运动。

宝光多见于峨眉山，在其他山地也可见到。当飞机航行在云层上面且有阳光照射时，在云幕上也可见到内含飞机影子的宝光。

宝光的形成： 宝光的形成是由于光的衍射作用，但是宝光为什么出现在与华对应的地方，有多种说法，大气物理学家王鹏飞总结出了宝光形成的综合原因如下：

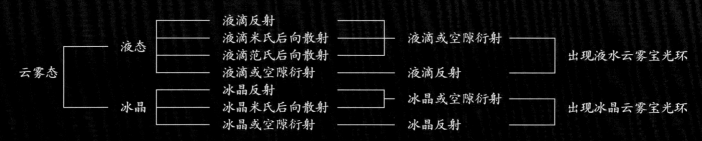

云雾态
- 液态
  - 液滴反射
  - 液滴米氏后向散射 ┐ 液滴或空隙衍射
  - 液滴范氏后向散射 ┘
  - 液滴或空隙衍射 ── 液滴反射 ┐ 出现液水云雾宝光环
- 冰晶
  - 冰晶反射
  - 冰晶米氏后向散射 ── 冰晶或空隙衍射
  - 冰晶或空隙衍射 ── 冰晶反射 ┐ 出现冰晶云雾宝光环

阳光

看到自己的影子

影子周围的宝光

宝光产生示意图

宝光图例

霞、绿闪和日（月）柱

霞：指日出、日落前后天空或云层上出现的彩光。由接近地平线的阳光经大气中的灰尘、水汽和气体分子散射后的剩余色光所形成。多呈红色，也有其他色彩的。

椭圆日：日出和日落时，光线在穿过大气时在密度大的地方偏折得更加厉害。由于大气密度在纵向并不是均匀分布的，使得大气对光线的作用好像一个透镜，把通过透镜的阳光折弯了。太阳下缘的光线在透镜中走得更长，被折得更加弯曲，使得太阳呈现椭圆形。在低海拔地区，大气只能把落日压扁20％左右；而在太空或飞机上观察，太阳或月亮光线穿过大气层后会被严重折弯，甚至超过60％。

绿闪：晨昏时最早或最后一缕日光受大气折射色散后投入人目的瞬间绿光。因阳光来自地平线，通过密度不同的多层大气时不断被折射，波长较长的色光（如红黄色光）被氧气、臭氧等吸收，仅余下绿色光。有时太阳在山坡或建筑物上缘仅露出一线时，也能出现绿闪。

日（月）柱：指晨昏时，日（月）正上方或（和）正下方出现的光柱，是与日（月）轮同一地平经圈上的云中冰晶的上下的反射面将反射的日（月）光投入人目所形成的。

上下日（月）柱：高度角大于日（月）轮的冰晶，其下表面的反射光形成上日（月）柱。高度角小于日（月）轮的冰晶，其上表面的反射光形成下日（月）柱。由于冰晶上下反射面的平衡性摆动，使日（月）柱具有一定的模糊宽度。由于在晨昏时分，日（月）光均较弱，故呈微红淡白色。

霞

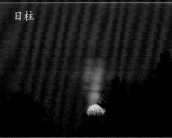

日柱

绿闪

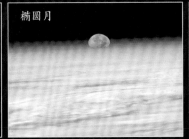

椭圆月

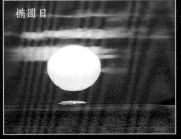

椭圆日

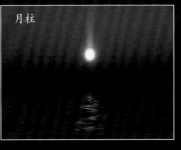

月柱

假日（月）

假日(月)：又称幻日(月)，有卷状云时呈现于天空、大小略如日(月)轮的成团晕像。常与日(月)轮同现，但其轮廓不清，略显彩色或淡白色，多见于假日(月)环上。天空如出现数条晕弧相交或相切处，就会出现假日(月)晕团。曾出现过"十日并现"的奇观。假月的光度比假日的光度暗淡些，色彩淡白。

假日(月)环：横贯日(月)轮以天顶为圆心的白色晕环，常在能透现日(月)轮的冰晶云层上出现。假日(月)环横贯日(月)轮，而日(月)柱为纵贯日(月)轮。横贯日(月)轮的反射晕环与其他晕相交，并在相交处显现出假日(月)，有形成于地平晕环上的近假日(月)、22°假日(月)、46°假日(月)、120°假日(月)、180°假日(月)。正是由于这个白色晕环周围分布许多近远假日(月)，所以称"假日(月)环"。

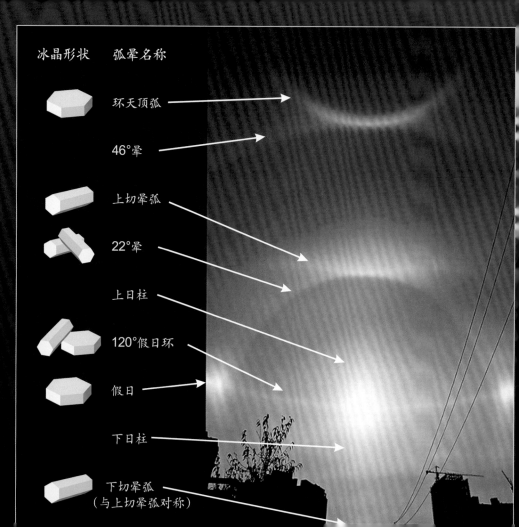

冰晶形状	弧晕名称
	环天顶弧
	46°晕
	上切晕弧
	22°晕
	上日柱
	120°假日环
	假日
	下日柱
	下切晕弧（与上切晕弧对称）

日（月）晕

晕: 指日（月）光经云层中冰晶的折射或（和）反射而形成的光像。多发生在卷层云上，呈环形圆晕、弧形的珥、光斑形的假日等多种。常见的环形晕视半径为22°和46°，色序排列外紫内红。

日（月）晕: 晕的一种，反射晕多为白色，折射晕有彩色。常见的有22°和46°圆日（月）晕、假日（月）环、日（月）柱、假日（月），以及各种弧状日（月）晕。月晕亮度弱于日晕。

对日（月）晕: 指出现于日（月）相对的天空以对日（月）点为中心的圆晕，是日（月）光经过云中冰晶上表面折射入冰晶，又在侧面受内反射，再在下表面折射出冰晶，最后进入人目而形成的。晕环中心与人目和日（月）轮中心在一直线上，晕角半径约44°或更小。色序外红内紫，晕环随日（月）上升而下降，随日（月）下降而上升。冬有冰晶云雾时，如有宝光出现，则宝光伴现的大光环常为对日晕，而不是虹。对月晕色彩较淡，近乎白色。

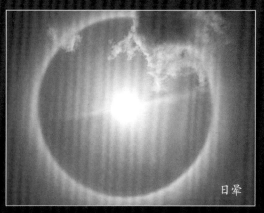

日晕

对日晕

月晕

蜃景

蜃景： 指景物光线经密度分布连续异常的多层大气时发生层层折射，使远处景物从人目看来，显示出不同于原景物的方位、高度角、大小、色彩、形状，甚至出现上、下蜃及正、倒蜃，还有左蜃、右蜃等幻景。蜃景也因发生地点不同而各有差异。有时景物的光因大气异常折射而逸出观测者视线以外，从而使观测者见不到平时司空见惯的某方向的景物，称为隐蜃。蜃景与原景物可同时分别或合并出现，形成复杂蜃景。

上蜃： 若下方气层密度远大于上方，蜃景将出现于原景物的上方，形成上现蜃景。

下蜃： 若下方气层密度远小于上方，蜃景将出现于原景物的下方，形成下现蜃景。

左蜃： 若左方气层密度远小于右方，蜃景将出现于原景物的左方，形成左现蜃景。

右蜃： 若左方气层密度远大于右方，蜃景将出现于原景物的右方，形成右现蜃景。

正蜃和倒蜃： 蜃景与原景物都是正立的为正蜃，而蜃景与原景物颠倒的为倒蜃。

上现倒蜃

下现倒蜃

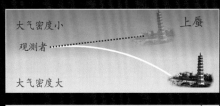

左蜃

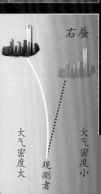

右蜃

蜃景图

由于各地区大气条件不同，人们熟知的"海市蜃楼"的变化也多种多样，在海滨、沙漠、山区、冰雪地、洼地，包括夜间都会产生蜃景，甚至还有声蜃的出现。

沙漠蜃景： 沙漠地带黑白天温差大，空气密度变化大，下午常出现远处湖水的下蜃，清晨会在地平线远处绿洲出现上蜃。

洼地蜃景： 低洼地带呈现的蜃景。河床、沙土地、水泥路面等洼处多呈现上蜃，多为湖面蜃景。开车在公路上行驶，车前远方路面常出现类似反射天空灰蓝色水面蜃景。

海滨蜃景

海滋

海滨蜃景： 海滨地区大气中水汽充沛，更使蜃景变化多样，常见上现蜃景和下现蜃景。渔民把岛屿下现倒蜃的现象称为海滋。

山区蜃景： 指山区呈现的蜃景。山区的地形复杂，呈现的蜃景也多样。夜间和清晨多出上蜃，就是地面景物在空中出现。白天山坡南北受热不均，易出侧现蜃景，即左右蜃景。中午和午后四面山坡均受热，多出下现蜃景，即山高处的景物显现于山谷中。

冰雪地蜃景： 在积雪地面、高山冰川地带或高纬度地区冰冻地面上方呈现的蜃景，多属于上现蜃景。

洼地蜃景

沙漠蜃景

冰雪地蜃景

地面方位识别

地球方位为上北下南左西右东。但在北极点的前后左右的方向均为南向，在南极点前后左右均为北向。

手表指针法： 在北半球，把手表的时针对准太阳，则时针与12点位之间夹角的中心线指向南方；在南半球，把12点位对准太阳，则时针与12点位置之间夹角的中心线指向北方。

影子测量法： 因午前太阳影子缩短，午后影子延长，午前直立一竿，把竿头部在地面的影子处做一个记号，作一段该记号到竿子立点之间的线段；午后竿影子延长到该线段长度，在竿头影子处再做记号。先记号处到后记号处连线的方向为由西向东。

影子标记法： 直立一段竿子，把竿头在地面的影子处放一石块，十分钟左右竿头影子移动一段距离，竿头影子处再放一石块，两石块的连线大致为东西方向，先放的石块在西向。本方法在午时前后测得的方向相对准确。

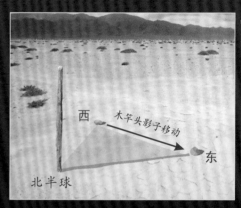

寻北极星法： 在北半球中高纬度地区的夜晚，可见到北斗七星，大致在北方。把勺头两星从勺底向勺沿方向延伸约五倍距离遇到的亮星为北极星，北极星在正北方。

太阳方向法： 太阳早上东升晚上西落，东西方向容易识别。而在中午前后，北半球中高纬度地区太阳约在南方，南半球中高纬度地区则太阳约在北方。

风向推测法： 根据季风地区季风规律判断方向。在中国沙漠或雪原中，沙窝或雪窝的迎风坡多指西北方向。

树木观察法： 在北半球森林，观察树干周围草地或树皮，草密或树皮相对光润方向为南向；树冠的枝叶南面比北面茂密；树干分泌的胶脂南面比北面多；如遇树墩，朝南的一半年轮较疏，朝北的一半较密。在南半球方向相反。

向阳背阳法： 在北半球，通常山丘南面植被茂密，北面植被稀疏；山丘南面积雪少，北面积雪多；大石块北面潮湿或有青苔，石头遮阴处青草稀疏。山脚村落多建在山的南侧；民房或寺庙的门窗多向南。

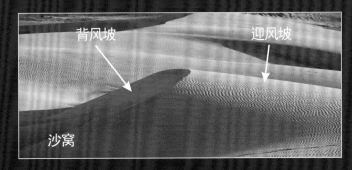

沙窝

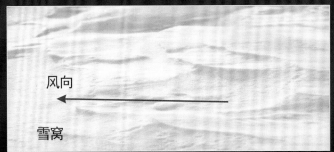

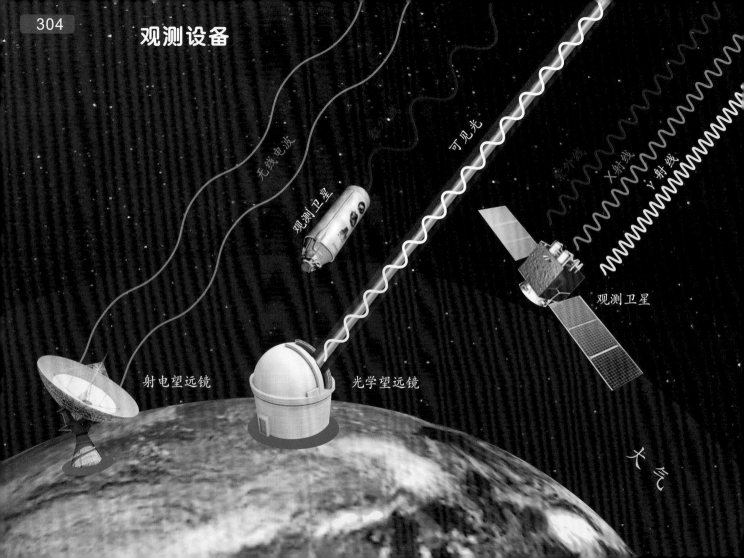

观测设备

无线电波

γ射线

可见光

紫外线

X射线

γ射线

观测卫星

观测卫星

射电望远镜

光学望远镜

大气

望远镜

望远镜: 是一种通过接收天体发出的辐射来观察天体的仪器。分为光学望远镜、红外望远镜、射电望远镜、紫外望远镜、X射线望远镜和γ射线望远镜等几种。

光学望远镜: 用于接收天体可见光辐射的望远镜,借助它可以看到肉眼看不到的天体。按照光路性质不同,望远镜分为折射式望远镜、反射式望远镜和折反射式望远镜。

红外望远镜: 指接收天体的红外辐射的望远镜。外形结构与光学望远镜大同小异,有的可兼做红外和光学观测。

射电望远镜: 接收天体发出的无线电波的观测设备,可以测量天体射电的强度、频谱及偏振等量。

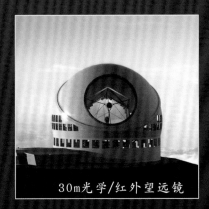
30m光学/红外望远镜

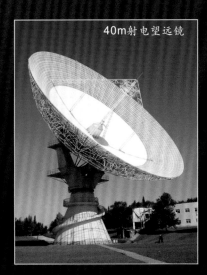
40m射电望远镜

紫外望远镜: 紫外波段是介于X射线和可见光之间的频率范围,紫外望远镜可观测的波段在3,100~100埃之间,且观测位置要在距地面150千米以上的高度才能进行,以避开臭氧层和大气的吸收。

紫外望远镜

X射线望远镜: 指探测和研究天体发出的X射线(波长0.01~10nm,或100~500,000eV能段)的望远镜。

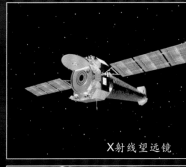
X射线望远镜

γ射线望远镜: 是通过高能γ射线观察宇宙的望远镜。

γ射线望远镜

望远镜和赤道仪的构件

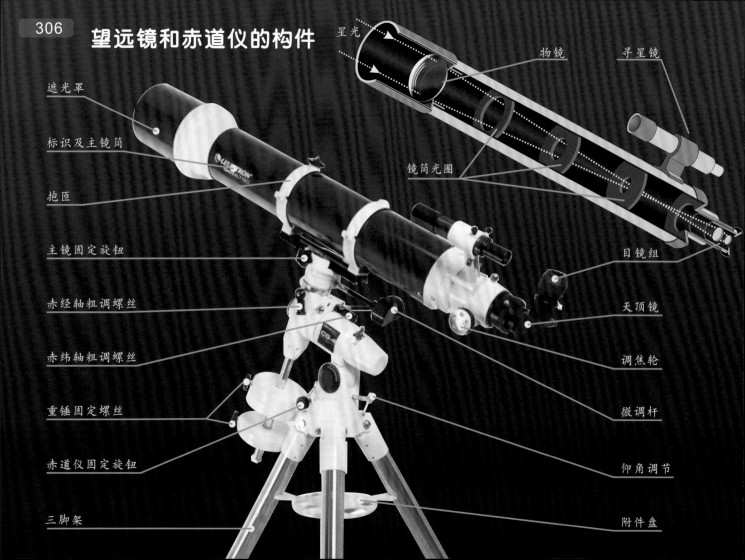

星光

物镜

寻星镜

遮光罩

标识及主镜筒

抱匝

镜筒光圈

主镜固定旋钮

赤经轴粗调螺丝

目镜组

赤纬轴粗调螺丝

天顶镜

重锤固定螺丝

调焦轮

赤道仪固定旋钮

微调杆

仰角调节

三脚架

附件盘

望远镜的赤道仪

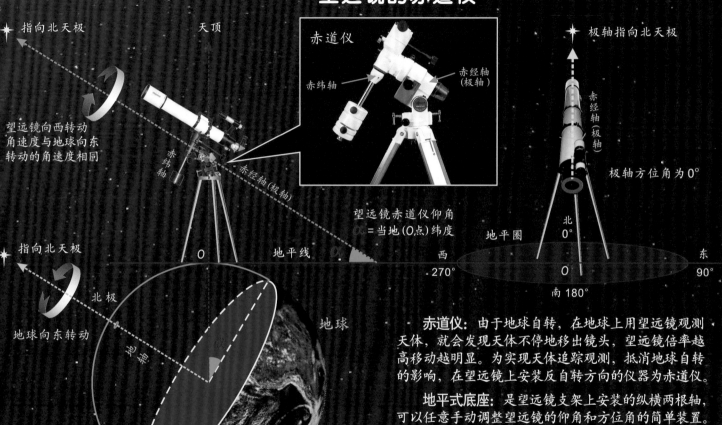

指向北天极

天顶

望远镜向西转动
角速度与地球向东
转动的角速度相同

赤纬轴

赤经轴(极轴)

赤道仪

赤纬轴

赤经轴
(极轴)

望远镜赤道仪仰角
= 当地(O点)纬度

α

0

地平线

α

西
-270°

极轴指向北天极

赤
经
轴
(
极
轴
)

极轴方位角为0°

地平圈

北
0°

0

南 180°

东
90°

指向北天极

北极

地球向东转动

地轴

地球赤道

地球

南极

赤道仪： 由于地球自转，在地球上用望远镜观测天体，就会发现天体不停地移出镜头，望远镜倍率越高移动越明显。为实现天体追踪观测，抵消地球自转的影响，在望远镜上安装反自转方向的仪器为赤道仪。

地平式底座： 是望远镜支架上安装的纵横两根轴，可以任意手动调整望远镜的仰角和方位角的简单装置。

赤道式底座： 为了改进望远镜地平式底座的缺点，克服地球自转对观星的影响的一种装置。即通过调整或全自动调整赤经轴和赤纬轴，使望远镜转动的角速度与地球自转角速度相同，而方向正好相反来实现的。

折射式望远镜

折射式望远镜: 是一种使用透镜做物镜，利用屈光成像的光学望远镜。

物镜

折射式望远镜光路

目镜

适用性: 适合观测月亮和行星，不易看清星云、星系等暗天体。

折射式望远镜优点:

1. 外形设计流畅；
2. 目镜位置观测方便；
3. 小口径便于携带；
4. 容易定位目标；
5. 不用做太多维护。

折射式望远镜缺点:

1. 成像有色差，因为不是所有波长的光都能聚焦到同一位置，复消色差的设计虽然克服了色差，但价格会增加3～5倍；
2. 长焦距则需要长的镜筒，风或低质量支架都会让望远镜晃动；
3. 一定程度上造成观测不方便，因为物镜越大，镜筒会越长，目镜的位置就会越低。

反射式望远镜

目镜

反射式望远镜: 是使用曲面和平面的面镜组合来反射收集光线形成影像的光学望远镜。

反射式望远镜光路

斜镜（平面镜）

主镜（凹面镜）

适用性: 适合观测行星和月亮,对初学者而言性价比高,但不适观测地面上的目标。

反射式望远镜优点:

1. 没有色差;
2. 即使有较大口径也不会很贵;
3. 强大的焦比能提供广阔视野;
4. 口径越大聚光效果越好,清晰度好。

反射式望远镜缺点:

1. 强光力望远镜,会产生光学"慧差",需用特别的目镜或校准镜进行校正;
2. 多个镜子的组合会使光线损耗比折射式望远镜多;
3. 第二面镜子对中心的阻挡导致光的衍射和对比损耗;
4. 望远镜越大越笨重;
5. 目镜的位置不方便观测;
6. 反射镜受空气波动和灰尘影响较大。

折反射式望远镜

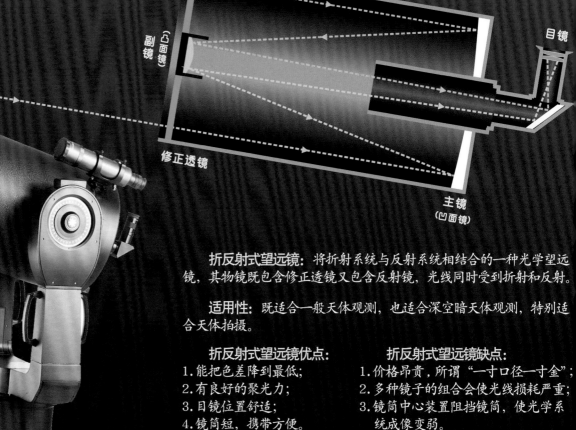

折反射式望远镜光路

副镜
（凸面镜）

目镜

修正透镜

主镜
（凹面镜）

折反射式望远镜：将折射系统与反射系统相结合的一种光学望远镜，其物镜既包含修正透镜又包含反射镜，光线同时受到折射和反射。

适用性：既适合一般天体观测，也适合深空暗天体观测，特别适合天体拍摄。

折反射式望远镜优点：
1. 能把色差降到最低；
2. 有良好的聚光力；
3. 目镜位置舒适；
4. 镜筒短，携带方便。

折反射式望远镜缺点：
1. 价格昂贵，所谓"一寸口径一寸金"；
2. 多种镜子的组合会使光线损耗严重；
3. 镜筒中心装置阻挡镜筒，使光学系统成像变弱。

各类光学望远镜光路图

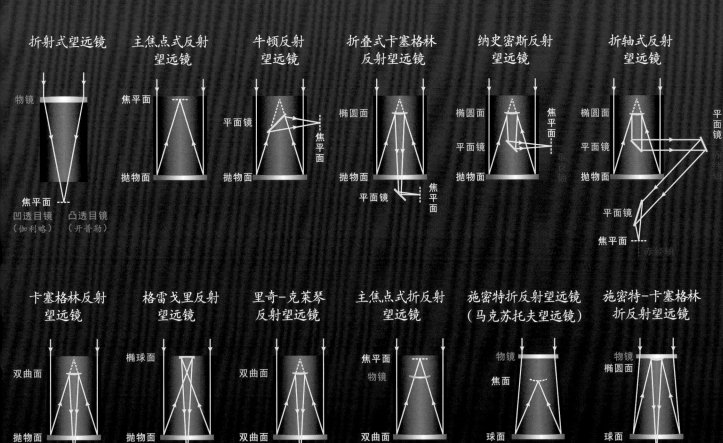

折射式望远镜
物镜
焦平面
凹透目镜 凸透目镜
（伽利略） （开普勒）

主焦点式反射望远镜
焦平面
抛物面

牛顿反射望远镜
平面镜
抛物面
焦平面

折叠式卡塞格林反射望远镜
椭圆面
抛物面
平面镜
焦平面

纳史密斯反射望远镜
椭圆面
平面镜
抛物面
焦平面

折轴式反射望远镜
椭圆面
平面镜
抛物面
平面镜
焦平面

卡塞格林反射望远镜
双曲面
抛物面
焦平面

格雷戈里反射望远镜
椭球面
抛物面
焦平面

里奇-克莱琴反射望远镜
双曲面
双曲面
焦平面

主焦点式折反射望远镜
焦平面
物镜
双曲面

施密特折反射望远镜（马克苏托夫望远镜）
物镜
焦面
球面

施密特-卡塞格林折反射望远镜
物镜
椭圆面
球面
焦平面

望远镜的物镜和倍率等

物镜: 望远镜收集光线的装置。分透镜和反射镜两类。按曲面特性分为平面、球面、双曲面、抛物面和椭圆面。

口径: 指望远镜主要集光面(即物镜)的直径,常以毫米表示。口径大小是衡量望远镜性能指标的最重要参数。口径越大,集光能力越强,同时分辨率越高。小口径望远镜成像暗淡模糊,大口径望远镜成像清晰锐利。口径分类如下:

1. 口径小于100mm为小型望远镜;
2. 口径100~250mm为中型望远镜;
3. 口径大于250mm为大型望远镜。

焦距: 收集光线的物镜表面到焦点的距离,以毫米表示。

焦比: 用望远镜的焦距除以口径,得出焦比。在目镜相同的条件下,长焦比放大比例大,但视野较小,中焦距望远镜可以兼顾高放大比率和较宽的视野。焦比的分类如下:

1. 长焦距望远镜的焦比大约为16:1,用f/16表示;
2. 中焦距折射式望远镜的焦比为8:1,用f/8表示;
3. 短焦距折射式望远镜的焦比为4:1,用f/4表示。

放大倍率: 望远镜的物镜焦距除以目镜焦距,得出放大倍率,是物体视大小的放大比率。高倍率望远镜放大的物体看起来较大、较近,适合观测月球、行星以及较近的双星;低倍率的望远镜,低放大倍率和短焦距提供更宽阔的视野,适合观测分散的天体,如彗星、星云和星系等。如目镜焦距相同,则短焦距望远镜能提供较宽阔的视野,但放大倍率也较低。

通过更换目镜可以改变望远镜的放大倍率,但望远镜的放大倍率是有限制的,即不能超过口径单位数值的两倍,即便是大型望远镜,倍率也极少超过500倍,一般都在100~200倍。大型望远镜不是把天体放得更大,而是提供一个较明亮和较清晰的影像,这一般是通过加大望远镜口径来实现的。

透镜透光率: 指透镜透过光的效率。

有四个主要特性:透明度、色彩失真度、反光性和清晰度。

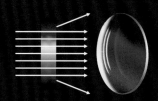

色差: 多色光源通过透镜成像的色像差,由各种色光波长不同而折射不同造成的。有位置色差和放大率色差之分。消除色差是光学系统的主要功能之一。

单透镜色差

双透镜逆向色差

2组2片透镜

望远镜的目镜

目镜： 用来观察前方光学系统所成图像的目视光学器件。为消色差，目镜通常由若干个透镜组合而成，有的组合多达 9 个透镜，具有较大的视场和视角放大率。目镜的选择应追求最适合，无需追求好的视野。

目镜种类： 有福根目镜、雷斯登目镜、补偿目镜、测微目镜、摄影目镜和广角目镜等。而天文望远镜目镜有如下常见几种。

惠更斯目镜(H/HW)

光线

色差降低，场曲严重，出瞳距离过短，视场约40°。

普罗素目镜(PL)

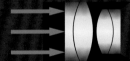

双消色差，视场50°~55°，对比度和清晰度都好。

厄尔夫目镜(ER)

色差和场曲均较易校正，有像散，视场60°~70°。

冉斯登目镜(R/SR)

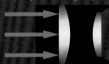

有些色差，场曲较少，视场25°~30°，适用于短焦距和长焦比望远镜。

阿贝无畸变目镜(OR)

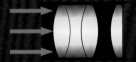

鬼像和形变极小，视场45°，出瞳距离适中，不适深空观测。

Meade SWA广角目镜

6片结构，视场67°，性能很好。

Meade UWA极广角目镜

早期Nagler设计的翻版，8片结构，性能很好，视场达84°。

凯尔勒目镜(K)和凯尔勒目镜(RKE)

色差和场曲校正出众，像质好，视场35°~45°，适用于长焦距望远镜。

巴洛镜

增大焦距，光线变暗，适合观测明亮的目标。

Panoptic目镜

6片结构，视场68°，有枕形形变。

Pentax X1目镜

由厄尔夫目镜的设计加上一只巴洛镜构成，视场65°。

威信的锏系列目镜

5片的普罗素目镜加上巴罗镜结构。20毫米的出瞳距离，反差好，成像锐利，视场65°。

Tele-Vue的Nagler系列目镜

12毫米的出瞳距离，图像锐利，像质优秀，视场可达82°。

Tele-Vue的Radian系列目镜

比威信的锏系列目镜稍大，视场60°，性能优异。

目镜

天顶镜

望远镜的视场

望远镜的视场：指望远镜所能看到的最大天空范围。通常用角度表示，视场角大小决定了望远镜的视野范围，视场角越大，观测的范围越大，放大的倍率越小。

视场角为40°的视野

眼睛的视场角为160°

视场角为40°的望远镜

视场角为3°的望远镜

视场角为3°的视野

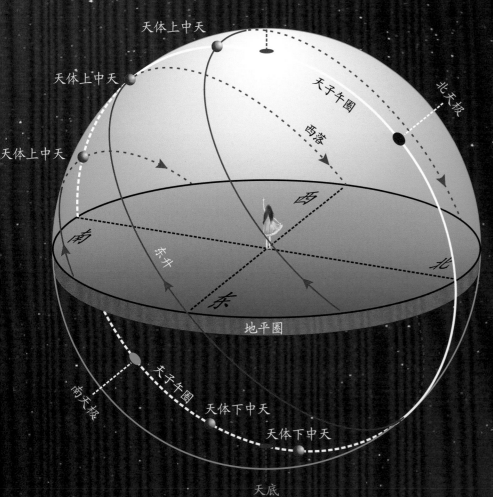

上中天与下中天

中天：在周日视运动中，天体东升西落，经过观测者天子午圈时叫中天。中天时，天顶、天极、天体都在天子午圈上。

上中天：天体在周日视运动中，每日两次过中天，地平高度位置最高时叫上中天。

下中天：天体在周日视运动中，每日两次过中天，地平高度位置最低时叫下中天。

天子午圈：天球上通过某地的天顶和天极的大圈。

天体的周日视运动：太阳和星星等天体每天从东方升起，从西方落下，日复一日有规律地出现，叫天体的周日视运动。这是由于地球每天自西向东自转一周所产生的视觉表象。

天顶

天体上中天

天体上中天

天体上中天

天子午圈

西落

北天极

天子午圈

西

南

东升

北

东

地平圈

南天极

天子午圈

天体下中天

天体下中天

天底

北斗七星总长度

月球视直径约30′

天体的角距

天体的角距： 两天体之间的角距就是它们和观测者之间的夹角。天文学上用角距来表示两个天体之间的距离，亦称距角。

天体大小： 用角大小、视直径或视半径的角度单位表示。

地平高度： 天体到地平线的角度为地平高度。

常见天体角距	近似角度
北斗七星的长度	24°
南十字座指极星之间的距离	6°
北斗七星指极星之间的距离	5°
太阳视直径	30′
月球视直径	30′
金星视直径极大值	1′
月球上最大的陨石坑视直径	1′
目视最小天体的视直径	1′

甲

乙

甲乙天体之间的角距

天体乙的地平高度

地平线

星空 "量天手"

认识星空: 仰望密密麻麻的星空, 初学者指认天体多会无从下手。一般要先在星图上熟悉一两个重要星座, 及几颗亮星, 在夜空中寻到这几颗星, 并以此为起点对照星图逐步识别周边的星座直至整个星空。

星空比例尺: 要从星图上判断呈现在天空的天体的距离是比较困难的, 所幸我们将手臂伸直后手掌可以很方便地作为量测角距的工具, 虽然不那么精确, 但对指星认星帮助很大。

15°

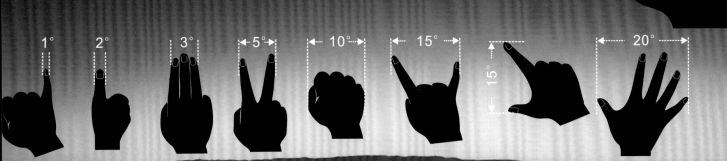

1°　2°　3°　5°　10°　15°　15°　20°

地图和星图的方向

地图和星图的方向：
南北相同，东西相反。

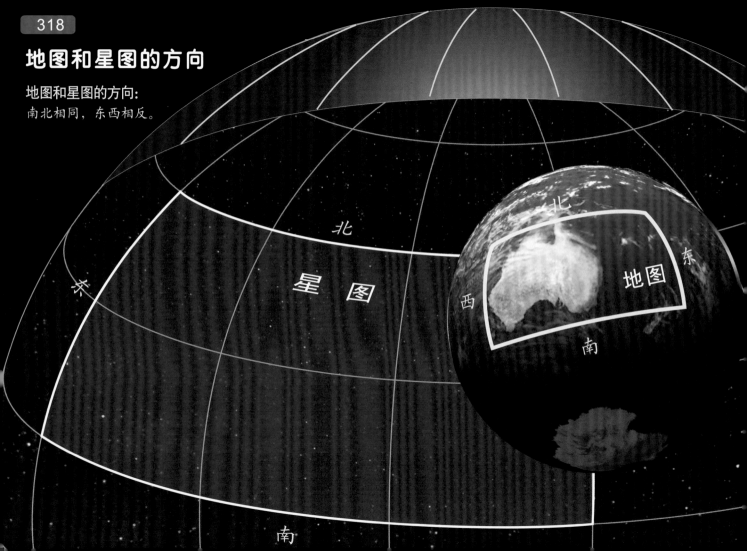

全天星图分类

全天星图： 就是把全天星体按一定的规律绘制在一张纸上的星图。目前主要有一天区、两天区和三天区星图这三种版本。相同尺寸的星图，全天分区越少，整体感越好，但星象畸变越大；反之，分区越多，整体感越差，但星象畸变越小。此外，还有春夏秋冬四天区、八天区和多天区的分页星图，甚至有按88个星座划分的星图册。

一天区的星图： 星空范围为北半天或南半天星空，分别加赤道以外部分星空。整体感非常好，但非全天，细节少，星等高，畸变最大。具体畸变情况为：北半天或南半天的中纬度星象稍有畸变，低纬度星象畸变极大，而所加的赤道以外星象畸变超大。

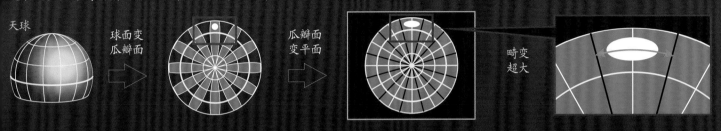

两天区的星图： 星空范围为北半天球和南半天球分开的两片星空。整体感好，为全天星空，但细节较少，星等偏高，畸变较大。具体畸变情况为：中纬度星象稍有畸变，低纬度星象畸变较大。

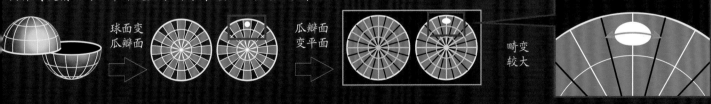

三天区的星图： 星空范围为北天、南天和天赤道分开的三片星空。整体感差，但为全天星空，细节多，星等低，畸变小，只有在中纬度区域星象稍有畸变。

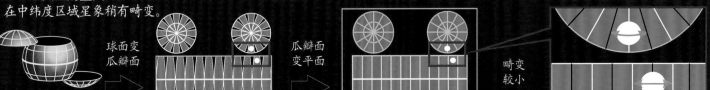

地轴/天球轴

北天极

天球周日
视运动方向

地球

天赤道

南天极

天球仪

天球： 将所有天体看似附在以地球或太阳为中心的无限大假想圆球面上，叫天球。有地心天球和日心天球。

天球仪： 是一种天文教学仪器，在一可绕轴转动的圆球上绘有星座、黄道、赤道及赤经圈、赤纬圈等。用以帮助初学天文者认识星空。天球仪演示是顺时针旋转的，这是因为地球是自西向东逆时针旋转的，于是造成了天球反向旋转的视运动现象。

天球仪多种多样，小型天球仪上的星座天体绘制在天球仪表面，因此在"天球"外面观测的星空与在地球上看的星象相反。而有些大型天球仪上的星座天体被绘制在天球仪里面，类似模拟星空穹顶或天象仪，因此在"天球"里面观测的星空与日常观测的星象相同。

天象仪

天象仪： 在天象馆里一个半球形天幕上模拟星空表演的科普仪器，也称假天仪。可以逼真地演示各类天象和天体及其运行情况。

天象仪的发展：

第一代——光学投影式天象仪

第二代——太空型天象仪

第三代——数字天象仪

天象仪的构造（上下对称）：

1. 北天恒星球
2. 星座图形放映器
3. 亮星、变星、彗星、银河放映器
4. 日月行星放映架
5. 周日运动
6. 极高运动
7. 岁差
8. 天球坐标放映器
9. 黎明黄昏放映器
10. 云彩放映器

日食观测

专用滤光片

1.专业滤光片巴德膜

2.日食专用眼镜

3.日食观测卡

4.电焊护目镜

禁用无滤光望远镜

非专用滤光片

1.底片、X光片

2.软盘芯、光盘

3.熏黑的玻璃

4.塑料薄膜

禁用普通墨镜观测

反射减光法

1.墨汁反射

2.道路积水反射

3.各类玻璃反射

4.手机黑屏反射

禁止裸眼观测太阳

投影成像法

1.望远镜投影

2.滤光照相机取景窗

3.小孔成像
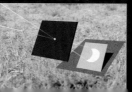

4.树荫小孔成像

5.双手小孔成像

校园天文科普

校园天文地理科普元素:

观测设备: 天文馆、天文望远镜、天文摄影器材、天体测量仪、各类日晷及月晷、星晷、圭表、仰仪、傅科摆和太阳历广场。

天文模具: 天象馆或简易天象馆、简易天象仪、浑天仪、天球仪、月球仪及各天体模型。

天文资料: 天文科普书籍、全天星图、星图分册、天文科普挂图和天文影音资料。

天文活动: 天文观测、天文科普讲座、天文展览和天文论坛。

地理科普: 地球仪、地动仪、中国地形模型、特色地貌模型、中国与世界地形挂图、经度和纬度地形结构剖面图、世界时钟阵、滴漏、矿石标本、温湿度箱、风速风向仪及雨量筒等。

简易家庭天象仪

天文台

太阳系模型

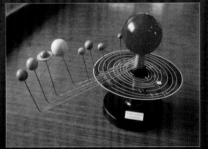

简易天象馆

天文观测

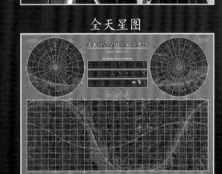

全天星图

电子星图软件

日晷

日晷：亦称日规，是古人利用太阳投影测得时刻的计时仪器。

根据晷针、晷盘角度和使用地区不同，日晷可分为赤道式日晷、地平式日晷、极地晷、子午式日晷、卯酉式日晷、投影式日晷、垂直式日晷、折叠式日晷和等高仪日晷等。

赤道式日晷

赤道式日晷：由晷盘、晷针和底座组成，晷盘平行于地球赤道面，因而叫赤道式日晷。赤道式日晷适合中低纬度地区使用，是中国古代最经典和传统的天文观测工具。

晷针垂直于晷盘，平行于地轴，指向北天极，可根据晷针日影投射到晷盘的时间刻度，读出当地的真太阳时（视时）。

晷盘分为南、北两面，分别标有时间刻度、东西方向、相关文字和图案等。一天24小时对应12时辰和12生肖。每个时辰分为两个小时，前一个小时的起点为初，后一个小时的起点为正。

从春分（3月21日）到秋分（9月23日），太阳在天赤道以北运行，晷针日影投射在晷盘北面；从秋分到春分，太阳在天赤道以南运行，晷针日影投射在晷盘南面。晷盘改为圆环则称为赤道环式日晷；晷针或晷盘面有时差校正则为时差改正晷。

赤道式日晷

赤道环式日晷

时差改正晷

地平式日晷

地平式日晷：亦称水平式日晷。晷面水平于地面，因而叫地平式日晷。晷面与指向天北极的晷针之间的夹角就是当地的地理纬度，晷面刻度需要利用三角函数计算才能确定。可根据晷针日影投射到晷盘的时间刻度，读出当地的真太阳时(视时)。地平式日晷适合低纬度地区使用。最早出现的日晷可能是地平式日晷。

地平式日晷

简易地平式日晷

变形地平式日晷

投影式日晷

投影式日晷：晷盘平行于地面，不设置晷针，仅在地平面依地理纬度的不同绘制不同扁率的椭圆，在其上刻画时间线，并将长轴指向东西方向，南北向的短轴上则刻上日期，利用活动的指示立竿测量时刻的正确位置。如果将立竿用人来代替，便成为了人晷。

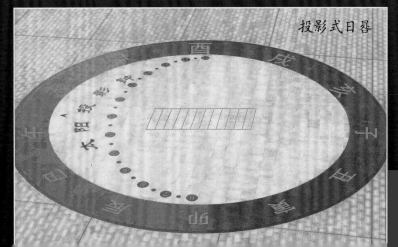

投影式日晷

垂直式日晷

垂直式日晷：亦称立晷，晷面及其上面的刻度垂直于地平面方向的日晷。分南向、北向、东向和西向垂直式日晷及侧向垂直式日晷，其中北向日晷在南半球使用。

南向垂直日晷：刻度盘面朝向正南且垂直地面的日晷，这种日晷较适合在中纬度（30°～70°）使用。

东向垂直日晷：刻度盘面朝向正东且垂直地面的日晷，该日晷只能在上半日(东向)使用，全球各纬度适用。

西向垂直日晷：刻度盘面朝向正西且垂直地面的日晷，该日晷只能在下半日(西向)使用，全球各纬度适用。

侧向垂直式日晷：是一种垂直式日晷的特例，刻度盘面垂直，但盘面并不面向正东、正西或正南，而是依照建筑物的墙面方向，根据季节及时间的不同换算刻度。这种日晷不容易制作。

垂直式日晷(四例)

平太阳时日晷(正视图和侧视图)

平太阳时日晷

平太阳时日晷：通过太阳投影读取日标准时间的日晷，是在传统赤道式日晷基础上的现代发明，发明人为笔者。传统日晷是观测地方真太阳时的，也就是太阳经过某地天空最高点时为当地的地方时12点，但由于不同经线上具有不同的地方时，便产生了经度时差，同时又存在地球轨道倾角和离心率等因素造成的真平时差，因此导致传统日晷与我们日常使用的标准时间（如北京时间）形成较大的差异。平太阳时日晷就是在传统日晷晷面加装了一个特殊圆环，消除了经度时差和真平时差，从而实现了利用日影读取标准时间

折叠式日晷

折叠式日晷

折叠式日晷：一种折叠起来便于携带的日晷。由折叠在一起的两个晷面和连接这两个晷面之间的链子组成。打开两个晷面并拉直链子，链子成为晷针，晷面相互垂直，一个面形成垂直式日晷，另一个面是水平式的日晷。

当两个晷面显示出相同的时间，且连接的链子为水平时，该日晷显示的是当地的视太阳时。在北半球，把折叠式日晷旋转一个角度，使连接的链子指向北方，晷针与地轴平行，则当正午、日出与日落时，折叠式日晷的时间不会受到纬度改变的影响。但是在早上9点和下午3点，纬度每偏差1°，在两个晷面上的时间便会相差4分钟。

折叠式日晷便于携带，操作简便，有些折叠式日晷上附有指南针一同使用，有些甚至附有小铅锤和分度器用来读取纬度。在古代，把大型的折叠式日晷用作航海仪器。

等高仪日晷

等高仪日晷

等高仪日晷：可以显示正确的日期，是使用在导航与天文学上的日晷。在设计上是一个平坦的小圆环(上有一个小孔)，有一个小把手，或像表链上的装饰物。当通过把手将小圆环悬吊起来时，小孔会在环的内侧投下阴影，经由环内的标示可以显示时间，但在测量时，使用者必须知道是上午还是下午。通常这个小孔被设置在一片可以滑动和锁住，用来调整日期的金属片上。

极地晷

极地晷

极地晷：晷盘与晷针平行，即晷盘与地平面的夹角和地理纬度相同，并朝向正北。时间的刻画可以用简单的几何图来处理，投影的时间线是平行的线条。适合所有纬度使用。

几种变形日晷

精密日晷： 亦称日光天文钟，可以校正视太阳时为平太阳时或其他的标准时，其精确度可以达到与世界时的误差少于一分钟。

赤道弓形日晷： 晷针是一根伸展开来与地球自转轴平行的棒状物，晷面是在内侧标注了时间标线的半圆形的环，瓶型的阴影落在时间线上的位置可以指出一年中正确的日期和太阳高度。观测两个希腊瓶的弓形晷针在赤道环上的投影即可读取时间。

古希腊日晷： 在古希腊使用的一种日晷，双轴，晷针是标尺或是极，竖立在平面上或是半球形的晷面上，标尺顶端的投影在平面的晷面上扫掠出双曲线的轨迹，或在球面上画出圆弧。其优点是可以准确地标记出一年中所有季节的时日。

变心日晷： 标有等时线的晷盘在地面上，然后让观测者站在标示修正季节的差异的月份方格中，而观测者的头部就当成晷针。

反射日晷

数位日晷： 利用光和影来"写"时间，以数字或文字来取代在不同地点的时间标记。是在屏幕上使用两个平行的遮罩，由阳光进入的样式来判断时间和日期。

反射日晷： 在窗台上放置一小片镜子，天花板和墙面当成晷面，绘制上时间的标记。镜子好比是晷针上的节点，反射阳光成为一个亮点。这种日晷巨大、精确且可以校正，用材少，不另占用空间。这种设计可简单地做成年历表。

地球仪式日晷： 可以将时间修正为平太阳时或其他的标准时间，通常会按照地球仪的均时差将等时线绘成"8"字形。均时差的成因是地球的轨道是椭圆形的，还有自转轴与轨道面之间的倾斜，在一年之中最大的差值可以达到15分钟。公共广场非常适合安置这种精确的日晷，在旗杆上的球可以作为晷针上的节点，晷面则可以镶嵌在道路上。

心形地平式日晷： 晷面做成心形的地平式日晷，心脏线横过晷面，阴影横过心脏线的边缘标记以读取时间。晷面不能移动，但可以转动晷面下的等角时间标示，这样日晷便可以调整为夏令时间。

仰仪

仰仪：我国元朝天文学家郭守敬设计制造的一种天文观测仪器。仰仪的主体是一个铜质半球面，好像一口仰放着的大锅，因而得名。仪唇（半球面的边缘）上刻着时辰和方位，相当于地平圈，上面还有一圈水槽，用以校正水平。在仪唇的南部放置东西向和南北向的竿子各一根，称为缩竿。南北向缩竿末端延伸到半球的中心，顶端装置一小方板，称为璇玑板。板可以南北向和东西向转动。板的中央开一小孔，小孔的位置正好悬在半球的中心。仰仪的内部球面上，纵横交错地刻画出一些规则网格，是赤道地平坐标网，用来量度天体的位置。这个坐标网与天球的坐标网东西相反，以南极替代北极。在水槽边缘均匀地刻画出24条线，以示方向。转动璇玑板，使它正对太阳，太阳光通过小孔在球面上成像，从坐标网上可以立刻读出太阳去极度数和时角，由此可知当地的真太阳时和季节。

璇玑板

仰仪（一）

仰仪（二）

仰仪是采用直接投影方法的观测仪器，非常直观、方便。在日全食时，它能测定日食发生的时刻，能清楚地观看日食的全过程，连每一个时刻日食的方位角、食分多少和日面亏损的位置、大小都能比较准确地测量出来，被称为"日食观测工具的鼻祖"。仰仪流传到朝鲜和日本后，取消了璇玑板，改成尖顶的晷针，从而成为纯粹的日晷，因此被称为"仰釜日晷"。

月晷和星晷

月晷: 用于夜间观测月球指示时间的仪器。最基本的月晷与日晷相似,但只有在满月的夜晚才能正确读取时间。由于月出时间每天延迟48分钟,因此月晷每天读取的时间会平均快48分钟。在满月前后的一周时间的头尾,月晷时间与实际时间相差约5小时36分钟,因此有些月晷会提供一张图表,告知如何计算以读取正确的时间,并配有转盘可以调整经度和纬度。

月球的轨道不是圆形的,所以它环绕地球的公转速度是不均匀的,因此每天月出延迟48分钟是平均数,而实际上差别很大。以一年的周期计算,月出延迟时间在20分钟~120分钟之间。

星晷: 是指用于夜间观察测量星体运行以定时刻的仪器。

星晷晷盘

月晷

星晷

太阳历广场

太阳历广场： 是一种造型新颖、科学内涵丰富的大型天文科普设施，由配套的天文地理科普设备组成的科普广场。太阳历广场是在彝族古代"十月太阳历"之"十竿测影法"的启示下，吸收了英国索尔兹伯里巨石阵的某些特点，融合我国传统圭表和地平日晷系统，创新而成的。它直观、形象地表现出太阳的周日和周年视运动，参观者可以利用其中地平日晷晷针日影的投向和影端位置立即得出当日所处大体节令和当天当地的地方真太阳时间，也可通过时差表换算成"北京时间"。参观者可以相当容易地理解诸如回归年、地理经纬度、季节变化、二十四节气、地方真太阳时与"北京时间"的区别及时差等基本天文、地理概念。通过配套的天文科普设备，参观者还可以深入了解各类历法的原理和差异、四季星空变化和基本天文坐标系统等，把许多中学课堂上老师经常感到"说也说不清楚"的天文地理基础知识变得简单明了、生动有趣。参观太阳历广场，势必联系到中国古代天文学的辉煌成就和中华民族的智慧，对青少年也是一种爱国主义教育。另外，除了实实在在的科学测试和演示功能外，构思奇特的太阳历广场也是精美的艺术品的参观景点。

广东顺德一中太阳历广场一角

本太阳历广场由顺德一中刘华新老师设计监制

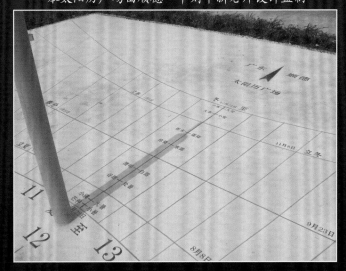

浑天仪

浑天仪：是浑仪和浑象的总称。浑仪是测量天体球面坐标的一种仪器，浑象是古代用来演示天象的仪表。浑天仪发明者是我国西汉阆中人落下闳，此后被东汉天文学家张衡所改进。中国现存最早的浑天仪制造于明朝，陈列在南京紫金山天文台。

浑天说：中国古代的一种重要宇宙理论，认为"浑天如鸡子，天体圆如弹丸，地如鸡子中黄"，天内充满了水，天靠气支撑着，地浮在水面上。浑仪和浑象是反映浑天说的仪器，即"物化"的浑天说。

浑象的构造：在一个大圆球上刻画或镶嵌星宿、赤道、黄道、恒隐圈和恒显圈等，类似现代的天球仪。

浑仪的构造：内有窥管，亦称望管，用以测定昏、旦和夜半中星以及天体的赤道坐标，也能测定天体的黄道经度和地平坐标。浑仪由四游仪和赤道环组成。从汉到北宋，浑仪增加了黄道环、地平环、子午环、六合仪、白道环、赤经环、内赤道环等。北宋科学家沈括取消了白道环并改变一些环的位置。元代天文学家郭守敬取消了黄道环，并把原有的浑仪分成了简仪和立运仪两个独立的仪器。

浑天仪

简仪

简仪： 元代天文学家郭守敬于1276年创制的一种测量天体位置的仪器，因将结构繁复的唐宋浑仪加以革新简化而成，故称简仪。简仪的创制，是中国天文仪器制造史上的一大飞跃，是当时世界上的一项先进技术。欧洲直到300多年之后的1598年才由丹麦天文学家第谷发明了与之类似的装置。

简仪的结构： 主要装置是两个互相垂直的大圆环，其中一个环面平行于地球赤道面，叫"赤道环"；另一个是直立在赤道环中心的双环，能绕一根金属轴转动，叫做"赤经双环"。双环中间夹着一根装有十字丝装置的窥管，相当于单镜筒望远镜，能绕赤经双环的中心转动。观测时，将窥管对准某颗待测星，然后在赤道环和赤经双环的刻度盘上直接读出这颗星的位置值。有两个支架托着正南北方向的金属轴，支撑着整个观测装置，使这个装置保持着北高南低的形状。这个赤道装置是我国首先发明的，比欧洲人使用赤道装置早500年

简仪

人晷

人晷：即人体投影太阳钟，属于一种特殊类型的日晷。人晷的科普性、趣味性、互动性强，但准确性较低。

人晷的结构：晷面平设在地面，中间南北向的条带是人站立时的节气和月日刻度，刻度条带北为夏至，南为冬至，中间为春秋分。不设晷针，而是用站立的人体替代晷针，晷面周边标有时刻点。

读取时刻：人站在晷面中间条带的观测日期的轴线上，观测自己影子投在时刻点的位置，便可读取当地的真太阳时。

编者注：数据由广东顺德一中刘华新老师提供。

"8"字日影轨迹

335

"8"字日影轨迹：是太阳在一年内每天的同一时间同一地点所留下的日影轨迹。

编者注：数据由广州115中学何毅老师提供。

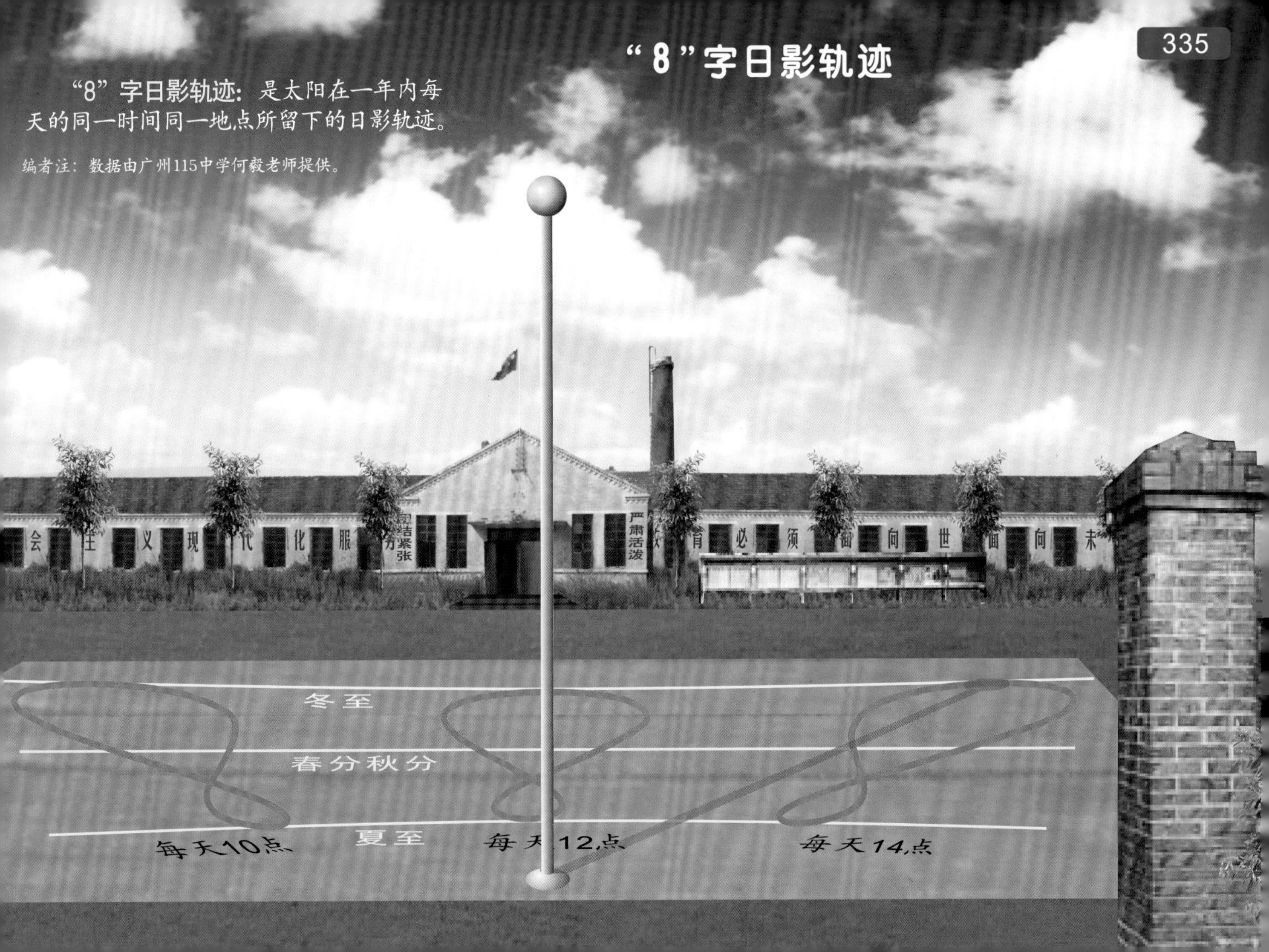

冬至

春分秋分

夏至

每天10点　每天12点　每天14点

圭表

圭表：中国古人利用日影长度测定节气和时刻的仪器。圭表由"圭"和"表"两个部件组成，直立于地面上测日影的杆柱叫表；正南正北方向平放的测定表影长度的刻板叫圭。圭与表相互垂直，当太阳正午照射表的时候，圭上出现了表的影子，根据影子的方向和长度可读出时间，制定节令、回归年或阳历年。中国古代所测定的回归年数值的准确度居世界第一。劳动人民通过编制阳历年以及二十四个节气的日期，指导当时的农事活动。据说日晷是在圭表的基础上发展出来的。

日上中天的阳光

表

夏至阳光

春分和秋分阳光

冬至阳光

小表

正北

圭

正南

简易傅科摆

摆锤

摆盘

傅科摆

傅科摆：一种证明地球自转的简单设备，由悬挂的摆锤和地面的摆盘组成，以法国物理学家傅科的名字命名。傅科第一次以简单的实验证明地球在自转。直至今天，傅科摆在许多科学博物馆和学校仍然是很受欢迎的科普展品。

摆锤：为使摆锤自行摆动的惯性、动量和时长最大化，悬挂的摆锤需一定的高度和重量，且减少悬挂点的摩擦到最低限度而基本不受地球自转影响。

摆盘：摆锤摆动范围是在地面上的一个圆盘内，也有把圆盘设在深圆坑内的。一般摆盘上标有两圈数字，一圈是1°～360°刻度的一个圆周角；另一圈是时间，表明傅科摆在当地的摆动周期。

工作原理：摆锤摆动过程中，摆锤在摆动方向上并没有受到外力作用，而摆动轨迹却沿顺时针方向缓缓转动。按照惯性定律，摆动的空间方向不会改变，因而可知这种摆动方向的变化，是由于观察者所在的地球沿逆时针方向转动，使观察者看到了相对运动现象，从而有力地证明了地球在自转。

放置位置与周期：傅科摆放置的纬度位置不同，摆动情况也不同。放置在北半球则摆动轨迹顺时针转动；放置在南半球则摆动轨迹逆时针转动。纬度越高转动一圈的周期越短，放置在两极极点旋转一圈周期为一恒星日；放置在中纬度旋转一圈周期则长过一恒星日；放置在赤道上则摆锤几乎不转动。

漏壶

漏壶：古人利用滴水或流沙进行计时的工具。按计时用的流动物质不同，分水漏和沙漏。

水漏：用水的增减量计算时间的计时工具。

沙漏：通过沙的增减量或沙推动齿轮组使指针在时刻盘转动来计时。

水漏分类：按计时方法分箭漏和秤漏两种。箭漏是通过水刻度来计量时间的漏壶，分为两种：一种是泄水型漏壶(也称沉箭漏)，观测容器内的水漏泄减少情况来计量时间；另一种是受水型漏壶(也称浮箭漏)，观测容器(底部无孔)内流入水增加情况来计时，有单壶式和多壶式。秤漏是称量滴水的重量来计时的漏壶。

秤漏

沙漏

箭尺
(壶内有浮舟)

泄水型漏壶

受水型漏壶

受水型漏壶：也称浮箭漏，中国古代的一种计时工具，通过观测容器内的入水量来计时，有单壶式和多壶式。多壶式漏壶由在计时中发挥不同作用的日天壶、夜天壶、平水壶、受水壶、分水壶、箭尺等组成。

日天壶（日壶）

夜天壶（月壶）

漏壶

平水壶（星壶）

箭尺方向

分水壶

受水壶（壶内有浮舟）

平水壶：日天壶为夜天壶供水，夜天壶为平水壶供水，平水壶为受水壶供水。为了给受水壶稳定水量，在平水壶壁上端设置出水口，把从夜天壶流入的多余水流入到分水壶，以保持平水壶稳定的水平高度。

受水壶：受水壶内的水位随着时间流逝而增高，浮舟上浮，连动箭尺上升，箭尺刻度变化，即可依此读取时辰。

箭尺：标有时间刻度的尺子，下段插入受水壶内，连接浮舟，随着水位上浮而读取时辰。箭尺自上而下刻有子、丑、寅、卯、辰、巳、午、未、申、酉、戌、亥等十二时辰。

中国的北回归线标志

北回归线标志
指在北回归线
位置建造的地
理标志物。

北回归线（北纬23°26′）

图例

<!-- 图例 -->
未定 国界
省，自治区、
直辖市界
特别行政区界

审图号：GS(2016)1598号

11.云南墨江

10.云南西畴

1.台湾花莲(一)

2.台湾花莲(二)

星图星表

XINGTU XINGBIAO

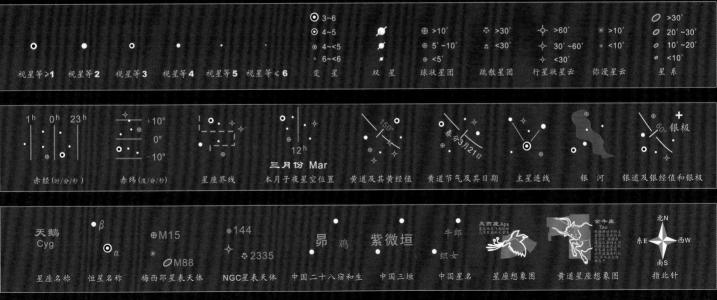

全天星图

星图图例 历元 Epoch 2000.0

						⊙ 3~6						◯ >30'
						⊙ 4~5		⊕ >10'	✺ >30'	✦ >60'	✱ >10'	◯ 20'~30'
						⊙ 4~<5		⊕ 5'~10'	✸ <30'	✧ 30'~60'	✲ <10'	◉ 10'~20'
						⊙ 6~<6		⊕ <5'		✧ <30'		◦ <10'
视星等≥1	视星等2	视星等3	视星等4	视星等5	视星等<6	变 星	双 星	球状星团	疏散星团	行星状星云	弥漫星云	星 系

三月份 Mar

| 赤经(时/分/秒) | 赤纬(度/分/秒) | 星座界线 | 本月子夜星空位置 | 黄道及其黄经值 | 黄道节气及其日期 | 主星连线 | 银 河 | 银道及银经值和银极 |

| 天鹅 Cyg β α | ⊕M15 ✱ ◯M88 | ⊕144 ✧2335 | 昴 鸡 | 紫微垣 | 牛郎 织女 | 天燕座 Aps | 金牛座 Tau | 北N 东E 西W 南S |
| 星座名称 | 恒星名称 | 梅西耶星表天体 | NGC星表天体 | 中国二十八宿和生 | 中国三垣 | 中国星名 | 星座想象图 | 黄道星座想象图 | 指北针 |

编者注：本星图和星座形象图采自《全天星图》（广东省地图出版社出版）。

北天极区

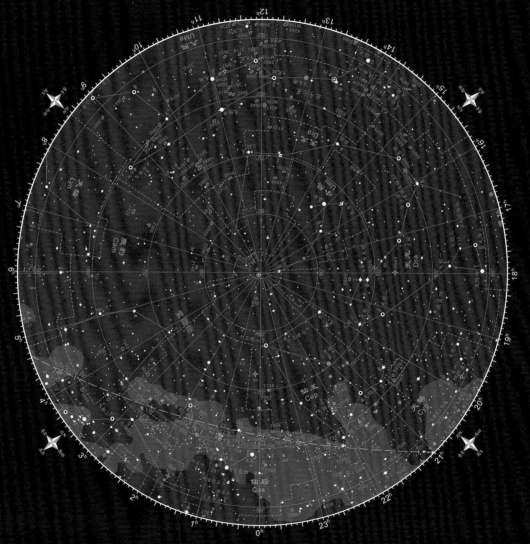

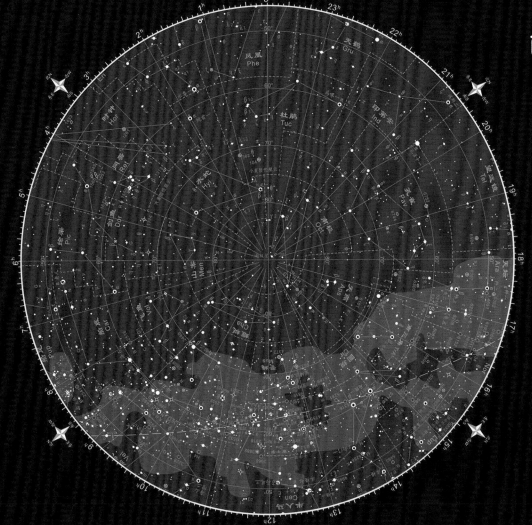

南天极区

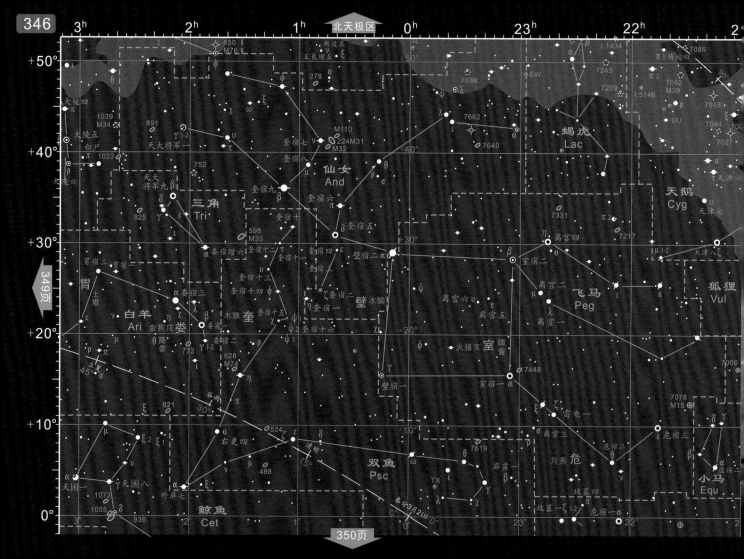

349页

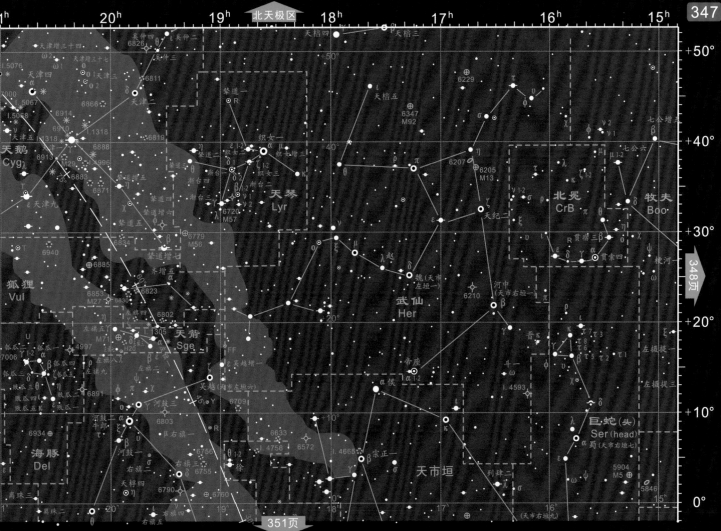

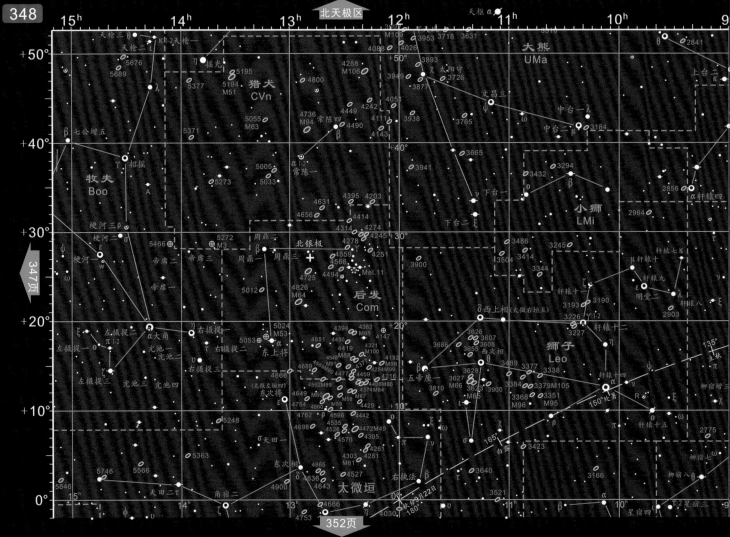

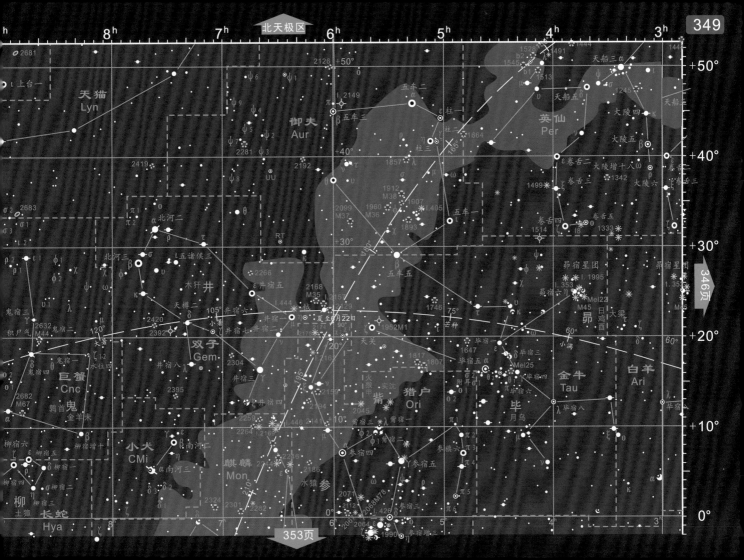

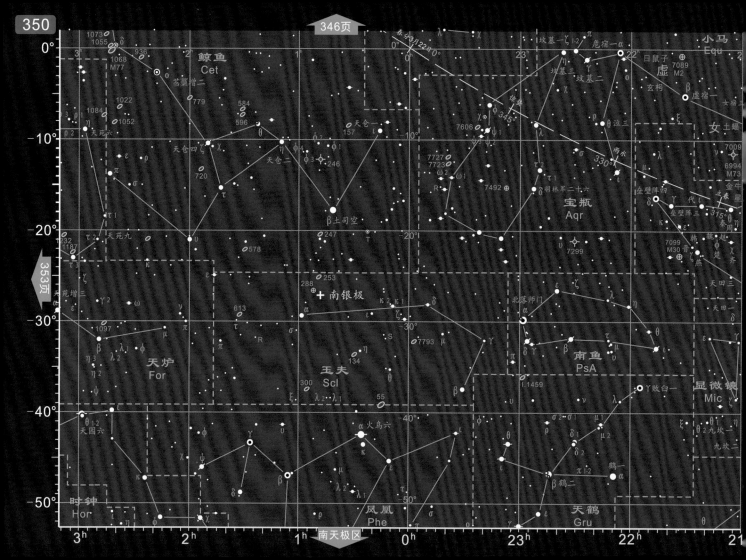

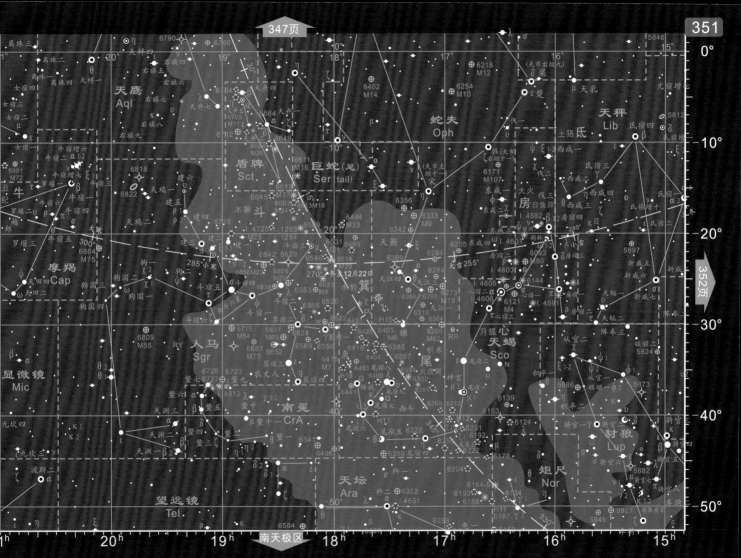

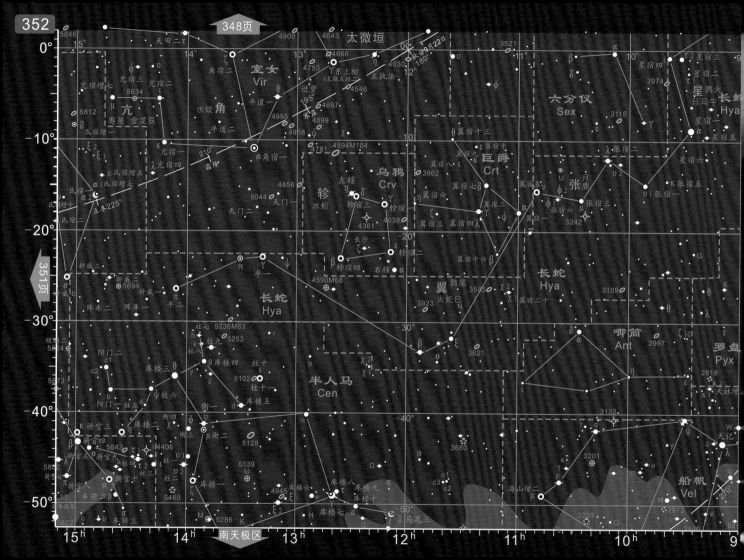

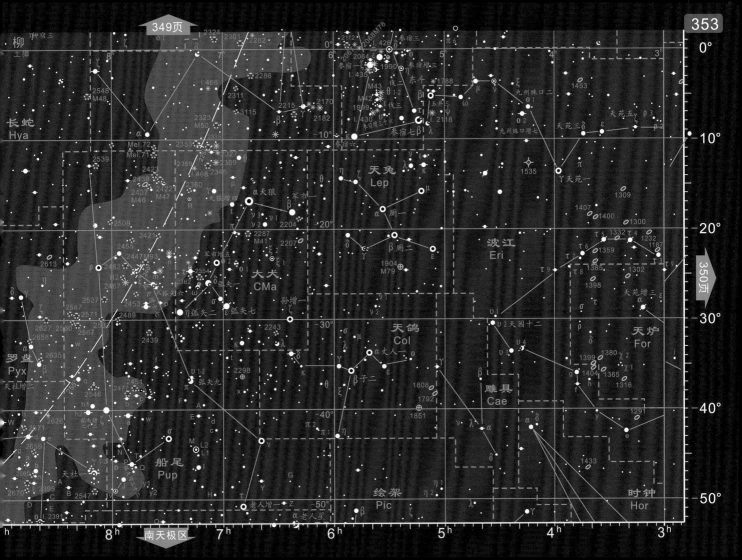

星座形象图

英仙座（Per）

指希腊神话中神王宙斯和公主达娜的儿子，被誉为大英雄的柏修斯。他勇敢地砍下了凝视人就会使其变成石头的女妖美杜莎的头，从女妖身体里跳出一匹飞马（飞马座）。而后又从海怪（鲸鱼座）口中解救出安德洛美达公主（仙女座），并最终娶其为妻。

仙女座（And）

希腊神话中的安德洛美达公主，当她被绑缚在岩石上准备献给海怪的时候，被英雄柏修斯（英仙座）所救，后来她与柏修斯成婚。

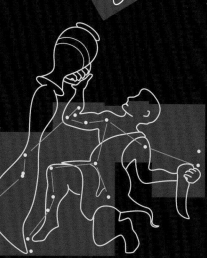

双鱼座（Psc）

指尾巴被绳子系住的两条鱼。在希腊神话中，美神阿佛洛狄特（维纳斯）和儿子艾洛斯（丘比特）为了逃避多头怪物堤丰，跳入幼发拉底河变成了两条鱼儿。

白羊座（Ari）

希腊神话中仙女涅斐勒在天上不忍看到自己的两个孩子在地上受难，于是请求神王宙斯派出一只长着金毛并带翅膀的公羊飞去搭救，公羊救子有功，被宙斯升上了天界。

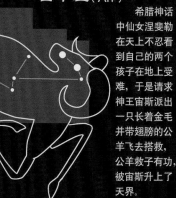

三角座（Tri）

古希腊人想象成尼罗河三角洲，或是西西里岛。

宝瓶座（Aqr）

希腊神话中，宙斯化身成大鹰到人间，选中了特洛伊王子伽尼美德，将他带回天界成为神宴的侍者，为众神执瓶进酒。

355

仙后座（Cas）

希腊神话中的王后卡西奥佩亚，仙王和仙女是她的丈夫和女儿，她爱慕虚荣，常坐在王座上抱怨自己的头发。曾极力反对女儿的婚事。

小马座（Equ）

天穹上的小马驹。

仙王座（Cep）

希腊神话中的国王西福斯，妻子和女儿是仙后和仙女。

蝎虎座（Lac）

天穹上的壁虎。

飞马座（Peg）

希腊神话中，柏修斯（英仙座）将女妖美杜莎的头砍下，从美杜莎的身体里跑出了这匹马，后来成为科林特王子贝洛洛方的坐骑。

狐狸座（Vul）

天穹上的狐狸。

天鹅座（Cyg）

希腊神话中，宙斯化身天鹅与斯巴达皇后丽达约会，生下双胞胎卡斯托和波吕克斯（双子座）及特洛伊的海伦。

天鹰座（Aql）

指神王宙斯的化身，飞到人间寻找到了侍者（宝瓶座）。

天箭座（Sge）

指希腊神话中战神阿瑞斯和美神阿佛洛狄特（维纳斯）所生的爱神艾洛斯（丘比特）手中的金箭，谁被此箭射中，谁就会心中充满爱意。

天龙座（Dra）

希腊神话中的天龙，为擎天神阿特拉斯的女儿守卫着金苹果。大力神赫克里斯（武仙座）杀死天龙夺取了金苹果。

北冕座（CrB）

希腊神话中克里特国公主阿里亚德妮与酒神结婚时所戴的华冠。公主死后酒神为纪念她将华冠掷向天空。

猎犬座（Cvn）

牧人（牧夫座）用皮带拴着的两只猎犬。

牧夫座（Boo）

希腊神话中驱赶熊的巨人阿特拉斯。宙斯惩罚他永远扛着天。

天琴座（Lyr）

太阳神阿波罗送给儿子奥菲斯的宝琴。奥菲斯遗传了父母的音乐天赋，成为了举世无双的弹琴圣手。

武仙座（Her）

希腊神话中的英雄赫克里斯，神王宙斯的孩子。神后设计他一生充满磨难，经受十二次冒险，其中一险是杀死天龙（天龙座）。

后发座（Com）

指埃及皇后贝勒奈斯的头发，她剪断头发以祈求出征的丈夫托勒密法老平安返回。希腊人则视该星座为狮子座的尾巴。

大熊座（UMa）

美女卡莉丝托受神王宙斯勾引，生下一男孩阿卡斯，神后赫拉非常嫉妒，将美女卡莉丝托变成了一只大熊。后来差点被不认识自己的儿子阿卡斯（小熊座）误杀。

小狮座（LMi）

天穹上的幼狮。

小熊座（Umi）

神王宙斯与美女卡丝莉丝托所生的男孩阿卡斯。作为猎手追杀不知己变为大熊（大熊座）的母亲，宙斯出面制止并将他变成了小熊。

天秤座（Lib）

罗马神话中正义女神阿斯特拉亚（室女座）的天秤。

室女座（Vir）

希腊神话中的正义女神和丰收女神阿斯特拉亚。旁边的天秤是她称量人的善恶的秤。

狮子座（Leo）

希腊神话中半人半蛇怪物三姊妹之一生下的凶恶的狮子墨涅亚，被英雄赫克里斯（武仙座）杀死，作为其十二次冒险之一。

天猫座(Lyn) 天穹上的山猫。

御夫座（Aur）

指希腊神话中匠神赫菲斯塔司和智慧女神雅典娜的儿子厄里克托尼俄斯。他虽腿脚不便，但双手灵巧，聪明过人，用马车代步，神王宙斯将他升上天界为御夫，并将有恩于宙斯的一只母山羊和两只羊羔交给他照料。

鹿豹座（Cam）

天穹上的长颈鹿，身上有类似于豹身上的斑点，头和蹄又和鹿相似。

巨蟹座（Cnc）

希腊神话中由神后赫拉派出的大螃蟹，暗袭正与水蛇作战的英雄赫克里斯（武仙座），被发怒的英雄踩死。

双子座（Gem）

希腊神话中神王宙斯变成天鹅诱惑公主丽达，生下双胞胎卡斯托和波吕克斯。这对孪生兄弟一生充满着英雄壮举，也被看作是航海的保护神。

金牛座（Tau）

希腊神话中神王宙斯化身成的白色公牛，诱拐在海边玩耍的美丽的腓尼基公主欧罗巴骑上牛背，公牛渡海来到欧洲，表明爱意后与公主结婚生子。

麒麟座（Mon）

希腊神话中的独角兽。

鲸鱼座（Cet）

希腊神话中的海怪，大英雄柏修斯（英仙座）从它的嘴里救出了安德洛美达公主（仙女座）。

波江座（Eri）

希腊神话中太阳神与自然女神所生的儿子费顿，驾驭父亲的太阳车失控撞向大地，神王宙斯为拯救大地生灵，用雷电把费顿打入了波江。

时钟座（Hor）

天穹上的摆锤钟。

玉夫座（Scl）

象征雕刻家的工作室。

天兔座（Lep）

神王宙斯同情无辜的猎人奥利恩（猎户座）的惨死，让奥利恩与猎犬一齐升到天界，并放一只野兔让其继续狩猎。

天炉座（For）

实验室里的化学熔炉。

水蛇座（Hyi）

天穹上的水蛇。

蛇夫座（Oph）

希腊神话中手中握着大蛇（巨蛇座）的神医阿斯克勒庇俄斯，是太阳神阿波罗与克伦妮丝的儿子，托付给半人马抚养，成为了慈心仁术的神医。

巨蛇座（尾）
[Ser(tail)]

天鹤座（Gru）

象征鹤科长颈涉禽。

巨蛇座（头）[Ser(head)]

神医阿斯克勒庇俄斯（蛇夫座）为探讨医术而豢养的花斑巨蛇，蛇头被他的左手握住，蛇尾被他的右手抓住。

凤凰座（Phe）

神话中它是有着美妙声音、全身红金色的鸟，有五百年寿命，当生命到尽头时，它筑巢并点燃自己后跳入火焰中，新的凤凰在灰烬中诞生。

猎户座（Ori）

希腊神话中海神波赛东的儿子奥利恩，他与月亮女神一见钟情。太阳神不满意其狂言及与妹妹的交往，便派大蝎子蛰死了奥利恩。后来蝎子被赫克里斯（武仙座）踩死。

显微镜座（Mic）

科学仪器显微镜。

南鱼座（PsA）

美神阿佛洛狄特为躲避多头怪物堤丰，变成鱼儿躲入幼发拉底河中。

南冕座（CrA）

花冠，古希腊人把它想象为人马座前蹄上的花环。

杜鹃座（Tuc）

中南美洲颜色鲜艳的巨嘴鸟。

望远镜座（Tel）

科学仪器大型望远镜。

印第安座（Ind）

美洲当地居民，手持长矛和箭的印第安人。

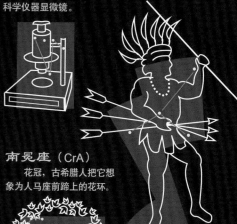

海豚座（Del）

希腊神话中，吟游诗人奥利恩在船上遭抢跳海时救他性命的海豚。

摩羯座（Cap）

希腊神话中宙斯的孙子山林之神潘，为躲避多头怪物堤丰跳入幼发拉底河，下身变成鱼尾，上身变成山羊。

豺狼座（Lup）

浪迹南天的狼。

天坛座（Ara）

希腊神话中的祭坛。神王宙斯在挑战泰坦诸神、争夺宇宙控制权之前在此宣誓。

长蛇座（Hya）

希腊神话中居住在莱尔纳湖中的九头蛇希德拉。被英雄赫克里斯（武仙座）杀死作为十二次冒险之一。

人马座（Sgr）

希腊神话中牧神的儿子克罗图斯，文雅聪慧，本领强大，正张弓瞄准旁边的天蝎。

乌鸦座（Crv）

希腊神话中阿波罗派乌鸦去取水放进杯子，乌鸦因贪吃无花果而延误，撒谎说遭到水蛇阻挠，阿波罗没有上当受骗，惩罚乌鸦一辈子口渴，永远够不到旁边的杯子（巨爵座）。

巨爵座（Crt）

希腊神话中太阳神阿波罗的酒杯。

天蝎座（Sco）

希腊神话中，被奥利恩的狂言若怒的太阳神阿波罗放了一只大毒蝎，蜇死了奥利恩（猎户座）。

半人马座（Cen）

希腊神话中有的半人马是诸神子孙的教师；有的则是诸神的敌人。

六分仪座（Sex）

测量恒星位置的六分仪。

大犬座（CMa）

猎人奥利恩（猎户座）两只猎犬中较大的那只。

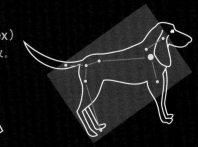

盾牌座（Sct）

献给波兰国王苏别斯基表彰其保卫欧洲有功的盾牌。

唧筒座（Ant）

科学仪器气泵。

小犬座（CMi）

猎人奥利恩（猎户座）两只猎犬中较小的那只

矩尺座（Nor）

科学器具矩尺。

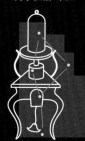

苍蝇座（Mus）

天穹上的苍蝇。

天燕座（Aps）

象征在南天飞翔的新几内亚岛的天堂鸟

罗盘座（Pyx）

航海家所用的罗盘。

南三角（TrA）

南方的三角，对应北方的三角座。

孔雀座（Pav）

天穹中开屏的孔雀。

圆规座（Cir）

测量及制图所用的分规。

蝘蜓座（Cha）

天穹上会变色的蜥蜴。

绘架座

（Pic）

天穹上的绘画工具。

南十字座（Cru）

古希腊视该星座为半人马座后腿的一部分。

飞鱼座（Vol）

生活在热带海域、会伸展鳍翅在水面滑翔的飞鱼。

天鸽座（Col）

圣经中诺亚的鸽子。耶和华用洪水淹灭双手沾满罪恶的人类，让诺亚制造方舟搭载家人和部分动物。后来他放出鸽子，鸽子返回时嘴上叼着橄榄枝，报告洪水已经退去。

船帆座

（Vel）

希腊神话中，众勇士夺取金羊毛所搭乘的亚格号天舟的船帆部分。

山案座（Men）

指南非开普敦的名山——塔布尔山（桌山）。

网罟座（Ret）

望远镜目镜上用来标示恒星位置的方格或格网。

雕具座

（Cae）

雕刻家的凿子。

剑鱼座（Dor）

热带海洋中的珍稀鱼种，属鲈形目剑鱼科，它体长，吻部突出如剑。

船尾座（Pup）

希腊神话中众勇士夺取金羊毛所搭乘的亚格号天舟的船尾部分。

船底座（Car）

希腊神话中众勇士夺取金羊毛所搭乘的亚格号天舟的船首部分。

南极座（Oct）

航海家所用的八分仪。

全天星座表

拉丁语名称	标准缩写	中文名称	面积排名	占全天面积 (%)	赤纬范围（北~南）		赤经范围（西~东）	
Andromeda	And	仙女	19	1.751	+53°	+21°	22^{h}56^m	2^{h}36^m
Antlia	Ant	唧筒	62	0.579	−24°	−40°	9^{h}25^m	11^{h}03^m
Apus	Aps	天燕	67	0.500	−67°	−83°	13^{h}46^m	18^{h}17^m
Aquarius	Aqr	宝瓶	10	2.375	+3°	−25°	20^{h}36^m	23^{h}54^m
Aquila	Aql	天鹰	22	1.582	+19°	−12°	18^{h}38^m	20^{h}36^m
Ara	Ara	天坛	63	0.575	−45°	−68°	16^{h}31^m	18^{h}06^m
Aries	Ari	白羊	39	1.070	+31°	+10°	1^{h}44^m	3^{h}27^m
Auriga	Aur	御夫	21	1.594	+56°	+28°	4^{h}35^m	7^{h}27^m
Bootes	Boo	牧夫	13	2.198	+55°	+7°	13^{h}33^m	15^{h}47^m
Caelum	Cae	雕具	81	0.303	−27°	−49°	4^{h}18^m	5^{h}03^m
Cameloparadlis	Cam	鹿豹	18	1.835	+85°	+53°	3^{h}11^m	14^{h}25^m
Cancer	Cnc	巨蟹	31	1.226	+33°	+7°	7^{h}53^m	9^{h}19^m
Canes Venatici	CVn	猎犬	38	1.128	+53°	+28°	12^{h}04^m	14^{h}05^m
Canis Major	CMa	大犬	43	0.921	−11°	−33°	6^{h}09^m	7^{h}26^m
Canis Minor	CMi	小犬	71	0.445	+13°	0°	7^{h}04^m	8^{h}09^m
Capricornus	Cap	摩羯	40	1.003	−8°	−28°	20^{h}04^m	21^{h}57^m
Carina	Car	船底	34	1.198	−51°	−75°	6^{h}02^m	11^{h}18^m
Cassiopeia	Cas	仙后	25	1.451	+78°	+46°	22^{h}56^m	3^{h}36^m
Centaurus	Cen	半人马	9	2.571	−30°	−65°	11^{h}03^m	14^{h}59^m
Cepheus	Cep	仙王	27	1.425	+89°	+51°	20^{h}01^m	8^{h}30^m
Cetus	Cet	鲸鱼	4	2.985	+10°	−25°	23^{h}55^m	3^{h}21^m
Chamaeleon	Cha	蝘蜓	79	0.319	−75°	−83°	7^{h}32^m	13^{h}48^m

全天星座表 （续）

拉丁语名称	标准缩写	中文名称	面积排名	占全天面积(%)	赤纬范围（北~南）		赤经范围（西~东）	
Circinus	Cir	圆规	85	0.226	-54°	-70°	13^{h}35^m	15^{h}26^m
Columba	Col	天鸽	54	0.655	-27°	-43°	5^{h}03^m	6^{h}28^m
Coma Berenices	Com	后发	42	0.937	+34°	+13°	11^{h}57^m	13^{h}33^m
Corona Austrina	CrA	南冕	80	0.310	-37°	-46°	17^{h}55^m	19^{h}15^m
Corona Borealis	CrB	北冕	73	0.433	+40°	+26°	15^{h}14^m	16^{h}22^m
Corvus	Crv	乌鸦	70	0.446	-11°	-25°	11^{h}54^m	12^{h}54^m
Crater	Crt	巨爵	53	0.685	-6°	-25°	10^{h}48^m	11^{h}54^m
Crux	Cru	南十字	88	0.166	-55°	-65°	11^{h}53^m	12^{h}55^m
Cygnus	Cyg	天鹅	16	1.949	+61°	+28°	19^{h}07^m	22^{h}01^m
Delphinus	Del	海豚	69	0.457	+21°	+2°	20^{h}13^m	21^{h}06^m
Dorado	Dor	剑鱼	72	0.434	-49°	-70°	3^{h}52^m	6^{h}36^m
Draco	Dra	天龙	8	2.625	+86°	+48°	9^{h}18^m	21^{h}00^m
Equuleus	Equ	小马	87	0.174	+13°	+2°	20^{h}54^m	21^{h}23^m
Eridanus	Eri	波江	6	2.758	0°	-58°	1^{h}22^m	5^{h}09^m
Fornax	For	天炉	41	0.964	-24°	-40°	1^{h}44^m	3^{h}48^m
Gemini	Gem	双子	30	1.245	+35°	+10°	5^{h}57^m	8^{h}06^m
Grus	Gru	天鹤	45	0.886	-37°	-57°	21^{h}25^m	23^{h}25^m
Hercules	Her	武仙	5	2.970	+51°	+4°	15^{h}47^m	18^{h}56^m
Horologium	Hor	时钟	58	0.603	-40°	-67°	2^{h}12^m	4^{h}18^m
Hydra	Hya	长蛇	1	3.158	+7°	-35°	8^{h}08^m	14^{h}58^m
Hydrus	Hyi	水蛇	61	0.589	-58°	-82°	0^{h}02^m	4^{h}33^m
Indus	Ind	印第安	49	0.713	-45°	-75°	20^{h}25^m	23^{h}25^m

全天星座表 （续）

拉丁语名称	标准缩写	中文名称	面积排名	占全天面积(%)	赤纬范围（北~南）		赤经范围（西~东）	
Lacerta	Lac	蝎虎	68	0.487	+57°	+35°	21^{h}55^m	22^{h}56^m
Leo	Leo	狮子	12	2.296	+33°	−6°	9^{h}18^m	11^{h}56^m
Leo Minor	LMi	小狮	64	0.562	+42°	+23°	9^{h}19^m	11^{h}04^m
Lepus	Lep	天兔	51	0.704	−11°	−27°	4^{h}54^m	6^{h}09^m
Libra	Lib	天秤	29	1.304	0°	−30°	14^{h}18^m	15^{h}59^m
Lupus	Lup	豺狼	46	0.809	−30°	−55°	14^{h}13^m	16^{h}05^m
Lynx	Lyn	天猫	28	1.322	+62°	+33°	6^{h}13^m	9^{h}40^m
Lyra	Lyr	天琴	52	0.694	+48°	+25°	18^{h}12^m	19^{h}26^m
Mensa	Men	山案	75	0.372	−70°	−85°	3^{h}20^m	7^{h}37^m
Microscopium	Mic	显微镜	66	0.508	−28°	−45°	20^{h}25^m	21^{h}25^m
Monoceros	Mon	麒麟	35	1.167	+12°	−11°	5^{h}54^m	8^{h}08^m
Musca	Mus	苍蝇	77	0.335	−64°	−75°	11^{h}17^m	13^{h}46^m
Norma	Nor	矩尺	74	0.401	−42°	−60°	15^{h}25^m	16^{h}31^m
Octans	Oct	南极	50	0.706	−75°	−90°	0^h	24^h
Ophiuchus	Oph	蛇夫	11	2.299	+14°	−30°	15^{h}18^m	18^{h}42^m
Orion	Ori	猎户	26	1.440	+23°	−11°	4^{h}41^m	6^{h}23^m
Pavo	Pav	孔雀	44	0.916	−57°	−75°	17^{h}37^m	31^{h}30^m
Pegasus	Peg	飞马	7	2.717	+36°	+2°	21^{h}06^m	0^{h}13^m
Perseus	Per	英仙	24	1.491	+59°	+31°	1^{h}26^m	4^{h}46^m
Phoenix	Phe	凤凰	37	1.138	−40°	−58°	23^{h}24^m	2^{h}24^m
Pictor	Pic	绘架	59	0.598	−43°	−64°	4^{h}32^m	6^{h}51^m
Pisces	Psc	双鱼	14	2.156	+33°	−7°	22^{h}49^m	2^{h}04^m

全天星座表 （续）

拉丁语名称	标准缩写	中文名称	面积排名	占全天面积(%)	赤纬范围(北~南)		赤经范围(西~东)	
Piscis Austrinus	PsA	南鱼	60	0.595	−25°	−37°	21ʰ25ᵐ	23ʰ04ᵐ
Puppis	Pup	船尾	20	1.633	−11°	−51°	6ʰ02ᵐ	8ʰ26ᵐ
Pyxis	Pyx	罗盘	65	0.535	−17°	−37°	8ʰ26ᵐ	9ʰ26ᵐ
Reticulum	Ret	网罟	82	0.276	−53°	−67°	3ʰ14ᵐ	4ʰ35ᵐ
Sagitta	Sge	天箭	86	0.194	+21°	+16°	18ʰ56ᵐ	20ʰ18ᵐ
Sagittarius	Sgr	人马	15	2.103	−12°	−45°	17ʰ41ᵐ	20ʰ25ᵐ
Scorpius	Sco	天蝎	33	1.204	−8°	−46°	15ʰ44ᵐ	17ʰ55ᵐ
Sculptor	Scl	玉夫	36	1.151	−25°	−40°	23ʰ04ᵐ	1ʰ44ᵐ
Scutum	Sct	盾牌	84	0.265	−4°	−16°	18ʰ18ᵐ	18ʰ56ᵐ
Serpens	Ser	巨蛇	23	1.544	+26°	−16°	14ʰ55ᵐ	18ʰ56ᵐ
Sextans	Sex	六分仪	47	0.760	+7°	−11°	9ʰ39ᵐ	10ʰ49ᵐ
Taurus	Tau	金牛	17	1.933	+31°	0°	3ʰ20ᵐ	5ʰ58ᵐ
Telescopium	Tel	望远镜	57	0.610	−45°	−57°	18ʰ06ᵐ	20ʰ26ᵐ
Triangulum	Tri	三角	78	0.320	+37°	+25°	1ʰ29ᵐ	2ʰ48ᵐ
Triangulum Australe	TrA	南三角	83	0.276	−60°	−70°	14ʰ50ᵐ	17ʰ09ᵐ
Tucana	Tuc	杜鹃	48	0.714	−57°	−76°	22ʰ05ᵐ	1ʰ22ᵐ
Ursa Major	UMa	大熊	3	3.102	+73°	+29°	8ʰ05ᵐ	14ʰ27ᵐ
Ursa Minor	UMi	小熊	56	0.620	+90°	+65°	0ʰ	24ʰ
Vela	Vel	船帆	32	1.211	−37°	−57°	8ʰ02ᵐ	11ʰ24ᵐ
Virgo	Vir	室女	2	3.138	+14°	−22°	11ʰ35ᵐ	15ʰ08ᵐ
Volans	Vol	飞鱼	76	0.343	−64°	−75°	6ʰ35ᵐ	9ʰ02ᵐ
Vulpecula	Vul	狐狸	55	0.650	+29°	+19°	18ʰ56ᵐ	21ʰ28ᵐ

梅西耶星团星云图

梅西耶（Charles Messier，1730—1817），18世纪法国著名彗星观测家在其观测生涯中编制了星团星云表（M），共103个天体，后人增至110个。

M1	M2	M3	M4	M5	M6	M7	M8	M9	M10		
金牛座蟹状星云	宝瓶座球状星团	猎犬座球状星团	天蝎座球状星团	巨蛇座球状星团	天蝎座疏散星团	天蝎座疏散星团	人马座礁湖星云	蛇夫座球状星团	蛇夫座球状星团		
M11	M12	M13	M14	M15	M16	M17	M18	M19	M20		
盾牌座疏散星团	蛇夫座球状星团	武仙座球状星团	蛇夫座球状星团	飞马座球状星团	巨蛇座天鹰星云	人马座奥米加星云	人马座疏散星团	蛇夫座疏散星团	人马座三叶星云		
M21	M22	M23	M24	M25	M26	M27	M28	M29	M30		
人马座疏散星团	人马座球状星团	人马座疏散星团	人马座疏散星团	人马座疏散星团	盾牌座疏散星团	狐狸座哑铃星云	人马座球状星团	天鹅座疏散星团	摩羯座球状星团		
M31	M32	M33	M34	M35	M36	M37	M38	M39	M40		
仙女座大星云	仙女座椭圆星系	三角座星系	英仙座疏散星团	双子座疏散星团	御夫座疏散星团	御夫座疏散星团	御夫座疏散星团	天鹅座疏散星团	大熊座双星		
M41	M42	M43	M44	M45	M46	M47	M48	M49	M50		
大犬座疏散星团	猎户座大星云	猎户座弥漫星云	巨蟹座疏散星团	金牛座昴星团	船尾座疏散星团	船尾座疏散星团	长蛇座疏散星团	室女座椭圆星系	麒麟座疏散星团		

M51 猎犬座旋涡星系　　M52 仙后座疏散星团　　M53 后发座球状星团　　M54 人马座球状星团　　M55 人马座球状星团　　M56 天琴座球状星团　　M57 天琴座环状星云　　M58 室女座棒旋星系　　M59 室女座椭圆星系　　M60 室女座椭圆星系

M61 室女座旋涡星系　　M62 蛇夫座球状星团　　M63 猎犬座旋涡星系　　M64 后发座旋涡星系　　M65 狮子座旋涡星系　　M66 狮子座旋涡星系　　M67 巨蟹座疏散星团　　M68 长蛇座球状星团　　M69 人马座球状星团　　M70 人马座球状星团

M71 天箭座球状星团　　M72 宝瓶座球状星团　　M73 宝瓶座疏散星团　　M74 双鱼座旋涡星系　　M75 人马座球状星团　　M76 英仙座行星状星云　　M77 鲸鱼座塞弗特星系　　M78 猎户座弥漫星云　　M79 天兔座球状星团　　M80 天蝎座球状星团

M81 大熊座旋涡星系　　M82 大熊座不规则星系　　M83 长蛇座旋涡星系　　M84 室女座旋涡星系　　M85 后发座椭圆星系　　M86 室女座椭圆星系　　M87 室女座椭圆星系　　M88 后发座旋涡星系　　M89 室女座椭圆星系　　M90 室女座旋涡星系

M91 后发座旋涡星系　　M92 武仙座球状星团　　M93 船尾座疏散星团　　M94 猎犬座旋涡星系　　M95 狮子座棒旋星系　　M96 狮子座旋涡星系　　M97 大熊座枭状星云　　M98 后发座旋涡星系　　M99 后发座旋涡星系　　M100 后发座旋涡星系

M101 大熊座旋涡星系　　M102 天龙座椭圆星系　　M103 仙后座疏散星团　　M104 室女座草帽星系　　M105 狮子座椭圆星系　　M106 猎犬座旋涡星系　　M107 蛇夫座球状星团　　M108 大熊座旋涡星系　　M109 大熊座旋涡星系　　M110 仙女座椭圆星系

八大行星的主要数据表

项目 \ 行星	水星	金星	地球	火星	木星	土星	天王星	海王星
体积(地球为1)	0.056	0.866	1	0.151	1,321	763.59	63.09	57.74
质量(地球为1)	0.055	0.815	1	0.107	317.8	95.16	14.54	17.15
质量比重(克/立方厘米)	5.43	5.24	5.52	3.93	1.33	0.69	1.27	1.64
公转周期(地球时间)	88天	225天	365天	687天	11.86年	29.46年	84.01年	164.82年
公转速度(千米/秒)	47.362	35.02	29.78	24.08	13.07	9.69	6.80	5.43
自转周期(地球时间)	59.64天	243.02天	24时	24时37分	9时50分	10时14分	17时14分	16时06分
自转速度(米/秒)	3.026	1.81	465.11	241.17	12,600	9,870	2,590	2,680
赤道倾角	0°	177°	23.5°	25°	3°	27°	98°	28.3°
赤道半径(千米)	2,439	6,052	6,378	3,397	71,492	60,268	25,559	24,764
轨道倾角	7.01°	3.39°	0°	1.85°	1.31°	2.49°	0.77°	1.77°
轨道半长轴(天文单位)	0.3871	0.7233	1	1.5237	5.2026	9.5549	19.2184	30.1104
提丢斯-彼得定则	0.4	0.7	1.00	1.6	5.2	10.00	19.6	38.8
轨道偏心率	0.2056	0.0068	0.0167	0.0934	0.0483	0.0556	0.0464	0.0095
近点幅角	29.1°	54.88°	—	286.5°	273.87°	339.39°	96.99°	276.34°
升交点黄经	48.33°	76.68°	—	49.56°	100.46°	113.66°	74.01°	131.78°

中国古代星辰位次等对应表

项目	内容
三垣	紫微垣（北天极区诸星）　太微垣（夏夜天顶西侧诸星）　天市垣（夏夜天顶东侧诸星）
四象	玄武　白虎　朱雀　苍龙
颜色	黑色　白色　红色　青色
方位	北　西北　西　西南　南　东南　东　东北
四季	春　夏　秋　冬
五行	木 金 土 日 月 火 水　木 金 土 日 月 火 水　木 金 土 日 月 火 水　木 金 土 日 月 火 水
八卦	坎　乾　兑　坤　离　巽　震　艮
28宿	斗 牛 女 虚 危 室 壁　奎 娄 胃 昴 毕 觜 参　井 鬼 柳 星 张 翼 轸　角 亢 氐 房 心 尾 箕
九野	东北变天　北方玄天　西北幽天　西方颢天　西南朱天　南方炎天　东南阳天　中央钧天　东方苍天
28生	獬 牛 蝠 鼠 燕 猪 貐　狼 狗 雉 鸡 乌 猴 猿　犴 羊 獐 马 鹿 蛇 蚓　蛟 龙 貉 兔 狐 虎 豹
12辰	丑　子　亥　戌　酉　申　未　午　巳　辰　卯　寅
12肖	牛　鼠　猪　狗　鸡　猴　羊　马　蛇　龙　兔　虎
12次	星纪　玄枵　娵訾　降娄　大梁　实沈　鹑首　鹑火　鹑尾　寿星　大火　析木
分野	吴越　齐　卫　鲁　赵　魏　秦　周　楚　郑　宋　燕 扬州　青州　并州　徐州　冀州　益州　雍州　三河　荆州　兖州　豫州　幽州
24节气	冬至 小寒 大寒 立春 雨水 惊蛰 春分 清明 谷雨 立夏 小满 芒种 夏至 小暑 大暑 立秋 处暑 白露 秋分 寒露 霜降 立冬 小雪 大雪
12星宫	人马座　摩羯座　宝瓶座　双鱼座　白羊座　金牛座　双子座　巨蟹座　狮子座　室女座　天枰座　天蝎座

天体和星座符号表

太阳系主要天体	名称	太阳	月球	水星	金星	地球	火星	木星	土星	天王星	海王星	冥王星
	符号	☉ ⚹ ☀	☾	☿	♀	⊕ ♁	♂	♃	♄	♅ ⛢	♆	♇
黄道星宫	名称	摩羯座	宝瓶座	双鱼座	白羊座	金牛座	双子座	巨蟹座	狮子座	室女座	天秤座	天蝎座 人马座
	符号	♑	♒	♓	♈	♉	♊	♋	♌	♍	♎	♏ ♐
常见天象	名称	恒星	彗星	新月	满月	上弦	下弦	合	冲	方照	升交点	降交点 春分点
	符号	★ ☆	☄	○	●	◐	◑	☌	☍	□	☊	☋ ♈

趣味数据对比表

名　称	对应长度	名　称	对应时间	名　称	对应角值
整个宇宙	10^{26} 米	宇宙诞生	1.5×10^{10} 年前	天球经纬一圈	360°
星系	10^{21} 米	星系形成	10^{10} 年前	人抬头所见的星空	180°
银河系	10^{17} 米	太阳系形成	4.6×10^{9} 年前	双眼左右视场	160°
太阳系	10^{13} 米	单细胞生物出现	3×10^{9} 年前	半月到满月轨道夹角	90°
天文单位	10^{10} 米	硬体动物出现	6×10^{8} 年前	二至的太阳直射夹角	47°
太阳直径	10^{9} 米	恐龙出现	0.65×10^{8} 年前	北斗七星的长度	24°
地月距离	4×10^{9} 米	人猿出现	3×10^{6} 年前	拇指食指伸开量天	15°
地球直径	10^{7} 米	人类出现	3×10^{5} 年前	北斗七星指极星距	5°
长城长度	10^{6} 米	人类信史出现	5×10^{3} 年前	每4分钟天体视运动	1°
大厦高度	10^{2} 米	人类寿命	10^{2} 年	月球视直径	30′
儿童身高	10^{0} 米（1米）	地球公转一周	10^{0} 年（1年）	太阳视直径	30′
蜜蜂大小	10^{-2} 米	月球公转一周	1 月	飞行客机长度	20′
头发直径	10^{-4} 米	地球自转一周	1 日	人眼分辨率	1′
分子	10^{-8} 米	汽车行驶100千米	1 小时	1千米外人两眼距离	1′
纳米	10^{-9} 米	步行100米	1 分钟	木星视直径	50″
原子	10^{-10} 米	眨眨眼	1 秒钟	太空看长城宽度	1″
质子	10^{-14} 米	光穿越原子	10^{-17} 秒	仙女座星团视大小	1″

已知彗星回归周期表

彗 星 名 称 （按周期排序）	周期 (年)	发现 年份	近期 回归	回归 次数
恩克	3.30	1786	1984	63
格里格-斯克杰利厄普	5.10	1902	1982	14
杜-托伊特 II	5.20	1945	1982	2
坦普尔 II	5.27	1873	1987	18
本田-马克斯-帕德贾萨科维	5.28	1948	1990	7
施瓦斯曼-瓦赫曼 III	5.32	1930	1985	2
诺伊明 II	5.40	1916	1981	2
勃劳逊 II	5.47	1846	1879	5
坦普尔 I	5.50	1867	1993	8
克拉克	5.50	1973	1989	3
塔特尔-贾克比尼-克雷萨克	5.58	1858	1989	7
库林	5.82	1939	1986	1
沃塔南	5.87	1947	1991	6
羽根田-坎波斯	5.97	1978	1984	2
威斯特-科胡特克-池村	6.07	1975	1987	3
拉塞尔	6.13	1979	1985	1
怀尔德 II	6.17	1987	1990	3
阿雷斯特	6.23	1951	1982	14
科胡特克	6.23	1975	1981	2
福布斯	6.27	1929	1993	7
杜-托伊特-诺伊明-德尔波特	6.31	1941	1989	4
特里顿	6.34	1978	1984	2
庞斯-温尼克	6.36	1819	1989	20
坦普尔-斯威夫特	6.41	1969	1982	5
科普夫	6.43	1906	1989	13
施瓦斯曼-瓦赫曼 II	6.50	1929	1981	9
贾克比尼-津纳	6.52	1900	1991	11
沃尔夫-哈林顿	6.53	1924	1990	7
丘龙穆宇-杰拉西门科	6.59	1969	1988	4
科瓦尔 II	6.51	1979	1991	2
紫金山 I	6.65	1965	1991	5
吉克拉斯	6.68	1978	1985	1
比拉	6.70	1772	1852	6
哈林顿-威尔逊	6.70	1951	1984	1
雷恩穆特 I	6.74	1947	1981	6
约翰逊	6.76	1949	1990	7
博雷林	6.77	1905	1987	11
珀赖因-姆尔科斯	6.78	1896	1982	5
哈林顿	6.80	1969	1982	3
冈恩	6.82	1965	1991	4
紫金山 II	6.83	1950	1984	6
阿伦-里高克斯	6.83	1953	1987	3
斯皮塔勒	6.89	1890	1986	1
布鲁克斯 II	6.90	1889	1987	12
怀尔德 III	6.89	1980	1987	1
芬利	6.95	1886	1988	11
泰勒	6.98	1916	1990	3
郎莫尔	6.98	1974	1987	2
霍姆斯	7.06	1892	1993	–
丹尼尔	7.09	1909	1992	7
沙金-沙尔达彻	7.26	1949	1993	4
法伊	7.39	1943	1984	17
德·维科-斯威夫特	7.41	1844	1987	3
阿什布鲁克-杰克逊	7.43	1948	1992	6
惠普尔	7.44	1933	1993	8
舒斯特	7.48	1978	1992	2
哈林顿-艾贝尔	7.58	1954	1990	6
雷恩穆特 I	7.59	1928	1988	7
梅特卡夫	7.77	1906	1983	3
小岛	7.86	1970	1992	3
肖尔	7.88	1918	1981	1
格雷尔斯 II	7.94	1973	1989	3
阿伦	7.98	1951	1991	3
格雷尔斯 III	8.11	1977	1992	3
肖马斯	8.23	1911	1992	7
杰克逊-诺伊明	8.37	1936	1987	3
沃尔夫	8.42	1884	1992	14
斯默诺瓦-彻尼克	8.53	1975	1984	2
科马斯-索拉	8.94	1927	1987	7
基恩斯-克威	9.01	1963	1981	3
丹宁-藤川	9.01	1881	1987	2
斯威夫特-格雷尔斯	9.23	1889	1991	3
诺利明 III	10.57	1929	1993	4
盖尔	10.88	1927	1981	2
克莱莫拉	10.95	1965	1987	2
贝辛	11.05	1975	1986	1
维萨拉 I	11.28	1939	1992	6
斯劳特-伯纳姆	11.62	1958	1992	4
范·比斯布勒克	12.39	1954	1991	2
桑吉恩	12.52	1977	1990	2
怀尔德	13.29	1960	1986	2
塔特尔	13.68	1790	1992	11
切尔尼克	14.00	1978	1992	1
格雷尔斯 I	14.54	1973	1987	3
杜·托伊特 I	15.00	1944	1988	2
施瓦斯曼-瓦赫曼 I	15.00	1925	1989	4
科瓦尔	15.10	1977	1992	1
范·豪顿	16.10	1961	1993	1
诺利明 I	17.90	1913	1984	5
奥特麦	19.30	1942	1958	2
克伦梅林	27.40	1818	1984	5
坦普尔-塔特尔	33.20	1366	1998	4
斯蒂芬-奥特麦	37.70	1867	1980	3
威斯特费尔	61.90	1852	2038	2
杜比亚戈	67.00	1921	1988	2
奥伯斯	69.50	1815	1956	3
庞斯-布鲁克斯	71.90	1812	1954	3
布罗逊-梅特卡夫	70.60	1847	1988	2
德·维科	75.70	1846	1988	1
哈雷	76.00	前466	1986	29
维萨拉 II	85.40	1942	2027	1
斯维夫特-塔特尔	125.0	1862	1992	2
梅利什	145.0	1917	2062	1
赫歇尔-里戈利特	155.0	1788	2058	2

流星雨表

极盛时间 月 日	流星雨名称	辐射点 赤经	赤纬	流量 ZHR	极盛时间 月 日	流星雨名称	辐射点 赤经	赤纬	流量 ZHR	极盛时间 月 日	流星雨名称	辐射点 赤经	赤纬	流量 ZHR
1月 3日	象限仪座	15h21m	+48.5°	80	*3 11日	人马座	20h16m	-35°	30	10月 3日	仙女座周年	00h20m	+8°	13
10日	后发座	11h40m	+25°	8	13日	蛇夫座θ	17h48m	-28°	2	3日	仙女座周年	01h20m	+34°	10
16日	巨蟹座δ	08h24m	+20°	7	*4 16日	天琴座六月	18h32m	+35°	9	9日	天龙座十月	17h28m	+54.1°	2
					*5 26日	乌鸦座	12h48m	-19.1°	13	12日	北双鱼座	01h44m	+14°	6
2月 8日	半人马座α	14h00m	-59°	10	28日	天龙座	16h55m	+56°	5	19日	双子座ε	06h56m	+27°	5
26日	狮子座δ	10h36m	+19°	24	28日	牧夫座六月	14h36m	+49°	6	21日	猎户座	06h18m	+15.8°	30
					29日	金牛座β白昼	05h44m	+19°	25	24日	小狮座	10h48m	+37°	3
3月16日	南冕座	18h19m	-42°	8										
26日	室女座	12h24m	0°	6	7月 9日	飞马座ε	22h40m	+15°	8	11月 3日	南金牛座 *8	03h22m	+13.6°	7
					*6 14日	凤凰座七月	02h05m	-47.9°	30	12日	飞马座	22h20m	+21°	5
4月 9日	室女座α	13h16m	-13°	8	16日	天龙座o	18h04m	+59°	3	*8 13日	北金牛座	03h53m	+22.3°	7
17日	狮子座σ	13h00m	-5°	12	22日	摩羯座	20h52m	-23°	4	17日	狮子座	10h09m	+22.2°	15
*1 22日	天琴座四月	18h06m	+33.6°	12	29日	南宝瓶座δ	22h12m	-16.5°	30	*9 27日	仙女座	01h40m	+44°	—
23日	船底座π	07h20m	-45°	10	*7 30日	摩羯座α	20h28m	-10°	30					
25日	室女座μ	14h44m	-5°	7						12月 5日	凤凰座十二月	01h00m	-55°	100
28日	牧夫座α	14h32m	+19°	8	8月 5日	南宝瓶座ι	22h13m	-14.7°	15	*10 5日	凤凰座十二月	01h00m	-45°	100
					12日	英仙座	03h05m	+57.4°	95	10日	麒麟座	06h39m	+14°	3
5月 1日	牧夫座φ	16h00m	+51°	6	12日	北宝瓶座δ	22h36m	-5°	20	10日	南猎户座χ	05h40m	+16°	8
3日	天蝎座α	16h00m	-22°	6	18日	天鹅座κ	19h04m	+59°	5	11日	北猎户座χ	05h36m	+26°	4
3日	宝瓶座η	22h22m	-1.9°	60						11日	长蛇座σ	08h26m	+1.6°	5
					9月 1日	御夫座	05h39m	-42°	30	11日	白羊座δ	03h38m	+22°	5
6月 3日	武仙座τ	15h12m	+39°	15	20日	北宝瓶座ι	21h48m	-6°	15	14日	双子座	07h29m	+32.5°	90
5日	天蝎座χ	16h28m	-13°	10	20日	南双鱼座	00h24m	0°	10	22日	小熊座	14h28m	+75.85°	20
7日	白羊座白昼	02h56m	+23°	50	21日	宝瓶座κ	22h32m	-5°	5					
7日	英仙座ζ白昼	04h08m	+23°	40	29日	六分仪座白昼	10h08m	0°	30					
*2 8日	天秤座	15h09m	-28.3°	10										

注：*1 目视观测开始阶段非常微弱；　*3 1958年出现过；　*5 1937年出现过；　*7 目视观测，与南宝瓶座δ流星雨无法分辨；　*9 1885年极盛时流量13,000颗/小时；
*2 在1937年出现过；　*4 1966年以后才出现；　*6 1953～1958年仅雷达观测到；　*8 目视观测，这两个流星雨无法分辨；　*10 仅1965年出现过。

太阳周年视运动经过的星座表

星宫名称	太阳经过的日期	星座名称	太阳经过的日期
宝瓶座	1月20日—2月18日	宝瓶座	2月16日—3月11日
双鱼座	2月19日—3月20日	双鱼座	3月12日—4月18日
白羊座	3月21日—4月19日	白羊座	4月19日—5月13日
金牛座	4月20日—5月20日	金牛座	5月14日—6月19日
双子座	5月21日—6月21日	双子座	6月20日—7月20日
巨蟹座	6月22日—7月22日	巨蟹座	7月21日—8月9日
狮子座	7月23日—8月22日	狮子座	8月10日—9月15日
室女座	8月23日—9月22日	室女座	9月16日—10月30日
天秤座	9月23日—10月23日	天秤座	10月31日—11月22日
天蝎座	10月24日—11月21日	天蝎座	11月23日—11月29日
		蛇夫座	11月30日—12月17日
人马座	11月22日—12月21日	人马座	12月18日—1月18日
摩羯座	12月22日—1月19日	摩羯座	1月19日—2月15日

行星的视直径和亮度表

行星名称	最大视直径	最小视直径	最大视星等	最小视星等
水星	10″	4.9″	−2.6	+0.4
金星	64″	10″	−4.4	−3.3
火星	25.16″	3.5″	−2.9	−1
木星	50.11″	30.48″	−2.9	−2.0
土星	20.75″	18.44″	−0.3	+0.9
天王星	3.96″	3.60″	+5.65	+6.06
海王星	2.52″	2.49″	+7.66	+7.70
冥王星	0.11″	0.065″	+13.6	+15.95

注：指地外行星冲时最大和最小亮度，地内行星大距时最大和最小亮度；冥王星已被降级为矮行星。

全天30颗目视亮星排名表

序号	亮星名称	中国名称	目视星等	绝对星等	光谱光度	序号	亮星名称	中国名称	目视星等	绝对星等	光谱光度	序号	亮星名称	中国名称	目视星等	绝对星等	光谱光度
1	大犬α	天狼	−1.46	1.42	A1V	11	半人马β	马腹一	0.61	−5.1	B1III	21	狮子α	轩辕十四	1.35	−0.6	B7V
2	船底α	老人	−0.72	−2.4	F0II	12	天鹰α	河鼓二/牛郎	0.77	2.2	A7IV	22	大犬ε	弧矢七	1.50	−4.4	B2II
3	半人马α	南门二	−0.27	4.4	G2V	13	南十字α	十字架二	0.79	−3.8	B0.5IV	23	双子α	北河二	1.58	1.1	A1V
4	牧夫α	大角	−0.04	−0.3	K2III	14	金牛α	毕宿五	0.85	−0.6	K5III	24	南十字γ	十字架一	1.63	−0.5	M4III
5	天琴α	织女一	0.03	0.5	A0V	15	天蝎α	心宿二	0.96	−4.7	M1I	25	天蝎λ	尾宿八	1.63	−3.0	B2IV
6	御夫α	五车二	0.08	0.1	G8III	16	室女α	角宿一	0.98	−3.5	B1III	26	猎户γ	参宿五	1.64	−3.6	B2III
7	猎户β	参宿七	0.12	−7.1	B8Ia	17	双子β	北河三	1.14	1.0	K0IIIb	27	金牛β	五车五	1.65	−1.6	B7III
8	小犬α	南河三	0.38	2.6	F5IV	18	南鱼α	北落师门	1.16	2.0	A3V	28	船底β	南船二	1.68	−0.6	A1III
9	波江α	水委一	0.46	−1.6	B3Vpe	19	南十字β	十字架三	1.25	−5.0	B0.5III	29	猎户ε	参宿二	1.70	−6.2	B0Ia
10	猎户α	参宿四	0.50	−5.6	M1Ia	20	天鹅α	天津四	1.25	−7.5	A2Ia	30	天鹅α	鹤一	1.74	−0.2	B7IV

10次水星凌日时间表

发生时间	初亏时间	持续时间	初亏方位角	复圆方位角
2006年11月 8日	21:42	4小时58分	141°	269°
2016年 5月 8日	15:00	7小时30分	83°	224°
2019年11月11日	15:22	5小时31分	110°	299°
2032年11月13日	08:58	4小时28分	77°	330°
2039年11月 7日	08:48	2小时57分	174°	237°
2049年 5月 7日	14:31	6小时42分	31°	276°
2052年11月 9日	02:31	5小时12分	134°	275°
2062年 5月10日	21:41	6小时41分	97°	211°
2065年11月11日	20:10	5小时24分	103°	305°
2078年11月14日	13:45	2小时57分	69°	337°

百年火星冲日时间表

发生年月日	发生年月日	发生年月日	发生年月日
2016年 5月22日	2037年11月19日	2059年 2月27日	2080年 6月16日
2018年 7月27日	2040年 1月 2日	2061年 4月 2日	2082年 9月 1日
2020年10月13日	2042年 2月 6日	2063年 5月14日	2084年11月10日
2022年12月 8日	2044年 3月11日	2065年 7月13日	2086年12月27日
2025年 1月16日	2046年 4月17日	2067年10月 2日	2089年 1月31日
2027年 2月19日	2048年 6月 3日	2069年11月30日	2091年 3月 6日
2029年 3月25日	2050年 8月14日	2072年 1月11日	2093年 4月11日
2031年 5月 4日	2052年10月28日	2074年 2月14日	2095年 5月26日
2033年 6月28日	2054年12月17日	2076年 3月19日	2097年 7月31日
2035年 9月15日	2057年 1月24日	2078年 4月27日	2099年10月18日

中国三垣星表

紫微垣(北天极区诸星)

星宫名称	星数	星宫名称	星数	星宫名称	星数	星宫名称	星数
北极	5	勾陈	6	四辅	4	天皇大帝	1
天柱	5	御女	4	女史	1	柱史	1
尚书	5	天床	6	大理	2	阴德	2
六甲	6	五帝内座	5	华盖	7	杠	9
紫微右垣	7	紫微左垣	8	天一	1	太一	1
内厨	2	北斗	7	辅	1	天枪	3
玄戈	1	太尊	3	相	1	天理	4
太阳守	1	北极	1	天牢	6	势	4
文昌	6	内阶	6	三师	3	八谷	8
传舍	9	天厨	6	天棓	5		

太微垣(夏夜天顶西侧诸星)

星宫名称	星数	星宫名称	星数	星宫名称	星数	星宫名称	星数
五帝座	5	太子	1	从官	1	幸臣	1
内五诸侯	5	九卿	3	三公	3	内屏	4
太微右垣	5	太微左垣	5	郎将	1	郎位	15
常陈	7	三台	6	虎贲	1	少微	4
长垣	4	灵台	3	明堂	3	谒者	1

天市垣(夏夜天顶东侧诸星)

星宫名称	星数	星宫名称	星数	星宫名称	星数	星宫名称	星数
侯	1	宦者	4	斗	5	斛	4
列肆	2	车肆	2	市楼	6	宗正	2
宗人	4	宗	2	帛度	2	屠肆	2
帝座	1	天市右垣	11	天市左垣	11	天纪	9
女床	3	贯索	9	七公	7		

中国四象星表

东宫青龙七宿 / 北宫玄武七宿

四象	宿	星宫名称	星数	星宫名称	星数	星宫名称	星数	星宫名称	星数
东宫青龙七宿	角	角	2	平道	2	天田	2	周鼎	3
		进贤	1	天门	2	平	2	库楼	10
		五柱	15	衡	4	南门	2		
	亢	亢	4	右摄提	3	左摄提	3	大角	1
		折威	7	顿顽	2	阳门	2		
	氐	氐	4	亢池	6	帝席	3	梗河	3
		招摇	1	天乳	1	天辐	2	陈车	3
		骑官	27	车骑	3	骑阵将军	1		
	房	房	4	钩铃	2	键闭	1	西咸	4
		东咸	4	罚	3	日	1	从官	2
	心	心	3	积卒	12				
	尾	尾	9	神宫	1	龟	5	傅说	1
		鱼	1	天江	4				
	箕	箕	4	糠	1	杵	3		
北宫玄武七宿	斗	南斗	6	建	6	天弁	9	鳖	14
		天鸡	2	天籥	8	狗国	4	天渊	10
		狗	2	农丈人	1				
	牛	牛	6	天桴	4	河鼓	3	右旗	9
		左旗	9	织女	3	渐台	4	辇道	5
		罗堰	3	天田	9	九坎	9		
	女	女	4	离珠	5	越	1	赵	2
		周	2	齐	1	郑	1	楚	1
		秦	2	魏	1	燕	1	代	2
		韩	1	晋	1	败瓜	5	瓠瓜	5
		天津	9	奚仲	4	扶筐	7		
	虚	虚	2	司禄	2	司危	2	司非	2
		司命	2	哭	2	泣	2	天垒城	13
		败臼	4	离瑜	2				
	危	危	3	坟墓	4	人	5	杵	3
		白	4	车府	7	天钩	9	造父	5
		虚梁	4	天钱	10	盖屋	2		
	室	室	2	离宫	6	雷电	6	羽林军	45
		垒壁阵	12	铁钺	3	北落师门	1	八魁	9
		天纲	1	土公吏	2	螣蛇	22		
	壁	壁	2	土公	2	霹雳	5	云雨	
		铁锁	5	天厩	10				

西宫白虎七宿 / 南宫朱雀七宿

四象	宿	星宫名称	星数	星宫名称	星数	星宫名称	星数	星宫名称	星数
西宫白虎七宿	奎	奎	16	外屏	7	天溷	7	土司空	1
		军南门	1	阁道	6	附路	1	王良	5
		策	1						
	娄	娄	3	左更	5	右更	5	天仓	6
		天庚	3	天大将军	11				
	胃	胃	39	天廪	4	天囷	13	大陵	8
		天船	9	积尸	1	积水	1		
	昴	昴	7	天阿	1	月	1	天阴	5
		蒭藁	6	天苑	16	卷舌	6	天谗	4
		砺石	4						
	毕	毕	8	附耳	1	天街	2	天节	8
		诸王	6	天高	4	九州殊口	9	五车	5
		柱	9	天潢	5	咸池	3	天关	1
		参旗	9	九斿	9	天园	13		
	觜	觜	3	座旗	9	司怪			
	参	参	7	伐	3	玉井	4	军井	4
		屏	2	厕	4	屎	1		
南宫朱雀七宿	井	井	8	钺	1	水府	4	五诸侯	5
		天樽	3	北河	4	南河	4	积水	1
		积薪	1	水位	4	四渎	4	阙丘	2
		丈人	2	子	2	孙	2	老人	1
		军市	13	野鸡	1	天狼	1	弧矢	9
	鬼	鬼	4	积尸气	1	爟	4	天狗	7
		外厨	6	天记	1	天社	6		
	柳	柳	8	酒旗	3				
	星	星	7	轩辕	17	内平	4	天相	
		天稷	5						
	张	张	6	天庙	14				
	翼	翼	22	东瓯	5				
	轸	轸	4	长沙	1	右辖	1	左辖	1
		土司空	4	军门	2	器府	32	青丘	

全天88个星座的来源表

托勒密创意的星座						托勒密以后创意增设的星座							
北天20个	小熊	大熊	天龙	仙王	牧夫 北冕	A.韦斯普奇于1503年增设的2个	南十字	南三角					
	武仙	天琴	天鹅	仙后	英仙 御夫	G.魔卡脱于1551年增设的1个	后发						
	蛇夫	巨蛇	天箭	天鹰	海豚 小马	P.普朗修斯于1592和1613年增设的3个	鹿豹	天鸽	麒麟				
	仙女	三角				J.赫维留斯于1687年增设的7个	猎犬	天猫	狐狸	蝎虎	盾牌	小狮	六分仪
黄道12个	白羊	金牛	双子	巨蟹	狮子 室女	N.L.de拉卡伊于1756年增设的17个	唧筒 圆规 山案 南极 罗盘 雕具 天炉						
	天秤	天蝎	人马	摩羯	宝瓶 双鱼		绘架 网罟 船帆 船底 时钟 矩尺 船尾						
							玉夫 望远镜 显微镜						
南天15个	鲸鱼	猎户	波江	天兔	大犬 小犬	P.D.凯泽和F.de豪特曼于1796年增设的11个	天燕 天鹅 苍蝇 杜鹃 蝘蜓 水蛇 孔雀						
	南船	长蛇	巨爵	乌鸦	豺狼 天坛		飞鱼 剑鱼 凤凰 印第安						
	南冕	南鱼	半人马										

88个星座子夜上中天日期表

一月份		二月份		三月份		四月份		五月份		六月份		七月份		八月份		九月份		十月份		十一月份		十二月份	
日期	星座	日期	星座	日期	星座	日期	星座	日期	星座	日期	星座	日期	星座	日期	星座	日期	星座	日期	星座	日期	星座	日期	星座
2	大犬	4	罗盘	1	蝘蜓	2	后发	2	牧夫	3	天蝎	1	盾牌	4	显微镜	1	飞马	4	凤凰	2	天炉	1	雕具
5	双子	13	船帆	1	狮子	7	猎犬	9	天秤	6	巨蛇	4	天琴	8	摩羯	17	杜鹃	9	仙女	7	英仙	13	猎户
5	麒麟	22	六分仪	11	大熊	11	室女	9	豺狼	10	天坛	5	孔雀	8	小马	26	玉夫	9	仙后	10	波江	14	天兔
8	船尾	23	小狮	12	巨爵	30	圆规	13	小熊	11	蛇夫	7	人马	12	印第安	27	双鱼	15	鲸鱼	10	时钟	14	山案
14	小犬	24	唧筒	15	长蛇			19	北冕	13	武仙	10	望远镜	25	宝瓶	29	仙王	23	三角	19	网罟	16	绘架
18	飞鱼			28	乌鸦			19	矩尺	30	南冕	16	天鹰	25	南鱼			26	水蛇	30	金牛	17	剑鱼
19	天猫			28	南十字			21	天燕		南极	16	天箭	28	天鹤			30	白羊			18	天鸽
30	巨蟹			30	半人马			23	南三角			25	狐狸	28	蝎虎							21	御夫
31	船底			30	苍蝇			24	天龙	南极座无子夜上中天日期		30	天鹅									23	鹿豹
												31	海豚										

2016—2100年中国可见日食时间表

罗马数字表 英语字母表

日食发生时间	类型	日食发生时间	类型	日食发生时间	类型
2016年 3月 9日	全食	2044年 2月28日	环食	2070年 4月11日	全食
2018年 8月11日	偏食	2047年 1月26日	偏食	2072年 9月12日	全食
2019年 1月 6日	偏食	2048年 6月11日	环食	2073年 2月 7日	偏食
2019年12月26日	环食	2049年11月25日	全环	2074年 1月27日	环食
2020年 6月21日	环食	2051年 4月11日	偏食	2074年 7月24日	环食
2021年 6月10日	环食	2053年 3月20日	环食	2075年 7月13日	环食
2022年10月25日	偏食	2053年 9月12日	全食	2079年 5月 1日	全食
2023年 4月20日	全环	2054年 9月 2日	偏食	2081年 9月 3日	全食
2027年 8月 2日	全食	2057年 7月 1日	环食	2082年 8月24日	全食
2028年 7月22日	全食	2058年11月16日	偏食	2084年 7月 3日	环食
2030年 6月 1日	环食	2059年11月 5日	环食	2085年 6月22日	环食
2031年 5月21日	环食	2060年 4月30日	全食	2086年12月 6日	偏食
2032年11月 3日	偏食	2061年 4月20日	全食	2088年 4月21日	全食
2034年 3月20日	全食	2062年 9月 3日	偏食	2089年10月 4日	全食
2035年 9月 2日	全食	2063年 2月28日	环食	2093年 1月27日	全食
2037年 1月16日	偏食	2063年 8月24日	全食	2094年12月 7日	偏食
2041年10月25日	环食	2064年 2月17日	环食	2095年11月27日	环食
2042年 4月20日	全食	2066年 6月22日	环食	2096年 5月22日	全食
2042年10月14日	环食	2069年 4月21日	偏食	2096年11月15日	环食

罗马数字	阿拉伯数字
I	1
II	2
III	3
IV	4
V	5
VI	6
VII	7
VIII	8
IX	9
X	10
XI	11
XII	12
XIII	13
XIV	14
XV	15
XVI	16
XVII	17
XVIII	18
XIX	19
XX	20
XL	40
L	50
LX	60
XC	90
C	100
CL	150
CD	400
D	500
M	1000
MMXVII	2017

大写	小写
A	a
B	b
C	c
D	d
E	e
F	f
G	g
H	h
I	i
J	j
K	k
L	l
M	m
N	n
O	o
P	p
Q	q
R	r
S	s
T	t
U	u
V	v
W	w
X	x
Y	y
Z	z

希腊字母表

大写	小写	读音	汉语标音
A	α	Alpha	阿尔法
B	β	Beta	贝塔
Γ	γ	Gamma	嘎玛
Δ	δ	Delta	德耳塔
E	ε	Epsilon	伊普西隆
Z	ζ	Zeta	栽塔
H	η	Eta	伊塔
Θ	θ	Theta	西塔
I	ι	Iota	遥塔
K	κ	Kappa	卡帕
Λ	λ	Lambda	兰姆达
M	μ	Mu	谬
N	ν	Nu	纽
Ξ	ξ	Xi	克赛
O	o	Omicron	奥米克戎
Π	π	Pi	派
P	ρ	Rho	柔
Σ	σ	Sigma	西格玛
T	τ	Tau	套
Υ	υ	Upsilon	宇普西隆
Φ	φ	Phi	夫艾
X	χ	Chi	契
Ψ	ψ	Psi	普赛
Ω	ω	Omega	欧米嘎

2017—2100年月食时间表

月全食时间 (黄字为月偏食)	月全食时间 (黄字为月偏食)	月全食时间 (黄字为月偏食)	月全食时间 (黄字为月偏食)	月全食时间 (黄字为月偏食)
2017年 8月 7日	2033年10月 8日	2050年 5月 6日	2066年 1月11日	2083年 7月29日
2018年 1月31日	2034年 9月28日	2050年10月30日	2067年 7月 7日	2084年 1月22日
2018年 7月27日	2035年 8月19日	2051年 4月26日	2068年 5月17日	2084年 7月17日
2019年 1月21日	2036年 2月11日	2051年10月19日	2068年11月 9日	2086年 5月28日
2019年 7月16日	2036年 8月 7日	2052年10月 8日	2069年 5月 6日	2086年11月20日
2021年 5月26日	2037年 1月31日	2054年 2月22日	2069年10月30日	2087年 5月17日
2021年11月19日	2037年 7月27日	2054年 8月18日	2070年10月19日	2087年11月10日
2022年 5月16日	2039年 6月 6日	2055年 2月11日	2072年 3月 4日	2088年 5月 5日
2022年11月08日	2039年11月30日	2055年 8月 7日	2072年 8月28日	2088年10月30日
2023年10月28日	2040年 5月26日	2057年 6月17日	2073年 2月22日	2090年 3月15日
2024年 9月18日	2040年11月18日	2057年12月11日	2073年 8月17日	2090年 9月 8日
2025年 3月14日	2041年 5月16日	2058年 6月 6日	2075年 6月28日	2091年 3月 5日
2025年 9月 7日	2041年11月 8日	2058年11月30日	2075年12月22日	2091年 8月29日
2026年 3月 3日	2042年 9月29日	2059年 5月27日	2076年 6月17日	2093年 7月 8日
2026年 8月28日	2043年 3月25日	2059年11月19日	2076年12月10日	2094年 1月 1日
2028年 1月12日	2043年 9月19日	2061年 4月 4日	2077年 6月 6日	2094年 6月28日
2028年 7月 6日	2044年 3月13日	2061年 9月29日	2077年11月29日	2094年12月21日
2028年12月31日	2044年 9月 7日	2062年 3月25日	2079年 4月16日	2095年 6月17日
2029年 6月26日	2046年 1月22日	2062年 9月18日	2079年10月10日	2095年12月11日
2029年12月20日	2046年 7月18日	2063年 3月14日	2080年 4月 4日	2097年 4月26日
2030年 6月15日	2047年 1月12日	2064年 2月 2日	2080年 9月29日	2097年10月21日
2032年 4月25日	2047年 7月 7日	2064年 7月28日	2081年 3月25日	2098年 4月15日
2032年10月18日	2048年 1月 1日	2065年 1月22日	2082年 2月13日	2098年10月10日
2033年 4月14日	2048年 6月26日	2065年 7月17日	2083年 2月 2日	2099年 4月 5日

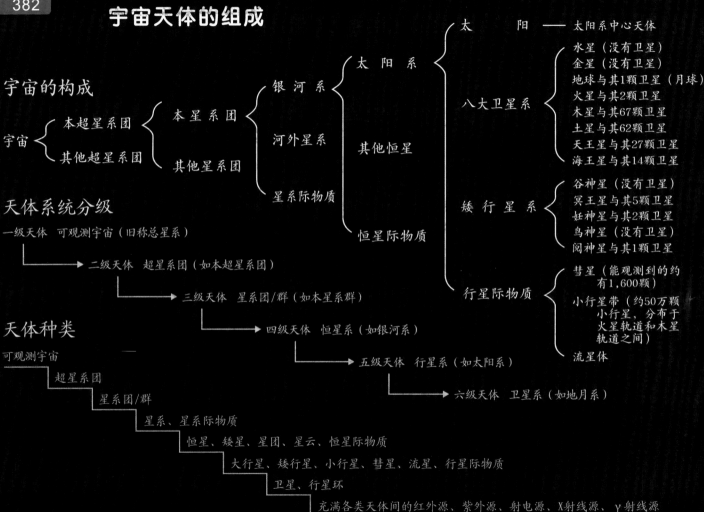

宇宙天体的组成

宇宙的构成

宇宙 ── 本超星系团
     ── 其他超星系团

本星系团 ── 银河系 ── 太阳系 ── 太阳 ── 太阳系中心天体
其他星系团 ── 河外星系 ── 其他恒星
         ── 星系际物质 ── 恒星际物质

八大卫星系
水星（没有卫星）
金星（没有卫星）
地球与其1颗卫星（月球）
火星与其2颗卫星
木星与其67颗卫星
土星与其62颗卫星
天王星与其27颗卫星
海王星与其14颗卫星

矮行星系
谷神星（没有卫星）
冥王星与其5颗卫星
妊神星与其2颗卫星
鸟神星（没有卫星）
阋神星与其1颗卫星

行星际物质
彗星（能观测到的约有1,600颗）
小行星带（约50万颗小行星，分布于火星轨道和木星轨道之间）
流星体

天体系统分级

一级天体 可观测宇宙（旧称总星系）
二级天体 超星系团（如本超星系团）
三级天体 星系团/群（如本星系群）
四级天体 恒星系（如银河系）
五级天体 行星系（如太阳系）
六级天体 卫星系（如地月系）

天体种类

可观测宇宙
超星系团
星系团/群
星系、星系际物质
恒星、矮星、星团、星云、恒星际物质
大行星、矮行星、小行星、彗星、流星、行星际物质
卫星、行星环
充满各类天体间的红外源、紫外源、射电源、X射线源、γ射线源